普通高等院校计算机类专业规划教材·精品系列

路由与交换

（第二版）

斯桃枝　主编
姚驰甫　刘　琰　参编
余　粟　主审

中国铁道出版社有限公司
CHINA RAILWAY PUBLISHING HOUSE CO., LTD.

内 容 简 介

本书介绍了路由与交换中最常用的技术，内容包括交换机、路由器配置、IP 路由原理、虚拟局域网、距离矢量路由选择协议 RIP、OSPF 路由协议、广域网技术、NAT 技术、ACL 访问控制技术、生成树协议与冗余网关协议、路由重分布、综合案例等。根据网络的实际应用，提供大量网络配置实例，给出网络拓扑结构、实验环境说明、实验目的和要求、具体配置步骤，并给出检测结果及对其结果的详细分析说明。

本书参考了大量 CCNA、CCNP 中路由与交换相关的知识点和配置案例，集理论知识和配置实例于一体，适合作为网络工程应用型本科专业的教材，也可作为网络工程从业人员的参考用书。

图书在版编目（CIP）数据

路由与交换/斯桃枝主编. —2 版. —北京：中国铁道出版社，2018.1（2019.4 重印）
普通高等院校计算机类专业规划教材. 精品系列
ISBN 978-7-113-23974-9

Ⅰ.①路… Ⅱ.①斯… Ⅲ.①计算机网络-路由选择-高等学校-教材 ②计算机网络-信息交换机-高等学校-教材 Ⅳ.①TN915.05

中国版本图书馆 CIP 数据核字（2017）第 273125 号

书　　名：	路由与交换（第二版）
作　　者：	斯桃枝　主编
策　　划：	周海燕　　　　　　　读者热线：（010）63550836
责任编辑：	周海燕　徐盼欣
封面设计：	穆　丽
封面制作：	刘　颖
责任校对：	张玉华
责任印制：	郭向伟

出版发行：中国铁道出版社有限公司（100054，北京市西城区右安门西街 8 号）
网　　址：http://www.tdpress.com/51eds/
印　　刷：北京柏力行彩印有限公司
版　　次：2011 年 8 月第 1 版　2018 年 1 月第 2 版　2019 年 4 月第 2 次印刷
开　　本：787mm×1092mm　1/16　印张：19.5　字数：424 千
书　　号：ISBN 978-7-113-23974-9
定　　价：49.00 元

版权所有　侵权必究

凡购买铁道版图书，如有印制质量问题，请与本社教材图书营销部联系调换。电话：（010）63550836
打击盗版举报电话：（010）51873659

前言（第二版）

本书以锐捷网络互联设备为具体实例，系统地介绍了各种路由协议和交换技术，根据交换机和路由器在实际网络中的具体应用，给出了模拟的拓扑环境，在此基础上进行网络配置，并通过实验检测来验证路由协议和交换技术的工作原理和工作过程。

对应用型本科计算机网络工程专业学生来说，不仅要系统学习计算机网络方面的理论知识，而且要熟练掌握网络方面的实用技术和技能。园区网交换技术、网络互联中的路由技术、远程访问 Internet 技术等作为网络最主要的支撑技术，是建网、管网的重要基础。牢固掌握交换机、路由器等网络设备的配置，把这些技术灵活地应用到具体网络环境中，是每个应用型本科计算机网络工程专业学生应该具备的基本业务素质，也是将来成为一名合格的网络工程师所必须具备的能力。

本书介绍了路由与交换中最常用的技术，内容包括交换机配置基础、路由器配置基础、IP 路由原理、虚拟局域网、距离矢量路由选择协议 RIP、OSPF 路由协议、广域网技术、NAT 技术、ACL 访问控制技术、生成树协议与冗余网关协议、路由重分布、综合案例。根据网络的实际应用，提供大量的网络配置案例，包括网络拓扑、实验环境、实验目的和要求、实验配置等，并给出排错检错方法和结果说明。

本书参考了大量 CCNA、CCNP 中路由与交换相关的知识点和配置案例，集理论知识和配置实例于一体，适合作为应用型本科计算机网络工程专业的教材，也可作为网络工程从业人员的参考用书。

本书在第一版的基础上进行了全面修订，修改内容超过 30%。相对于第一版，内容更精炼，案例更丰富，更贴近实际。删除了原来第 10 章网络安全中防火墙和 VPN 的视窗配置（技术局限性较大，有同类产品才有参考价值），删除了以思科产品为案例的第 11 章 VOIP 和第 12 章无线网络部分。加强了交换机、路由器中常规协议和知识的应用，在每个章节的案例中，均以园区网为基础模型，循序渐进地在新技术应用的同时加入已学的前几章的知识，使拓扑结构逐步复杂，协议应用逐渐增加，实现了园区网的综合配置，符合学生学习的渐进过程。

本书由上海第二工业大学工学部斯桃枝主编、统稿和修订，上海第二工业大学姚驰甫、刘琰参编，其中，第 1～6、10、11 章由斯桃枝编写，第 7～9 章由姚驰甫编写，

第 12 章由刘琰编写，书中的练习与思考题由斯桃枝带领本科网络工程专业学生共同完成和修订。

本书由上海工程技术大学余粟主审。余老师审阅了全书并提出了许多宝贵的意见，在此表示衷心的感谢。

在编写本书的过程中，编者参考了大量锐捷网络的技术资料和培训教材，收集了 CCNA、CCNP 中的知识点和配置案例，汲取了很多网络同仁的宝贵意见，在此表示诚挚的谢意。

由于作者水平有限，书中的不妥和错误在所难免，诚请各位专家、读者批评指正。笔者的 E-mail 为：tzsi@sspu.edu.cn，yao_chifu@163.com，huohuowang@163.com。

编　者

2017 年 10 月

目 录

第1章 交换机配置基础 1

  1.1 交换机的硬件及选购 1
      1.1.1 交换机的面板 1
      1.1.2 交换机的选购和参数指标 2
      1.1.3 交换机的内部结构 4
      1.1.4 交换机的加电启动 4
  1.2 交换机的基本配置 5
      1.2.1 进入交换机配置环境 5
      1.2.2 交换机的命令模式 6
      1.2.3 交换机的基本配置实验 8
  1.3 交换机端口配置 12
      1.3.1 交换机的端口类型 12
      1.3.2 交换机的端口配置 15
  1.4 交换机端口安全 18
      1.4.1 端口安全概述 18
      1.4.2 端口安全的配置 20
  1.5 交换机的工作机制 22
      1.5.1 构造和维护交换地址表 23
      1.5.2 交换数据帧 25
      1.5.3 交换机的交换方式 25
  课后练习及实验 26

第2章 路由器配置基础 29

  2.1 路由器基础知识 29
      2.1.1 路由器的面板 29
      2.1.2 路由器的组成 29
      2.1.3 可选配的路由器接口类型及应用 31
      2.1.4 路由器的启动过程 34
  2.2 路由器的工作原理 35
  2.3 路由器配置基础 37
      2.3.1 路由器的配置模式 37
      2.3.2 路由器的基本配置 37
  课后练习及实验 40

第3章 IP 路由原理 ... 42

3.1 IP 路由概述 ... 42
3.1.1 IP 路由过程 ... 42
3.1.2 IP 路由选择协议 ... 44
3.1.3 路由决策原则 ... 47
3.1.4 路由器中的路由表 ... 48
3.1.5 Windows 系统中的 IP 路由表 ... 49

3.2 静态路由概述 ... 51
3.2.1 直连路由 ... 51
3.2.2 静态路由 ... 52
3.2.3 默认路由 ... 55

课后练习及实验 ... 57

第4章 虚拟局域网 ... 60

4.1 虚拟局域网概述 ... 60
4.1.1 虚拟局域网的产生 ... 60
4.1.2 VLAN 的工作机制 ... 61

4.2 虚拟局域网的划分 ... 63

4.3 虚拟局域网的基本配置 ... 65
4.3.1 VLAN 的基本配置和常规命令 ... 65
4.3.2 跨交换机配置 VLAN ... 67

4.4 虚拟局域网中数据的转发 ... 68
4.4.1 同一 VLAN、不同交换机之间的数据转发 ... 68
4.4.2 不同 VLAN 之间的数据转发 ... 69

4.5 三层交换技术 ... 71
4.5.1 三层交换技术的基本原理 ... 71
4.5.2 三层交换技术的基本配置 ... 75

4.6 单臂路由在虚拟局域网中的应用 ... 76

4.7 虚拟局域网的综合配置 ... 77
4.7.1 多层交换结构中三层交换机的配置 ... 77
4.7.2 多层交换结构中路由器的配置 ... 80
4.7.3 多层网络结构中三层交换机与路由器的综合配置 ... 82

课后练习及实验 ... 84

第5章 距离矢量路由选择协议 RIP ... 88

5.1 RIP 基础 ... 88
5.1.1 RIP 概述 ... 88
5.1.2 RIP 的工作机制 ... 90

5.2 路由自环 91
5.2.1 路由自环的产生 91
5.2.2 解决路由自环 93
5.2.3 RIP 中的计时器 95
5.3 RIP 的配置 97
5.3.1 RIP 的配置步骤和常用命令 97
5.3.2 RIP 基本配置实例 99
5.3.3 被动接口与单播更新 101
5.3.4 浮动静态路由 107
5.3.5 RIPv2 认证和触发更新 109
课后练习及实验 112

第 6 章 OSPF 路由协议 115
6.1 OSPF 基本概念 115
6.2 OSPF 的工作流程 118
6.2.1 建立路由器的邻居关系 119
6.2.2 选举 DR 和 BDR 120
6.2.3 链路状态数据库的同步 121
6.2.4 路由表的产生 123
6.2.5 维护路由信息 123
6.2.6 OSPF 运行状态和协议包 124
6.3 OSPF 中的计时器 126
6.4 单区域 OSPF 的基本配置 127
6.4.1 点到点网络的 OSPF 配置 128
6.4.2 广播多路访问链路上的 OSPF 配置 131
6.4.3 基于区域的 OSPF 认证配置 137
6.4.4 基于链路的 OSPF 认证配置 139
6.5 多区域 OSPF 基础 140
6.5.1 多区域 OSPF 概述 140
6.5.2 多区域 OSPF 的基本配置 143
6.5.3 远离区域 0 的 OSPF 的虚链路 147
6.5.4 验证 OSPF 在不同区域间的路由选路 149
6.6 多区域 OSPF 的高级配置 153
6.6.1 OSPF 末节区域 154
6.6.2 完全末节区域 156
6.6.3 OSPF NSSA 区域 157
课后练习及实验 159

第 7 章 广域网技术 162

7.1 广域网概述 162
7.2 HDLC 协议 165
7.2.1 HDLC 的数据帧 165
7.2.2 实际应用中的两个技术问题 165
7.2.3 HDLC 配置实例 166
7.3 PPP 协议 167
7.3.1 PPP 协议概述 167
7.3.2 PPP 协议配置案例 170
7.3.3 PPPoE 协议概述 171
7.3.4 PPPoE 配置案例 174
7.4 帧中继 179
7.4.1 帧中继概述 179
7.4.2 配置帧中继交换机 181
课后练习及实验 184

第 8 章 NAT 技术 186

8.1 NAT 基础 186
8.1.1 NAT 的概念 186
8.1.2 NAT 的分类 187
8.1.3 NAT 的工作过程 189
8.2 NAT 的配置 190
8.2.1 NAT 的配置步骤 190
8.2.2 静态 NAT 配置实例 192
8.2.3 动态 NAT 配置实例 194
8.2.4 园区网中的 NAT 配置举例 195
8.3 NAT 排错 200
8.3.1 验证 NAT 200
8.3.2 调试 NAT 200
8.3.3 清除 NAT 转换表中的条目 201
8.3.4 NAT 限速 202
课后练习及实验 202

第 9 章 ACL 访问控制技术 206

9.1 ACL 概述 206
9.1.1 ACL 简介 206
9.1.2 ACL 的访问顺序 207
9.1.3 ACL 的分类 209

9.2 ACL 的配置 214
    9.2.1 ACL 标准配置举例 214
    9.2.2 ACL 扩展配置举例 217
    9.2.3 ACL 综合配置举例 219
课后练习及实验 228

第 10 章 生成树协议与冗余网关协议 233

10.1 生成树协议概述 233
    10.1.1 交换机中的冗余链路 233
    10.1.2 生成树协议的发展 235

10.2 STP 239
    10.2.1 生成树协议的基本概念 239
    10.2.2 STP 中的选择原则 240
    10.2.3 STP 端口的状态 241
    13.2.4 生成树的重新计算 242
    10.2.5 生成树的配置命令 243

10.3 PVST 243

10.4 MSTP 多实例生成树协议 246
    10.4.1 MSTP 协议综述 246
    10.4.2 MSTP 的配置案例 247

10.5 三层冗余网关协议 251
    10.5.1 HSRP 协议 252
    10.5.2 VRRP 协议 253
    10.5.3 单 VLAN 的 VRRP 应用 255
    10.5.4 多 VLAN 的 VRRP 应用 258
    10.5.5 冗余技术的综合使用案例 MSTP+VRRP 259

课后练习及实验 261

第 11 章 路由重分布 264

11.1 路由重分布概述 264
    11.1.1 路由重分布的基本概念 264
    11.1.2 路由重分布的命令 265
    11.1.3 在多路由协议中选择最佳路径 266

11.2 静态路由、RIP 或 OSPF、EIGRP 路由重分布举例 269

课后练习及实验 274

第 12 章 综合案例 277

12.1 功能概述 277

12.2 各设备配置清单 281

12.2.1　各路由器的主要配置 281
　　　12.2.2　各交换机的主要配置 289
　12.3　全网段连通性测试及服务验证 292
　　　12.3.1　在PC1上测试全网段的连通性 292
　　　12.3.2　配置内外服务器 293
　12.4　访问控制列表的设置 295
　12.5　NAT地址转换 296
　12.6　VoIP测试过程 298
　12.7　生成树测试 299
　课后练习及实验 300

参考文献 301

第 1 章 交换机配置基础

本章导读：
本章重点介绍交换机的组成、配置模式、各种类型端口的特点和配置、工作原理等。
学习目标：
- 掌握交换机的内部结构。
- 熟练掌握交换机的各类端口的特点和配置方法。
- 理解交换机的工作原理。

1.1 交换机的硬件及选购

1.1.1 交换机的面板

这里以锐捷 RG-S3760-24 交换机（见图 1-1）为例，介绍其前后面板，包括 Console 端口、24 个 10Base-T/100Base-TX RJ-45 端口、模块化插槽、LED 指示灯。

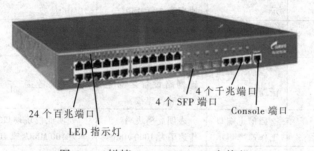

图 1-1 锐捷 RG-S3760-24 交换机

1. 交换机的以太网端口

交换机的端口数量是选购的重要指标，分为固定端口和模块化插槽中的可配端口。图 1-1 中有 24 个 10/100 Mbit/s 自适应的固定端口（简称百兆端口），4 个复用的 1000 Mbit/s 端口（简称千兆端口，已配），4 个 SFP 端口（未配 Mini 模块，可插配）。在 24 个以太网端口中，从左到右、从下到上依次命名为 FastEthernet 0/1、FastEthernet 0/2……FastEthernet 0/24。端口编号规则为"插槽号/端口在插槽上的编号"，FastEthernet 0/1 端口表明 0 号插槽上的 1 号端口。在 4 个千兆端口中，命名为 gigabitethernet 0/1……gigabitethernet 0/4。

对于可以选择介质类型的交换机（如 S3760-12SFP/GT），端口包括两种介质（光口和电口），也可对其模块化的插槽加配光口模块。无论使用哪种介质，都使用相同的端口编号。光口的命名为 gigabitethernet 0/1……gigabitethernet 0/8，或 gigabitethernet 1/1……gigabitethernet 1/8。

交换机的端口信息可以通过 show interface 命令来查看，包括插槽、插槽上的端口等信息。

24 个以太网端口支持 10 Mbit/s 或 100 Mbit/s 带宽的连接设备，均具有自协商能力。在交换机的端口管理中，可以对端口名、端口速率、双工模式、端口流量控制、广播风暴控制与安全控制等进行配置。

2．交换机前面板指示灯

锐捷交换机前面板指示灯基本信息如表 1-1 所示。

表 1-1　交换机前面板指示灯基本信息

LED指示每个端口的状态		功能	指示灯状态		
			亮	暗	闪烁
电源指示	LED电源指示（POWER）	指示交换机是否已上电	已上电	未上电	
端口指示灯	Link/ACT	连接活动指示	表明此端口和所连网络设备之间建立了有效连接	（1）未插入网线。（2）未开电源。（3）网线错误。（4）远端无设备连接或网线超长	此端口正在传输或接收数据
	100M	工作速率指示	表明此端口工作速率为 100 Mbit/s	表明此端口工作速率为 10Mbit/s	
扩展模块指示灯	Module	指示插槽上是否有模块	有	无	
	Link/ACT	插槽上模块活动指示	表明此模块和所连网络设备之间建立了有效连接	未正常连接	此模块正在传输或接收数据
	1000M	插槽上端口工作速率指示	表明此模块端口工作速率为 1000 Mbit/s	表明此模块端口工作速率为 100 Mbit/s 或 10 Mbit/s	
	100M	插槽上端口工作速率指示	表明此模块端口工作速率为 100 Mbit/s	表明此模块端口工作速率为 1000 Mbit/s 或 10 Mbit/s	

3．交换机后面板

锐捷 RG-S3760-24 交换机的后面板有风扇、交流电源开关等。有些交换机后面板有模块化插槽，如锐捷 S2126、S2150G、S3550 以太网交换机其后面板有两个扩展槽，可扩展 100 Mbit/s、1000 Mbit/s 光口/电口模块。

1.1.2　交换机的选购和参数指标

锐捷 RG-S3760-24 交换机的主要参数如表 1-2 所示。

表 1-2 RG-S3760-24 交换机的主要参数

基 本 规 格		网 络	
应用类型	千兆以太网交换机	网络标准（L2 协议）	IEEE802.3、IEEE802.3u、IEEE802.3z、IEEE802.3x、IEEE802.3ad、IEEE802.1p、IEEE802.1x、IEEE802.3ab、IEEE802.1Q（GVRP）、IEEEE802.1d、IEEE802.1w、IEEE802.1s、IGMP Snooping v1/v2/v3、RLDP
端口类型	24 端口 10/100 Mbit/s 自适应端口，4 个 SFP 接口，4 个复用的 10/100/1000 Mbit/s 电口		
固定端口数	24	网络协议（L3 协议）	IPv6、OSPFv1/v2、OSPF v3、RIPv1/v2、PIM(DM/SM/SSM)、DVMRP、VRRP、IGMPv1/v2/v3
模块化插槽数	8		
应用层级	三层	网管功能	SNMPv1/v2c/v3、Web(Java)、CLI(Telnet/Console)、RMON(1,2,3,9)、SSH、SNTP、NTP、Syslog
交换方式	存储-转发		
背板带宽/（Gbit/s）	37.6	堆叠	不可堆叠
包转发率	L2：线速（9.6 Mpps）L3：线速（9.6 Mpps）	是否支持全双工	全、半双工
VLAN 支持	支持	网管支持	可网管型
MAC 地址表（K）	16	其他功能	IPv6 ACL & QoS：支持源/目的 IPv6 地址、源/目的端口、IPv6 报文头的流量类型（Traffic class）、时间选项的硬件 IPv6 ACL 和 IPv6 QoS
传输速率	10/100/1000 Mbit/s		
端口结构	固定端口		

图 1-1 中，在 4 个 SFP 接口中可选配 4 个 Mini 千兆 SFP 模块，具体可选模块的信息如表 1-3 所示。

表 1-3 Mini 千兆 SFP 模块

可用的 SFP 模块	Mini-GBIC-SX：单口 1000Base-SX mini GBIC 转换模块（LC 接口）； Mini-GBIC-LX：单口 1000Base-LX mini GBIC 转换模块（LC 接口）； Mini-GBIC-LH40：单口 1000Base-LH mini GBIC 转换模块（LC 接口），40 km； Mini-GBIC-ZX50：单口 1000Base-ZX mini GBIC 转换模块（LC 接口），50 km； Mini-GBIC-ZX80：单口 1000Base-ZX mini GBIC 转换模块（LC 接口），80 km
网络介质和最大传输距离	（1）1000Base-SX：波长 850 nm： 62.5/125 μm 多模光纤线的最大传输距离为 220 m； 50/125 μm 多模光纤线的最大传输距离为 500 m； （2）1000Base-LX：波长 1310 nm： 62.5/125 μm 多模光纤线的最大传输距离为 550 m； 50/125 μm 多模光纤线的最大传输距离为 550 m； 9/125 μm 单模光纤线的最大传输距离为 10 km； （3）1000Base-LH：波长 1310 nm： 9/125 μm 单模光纤线的最大传输距离为 40 km； （4）1000Base-ZX：波长 1550 nm： 9/125 μm 单模光纤线的最大传输距离为 50 km 和 80 km 两种

锐捷 S2126、S2150G、S3550 以太网交换机可选配两个 M2121-X 千兆模块或者

M2101-X 百兆模块。锐捷系列交换机可提供的 6 种扩展模块的信息如表 1-4 所示。

表 1-4 锐捷系列交换机可提供的 6 种扩展模块

型　　号	标　　准	端口形式	网络介质	激光波长/nm	最大传输距离/m
M2121S	1000Base-X	SC	MMF	850	≤550
M2121L	1000Base-X	SC	SMF、MMF	1300	≤5000
M2121T	1000Base-T	RJ-45	5 类 UTP 或 STP	无	100
M2101F	100Base-FX	SC	MMF	850	≤2000
M2101F-S	100Base-FX	SC	SMF	1300	≤20 000
M2101T	100Base-T	RJ-45	5 类 UTP 或 STP	无	100

1.1.3 交换机的内部结构

交换机相当于是一台特殊的计算机，同样有 CPU、存储介质和操作系统，只不过这些都与 PC 有些差别而已。交换机也由硬件和软件两部分组成。

软件部分主要是 IOS 操作系统，硬件主要包含 CPU、端口和存储介质。交换机的端口主要有以太网端口（Ethernet）、快速以太网端口（Fast Ethernet）、吉比特以太网端口（Gigabit Ethernet）和控制台端口（Console 端口）。存储介质主要有 ROM（Read-Only Memory，只读存储设备）、Flash（闪存）、NVRAM（非易失性随机存储器）和 DRAM（动态随机存储器）。其中，ROM 相当于 PC 的 BIOS，交换机加电启动时，首先运行 ROM 中的程序，以实现对交换机硬件的自检并引导启动 IOS。该存储器在系统掉电时程序不会丢失。

Flash 是一种可擦写、可编程的 ROM，Flash 包含 IOS 及微代码。Flash 相当于 PC 的硬盘，但速度要快得多，可通过写入新版本的 IOS 来实现对交换机的升级。Flash 中的程序在掉电时不会丢失。

NVRAM 用于存储交换机的配置文件，该存储器中的内容在系统掉电时也不会丢失。

DRAM 是一种可读写存储器，相当于 PC 的内存，其内容在系统掉电时将完全丢失。

1.1.4 交换机的加电启动

交换机加电后，即开始了启动过程，首先运行 ROM 中的自检程序，对系统进行自检，然后引导运行 Flash 中的 IOS，并在 NVRAM 中寻找交换机的配置，然后将其装入 DRAM 中运行，其启动过程将在终端屏幕上显示。

对于尚未配置的交换机，在启动时会询问是否进行配置，若输入 yes，则进行配置，在任何时刻可按 Ctrl+C 组合键终止配置。若不想配置，可输入 no。这里先不配置。

若在第一次启动时配置交换机，需设置交换机的管理 IP 地址，以便使用 Telnet 会话配置交换机。默认设置时，交换机的管理 IP 地址是 VLAN 1 的 IP 地址；需设置默认网关，以指定连接到第三层交换机的接口地址（VLAN 的 IP 地址）；需指定交换机的名称和 Enable 特权模式的密码，并设置 Telnet 密码，只有设置了 Telnet 密码才允许利用 Telnet 登录到交换机。

1.2 交换机的基本配置

1.2.1 进入交换机配置环境

要对交换机进行配置，首先应登录到交换机。交换机配置方式通常有远程终端登录配置、Console 本地登录配置、Telnet 登录配置，以及利用 TFTP 服务器进行配置和备份等，如图 1-2 所示。

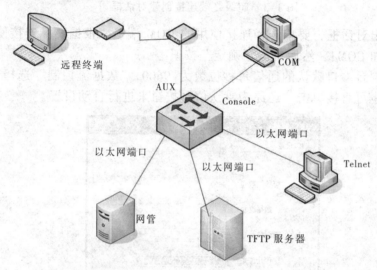

图 1-2 交换机配置方式

通常，对于交换机的首次配置（在启动过程中不配置），必须通过 Console 端口连接到交换机。若要想通过 Telnet 进行配置，必须先通过 Console 方式设置好交换机的管理 IP 地址及 Telnet 密码。而通过 Modem 方式远程终端登录配置已基本不再使用。这里先介绍 Console 配置方式。

交换机一般都随机配送一根控制线，它的一端是 RJ-45 水晶头，用于连接交换机的 Console 端口，另一端提供了 DB-9（针）和 DB-25（针）串行接口插头，用于连接 PC 的 COM1 或 COM2 串行接口。

通过该控制线将交换机与 PC 相连，并在 PC 上运行超级终端仿真程序，即可实现将 PC 仿真成交换机的一个终端，从而实现对交换机的访问和配置。

Windows 系统默认安装了超级终端程序，该程序位于"开始"菜单/"程序"/"附件"/"通信"下，单击"超级终端"命令，即可启动超级终端程序。

首次启动超级终端程序时，要求输入所在地区的电话区号，输入后出现如图 1-3 所示的"连接描述"对话框，在"名称"文本框中输入该连接的名称，并选择所使用的图标，然后单击"确定"按钮。

图 1-3 超级终端连接创建对话框

此时将弹出对话框，要求选择连接使用的 COM 端口，根据实际连接使用的端口进行选择，比如 COM1，然后单击"确定"按钮。

交换机控制台端口默认的通信每秒位数为 9600，"数据流控制"选择"无"，如图 1-4 所示。也可直接单击"还原为默认值"按钮来进行自动设置。

图 1-4 设置 COM1 端口的属性

设置好后，单击"确定"按钮，此时就可通过命令来操控和配置交换机了。

1.2.2 交换机的命令模式

通常所有交换机都提供用户 EXEC 模式、特权 EXEC 模式、全局配置模式、接口配置模式、Line 配置模式、VLAN 数据库配置模式等多种级别的配置模式。

1. 用户 EXEC 模式

当用户通过交换机的控制台端口或 Telnet 会话连接并登录到交换机时，此时所处的命令执行模式就是用户 EXEC 模式。在该模式下，只能执行有限的一组命令，这些命令通常用于查看显示系统信息、改变终端设置和执行一些最基本的测试命令，如 ping、traceroute 等。

用户 EXEC 模式的命令行提示符是：Switch>。

其中的 Switch 是交换机的主机名，对于未配置的交换机默认的主机名是 Switch。在用户 EXEC 模式下，直接输入"？"并按 Enter 键，可获得在该模式下允许执行的命令帮助。

2. 特权 EXEC 模式

在用户 EXEC 模式下，执行 enable 命令，将进入特权 EXEC 模式。在该模式下，用户能够执行 IOS 提供的所有命令。特权 EXEC 模式的命令行提示符为：Switch #。

```
Switch>enable
Password:
Switch#
```

若设置了登录特权 EXEC 模式的密码，输入时不回显，按 Enter 键确认后进入特权 EXEC 模式。若进入特权 EXEC 模式的密码未设置或要修改，可在全局配置模式下，利用 enable secret 命令进行设置。

在该模式下输入"？"，可获得允许执行的全部命令的提示。执行 exit 或 disable 命令可离开特权模式，返回用户模式。若要重新启动交换机，可执行 reload 命令。

3. 全局配置模式

在特权模式下，执行 configure terminal 命令，即可进入全局配置模式。在该模式下，只要输入一条有效的配置命令并按 Enter 键，内存中正在运行的配置就会立即改变生效。该模式下的配置命令的作用域是全局性的，是对整个交换机起作用。

全局配置模式的命令行提示符为：Switch (config)#。

```
Switch#config terminal
Switch(config)#
```

在全局配置模式，就可进入接口配置、Line 配置等子模式。从子模式返回全局配置模式，执行 exit 命令；从全局配置模式返回特权模式，执行 exit 命令；若要退出任何配置模式，直接返回特权模式，则要直接执行 end 命令或按 Ctrl+Z 组合键。

4. 接口配置模式

在全局配置模式下，执行 interface 命令，即进入接口配置模式。在该模式下，可对选定的接口（端口）进行配置，并且只能执行配置交换机端口的命令。接口配置模式的命令行提示符为：Switch (config-if)#。

5. Line 配置模式

在全局配置模式下，执行 line vty 或 line console 命令，将进入 Line 配置模式。该模式主要用于对虚拟终端（vty）和控制台端口进行配置，其配置主要是设置虚拟终端和控制台的用户级登录密码。

Line 配置模式的命令行提示符为：Switch (config-line)#。

交换机有一个控制端口（console），其编号为 0，通常利用该端口进行本地登录，当用超级终端登录后要求输入口令才能进入对交换机的配置和管理。

6. VLAN 数据库配置模式

在特权 EXEC 模式下执行 vlan database 配置命令，即可进入 VLAN 数据库配置模式，此时的命令行提示符为：Switch (vlan)#。

在该模式下，可实现对 VLAN（虚拟局域网）的创建、修改或删除等配置操作。退出 VLAN 配置模式，返回到特权 EXEC 模式，可执行 exit 命令。

7．命令模式转化概述

命令模式转化如表 1-5 所示。

表 1-5　命令模式转化

命令模式	访问方法	提示符	离开或访问下一模式	关于该模式
User EXEC（用户 EXEC 模式）	访问交换机时首先进入该模式	Switch>	输入 exit 命令离开该模式。要进入特权模式，输入 enable 命令	使用该模式来进行基本测试、显示系统信息
Privileged EXEC（特权 EXEC 模式）	在用户模式下，使用 enable 命令进入该模式	Switch#	要返回到用户模式，输入 disable 命令。要进入全局配置模式，输入 configure 命令	使用该模式来验证设置命令的结果。该模式是具有口令保护
Global configuration（全局配置模式）	在特权模式下，使用 configure 命令进入该模式	Switch(config)#	要返回到特权模式，输入 exit 命令或 end 命令，或者按 Ctrl+C 组合键。要进入接口配置模式，输入 interface 命令。要进入 VLAN 配置模式，输入 vlan 命令	使用该模式的命令来配置影响整个交换机的全局参数
Interface configuration（接口配置模式）	在全局配置模式下，使用 interface 命令进入该模式	Switch(config-if)#	要返回到特权模式，输入 end 命令，或按 Ctrl+C 组合键。要返回到全局配置模式，输入 exit 命令。在 interface 命令中必须指明要进入哪一个接口配置子模式	使用该模式配置交换机的各种接口
Config-VLAN（VLAN 配置模式）	在全局配置模式下，使用 vlan vlan_id 命令进入该模式	Switch(config-vlan)#	要返回到特权使用该模式，输入 end 命令，或按 Ctrl+C 组合键。要返回到全局配置模式，输入 exit 命令	使用该模式配置 VLAN 参数
Line 配置模式	在全局配置模式下，执行 line vty 或 line console 命令	Switch(config-line)#	要返回到特权使用该模式，输入 end 命令，或按 Ctrl+C 组合键。要返回到全局配置模式，输入 exit 命令	该模式对虚拟终端（vty）和控制台端口进行配置，如设置虚拟终端和控制台的登录密码等

1.2.3　交换机的基本配置实验

【网络拓扑】

交换机的基本配置拓扑图如图 1-5 所示。

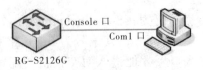

图 1-5　交换机的基本配置拓扑图

【实验环境】

（1）将 RG-S2126G 的 Console 口与一台计算机的 Com1 口用控制线连接以便进行

交换机的配置。

（2）用一根 RJ-45 网线将计算机的一个以太网口连接到 RG-S2126G 的一个以太网端口上，用于进行配置检测。

【实验目的】

（1）熟悉控制线连接方法。

（2）熟悉用 RJ-45 网线将计算机连接到交换机上。

（3）掌握各种模式的转换方法。

（4）熟悉命令的简写（用 Tab 键补全）。

（5）了解每种模式下有哪些命令。

（6）掌握交换机管理 IP 地址的作用。

【实验配置】

锐捷交换机出厂配置如下：未配置 IP 地址与子网掩码，无默认网关，未定义 Enable 管理密码，未配置 Telnet 密码，不能用 Telnet 登录配置，交换机名的名称为 Switch。

（1）几种模式的转换。

```
Switch>                            /*用户 EXEC 模式*/
Switch> enable                     /*进入特权 EXEC 模式*/
Switch# ?                          /*查看特权 EXEC 模式下有哪些命令*/
Switch# configure terminal         /*进入全局配置模式*/
Switch(config)# ?                  /*查看全局配置模式下有哪些命令*/
Switch(config)# interface fa0/1    /*进入接口配置模式*/
Switch(config-if)# ?               /*查看接口配置模式下有哪些命令*/
Switch(config-if)# exit            /*退出接口配置模式*/
Switch(config)#                    /*从接口配置模式回到全局配置模式*/
Switch(config)#exit                /*从全局配置模式回到特权 EXEC 模式*/
Switch# disable                    /*从特权 EXEC 模式回到用户 EXEC 模式*/
Switch> enable
Switch# configure terminal
Switch(config)# interface f 0/2
Switch(config-if)# end             /*从接口模式回到特权模式*/
```

（2）命令行一些编辑特性。

```
Switch# di?                        /*获得相同开头的命令关键字字符串*/
dir disable
Switch# show conf<Tab>             /*使命令的关键字完整*/
# show configuration
Switch# conf  t                    /*命令简写,等同于 Switch# configure terminal*/
Switch# show conf                  /*简写命令*/
Switch# show ?                     /*列出该命令的下一个关联的关键字*/
Switch# <Ctrl-P> 或上方向键         /*浏览前一条命令*/
Switch# <Ctrl-N> 或下方向键         /*浏览后一条命令*/
```

（3）常见的命令行错误信息，如表 1-6 所示。

表 1-6　常见的命令行错误信息

错误信息	含义	如何获取帮助
% Ambiguous command: "show c"	用户没有输入足够的字符，交换机无法识别唯一的命令	重新输入命令，紧接着在发生歧义的单词后面输入一个问号。可能的关键字将被显示出来
% Incomplete command	用户没有输入该命令的必需的关键字或者变量参数	重新输入命令，输入空格再输入一个问号。可能输入的关键字或者变量参数将被显示出来
% Invalid input detected at '^' marker	用户输入命令错误，符号（^）指明了产生错误的单词的位置	在所在地命令模式提示符下输入一个问号，该模式允许的命令的关键字将被显示出来

（4）交换机常用命令。

enable [*level*]和 disable [*level*]命令是切换用户级别，从权限较低的级别切换到权限较高的级别需要输入相应级别的口令。

```
Switch> enable 14        /*锐捷对学生用的级别默认为15级（权限较低），到14级（权限
                          较高）需要口令，若没有口令，就不能进入配置*/
Password: 输入密码
Switch# enable           /*锐捷默认时为15级别*/
Switch# conf t
Switch(config)#
Switch(config)# hostname S2126        /*修改交换机名称为S2126*/
S2126(config)# exit
S2126# show version                    /*显示系统、版本信息*/
S2126# show version devices            /*显示网络设备当前的设备信息*/
S2126# show version slots              /*显示网络设备当前的插槽和模块信息*/
S2126# configure terminal              /*进入全局配置模式*/
S2126(config)# line console 0          /*进入控制台线路配置模式*/
S2126(config-line)# speed 9600         /*设置控制台速率为9600*/
S2126(config-line)# end                /*到特权EXEC模式*/
S2126# show line console 0             /*查看控制台配置*/
```

（5）查看命令。

```
S2126# show version          /*查看交换机版本信息*/
S2126# show run              /*查看交换机正运行的配置信息*/
S2126# show int vlan 1       /*查看交换机VLAN接口配置信息*/
S2126# show ip int vlan 1    /*查看交换机接口ip配置信息*/
S2126# show vlan             /*查看VLAN信息*/
S2126# show flash            /*查看flash信息*/
```

（6）设置二层交换机管理 IP 地址和默认网关。

```
S2126(config)# int vlan 1
S2126(config-if)# ip address 192.168.1.10 255.255.255.0
S2126(config-if)# no shutdown          /*启用端口*/
S2126(config-if)# exit
```

注：为 vlan 1 的管理接口分配 IP 地址（表示通过 vlan 1 来管理交换机），设置交换机的 IP 地址为 192.168.1.10，对应的子网掩码为 255.255.255.0。

```
S2126(config)# ip default-gateway 192.168.1.254
```

/*设置二层交换机的默认网关,当为二层交换机配置好管理 IP 地址(如上 192.168.1.10),并希望其他网络能通过访问此管理 IP 地址来访问这台二层交换机时,就必须配置默认网关。通常用于二层交换机作为一台中间网络设备要被远程管理和访问时*/

S2126(config)# **exit**

（7）配置密码。

只有在管理员级别（锐捷可为每个模式的命令划分 16 个授权级别,14 为管理员级别,Telnet 用户级别为 1 级,一般用户级别 15 级）才能修改密码。使用 enable 14 后,才能配置远程登录密码（即 Telnet 的密码,只有先设定远程登录密码后,以后才能使用 Telnet 命令登录此网络设备,进行网络配置）,和特权 EXEC 模式密码(即 enable 命令后的密码）。

S2126(config)# **enable secret level 1 0 ruijie** /*为 1 级 Telnet 配置不加密密码,0 表示不加密*/
S2126(config)# **enable secret level 15 0 ruijie** /*配置 15 级不加密密码,可进入特权模式*/

（8）提示信息。

S2126(config)# **banner motd** #
Enter TEXT message. End with the character '#'.
Notice: system will shutdown on July 6th.#
/*配置的每日通知信息,使用(#)作为分界符,每日通知的文本信息为"Notice: system will shutdown on July 6th." */
S2126(config)# **banner login** #
Enter TEXT message. End with the character '#'.
Access for authorized users only. Please enter your password. #
/*使用(#)作为分界符,登录标题的文本为"Access for authorized users only. Please enter your password. "*/

检测：标题的信息将在你登录网络设备时显示,下面是一个标题显示的例子。

C:\>telnet 192.168.1.10
Notice: system will shutdown on July 6th.
Access for authorized users only. Please enter your password.
User Access Verification
Password:

其中 "Notice: system will shutdown on July 6th." 为每日通知,"Access for authorized users only. Please enter your password." 为登录标题。

S2126(config)# **no banner motd** /*删除已配置的每日通知信息*/
S2126(config)# **no banner login** /*删除登录标题*/

【测试结果】

设置计算机连接到交换机端口的那块网卡的 IP 地址为 192.168.1.20,使其与交换机管理 IP 地址在同一网段内,在 PC 上打开一命令行窗口,运行命令: c:\>ping 192.168.1.10,能 ping 通。

【实验验证】

S2126# **show int f0/1**
S2126# **show ip int vlan 1**
S2126# **show run**

1.3 交换机端口配置

1.3.1 交换机的端口类型

（1）一个交换机的接口类型可分为两大类：

① 二层接口（L2 interface），对二层交换机，如 RG-S2126G。

② 三层接口（L3 interface），对三层交换机，如 RG-S3760-24。

（2）二层接口又分为以下两种类型：

① 交换口（Switch Port），又分为 Access Port 和 Trunk Port 两种接口。

② 二层聚合口（L2 Aggregate Port）。

（3）三层接口又分为以下 3 种类型。

① 交换机虚拟接口（Switch Virtual Interface，SVI）。

② 路由接口（Routed Port）。

③ 三层聚合口（L3 Aggregate Port）。

1. 交换口（Switch Port）

Switch Port，又分为 Access Port 和 Trunk Port 两种接口，它只有二层交换功能，用于管理物理接口和与之相关的第二层协议，并不处理路由和桥接。用命令 switchport mode access 或 switchport mode Trunk 来定义。

每个 Access Port 只能属于一个 VLAN，Access port 只传输属于这个 VLAN 的帧。Access port 只接收以下三种帧：Untagged 帧；vid 为 0 的 Tagged 帧；vid 为 Access Port 所属 VLAN 的帧。只发送 Untagged 帧。

无论是二层交换机还是三层交换机都可配置 Access Port，即二层访问口，配置步骤如下：

```
Switch# config t
Switch(config)# VLAN 10      /*创建VLAN 10*/
Switch(config-VLAN)# EXIT
Switch(config)# int  F 0/2   /*进入接口F 0/2*/
Switch(config-if)# switchport mode access   /*配置为Access Port*/
Switch(config-if)# switchport access vlan 10 /*属于VLAN 10*/
```

2. Trunk 口（Trunk Port）

一个 Trunk 是连接将一个或多个以太网交换接口和其他网络设备（如路由器或交换机）的点对点链路，一个 Trunk 可以在一条链路上传输多个 VLAN 的流量。锐捷交换机的 Trunk 采用 802.1Q 标准进行封装，而思科的交换机有两种封装，分别为 IEEE 802.1Q（doltq）和 CISCO 私有的 ISL 封装。因此要特别指定是哪种封装，用 switchport trunk enc dot1q 或 isl。

Trunk port 传输属于多个 VLAN 的帧。默认情况下 Trunk port 将传输所有 VLAN 的帧，但可通过设置 VLAN 许可列表来限制 Trunk Port 口只传输哪些 VLAN 的帧。

每个 Trunk Port 都属于一个 Native VLAN。所谓 Native VLAN，就是指在这个接口上收发的未标记（UNTAG）报文，都被认为是属于这个 Native VLAN 的。每个 Trunk Port 的 Native VLAN 都可设置。

通常这个接口的默认 VLAN ID 就是 Native VLAN。默认时每个 Trunk 口的 Native VLAN 是 VLAN 1。可用 SWITCHPORT TRUNK NATIVE VLAN（VLAN ID）来配置 Trunk 口本地 VLAN，因为 do1tq 封装对于 TRUNK 传输的本地 VLAN 是不在封装信息里写入 VLAN id 的，因此在 do1tq 封装下配置 Trunk 链路时，要确认连接链路两端的 Trunk 口属于相同的 Native VLAN，否则可能会出现通信问题。

Trunk Port 既可接收标记帧（Tagged），也可接收未标记帧（Untagged），若 Trunk Port 接收到的帧不带 IEEE 802.1Q 标记，则被认为是属于这个 Native VLAN 的，Trunk Port 也可接收与 Native VLAN 不一致的标记帧。

Trunk Port 也可以发送带 Tag 的（其 VLAN ID 不同于 Native VLAN）帧。当 Trunk Port 发送的帧带 Tag（其 VLAN ID 同于 Native VLAN），帧从该 Trunk Port 发出去时，标记 Tag 将被剥离，即在 Trunk 上发送属于 Native VLAN 的帧，将采用未标记方式。

配置 Trunk 口的步骤如下：

```
Switch# config t
Switch(config)# int  F 0/24
Switch(config-if)# switchport mode trunk    /*定义该接口的类型为二层 Trunk 口*/
Switch(config-if)# switchport trunk allowed vlan{ all |[ add| remove |except]} vlan-list   /*配置这个 Trunk 口的许可 VLAN 列表*/
```

例如：

```
Switch(config-if)# switchport  trunk  allowed  vlan remove 2-9,11-19, 21-4094
/*移除VLAN: 2-9,11-19,21-4094; 即只允许VLAN 1, 10, 20 三个VLAN通过此 Trunk 口*/
Switch(config-if)# switchport trunk allowed vlan add 2-5
/*在前面的基础上增加 VLAN 2-5，允许 VLAN 2-5 通过此 Trunk 口*/
Switch(config-if)# switchport trunk allowed vlan all
/*允许所有 VLAN 通过此 Trunk 口*/
```

3. 二层聚合口（L2 Aggregate Port）

把多个物理链接捆绑在一起形成一个简单的逻辑链接，这个逻辑链接称为一个 Aggregate Port。它可以把多个端口的带宽叠加起来使用。锐捷 S2126G、S2150G 交换机，最大支持 6 个 AP，每个 AP 最多能包含 8 个端口。比如全双工快速以太网端口形成的 aggregate port 最大可以达到 800 Mbit/s，千兆以太网接口形成的 Aggregate Port 最大可以达到 8 Gbit/s。

通过 Aggregate Port 发送的帧将在 Aggregate Port 的成员端口上进行流量平衡，当一个成员端口链路失效后，Aggregate Port 会自动将这个成员端口上的流量转移到别的端口上。同样 Aggregate Port 可以为 Access Port 或 Trunk Port，但 Aggregate Port 各成员端口必须属于同一类型。可通过 interface aggregateport 命令来创建 Aggregate Port。

二层 Access 口聚合成一个逻辑口，需两台交换机的对应口及成员口都属于同一个 VLAN（子网）才有意义。这种交换机的级联，目的是增加端口数量（扩容），通过聚合，增加带宽，提供冗余。

配置二层 Trunk 聚合口的步骤如下：（注：基于锐捷的配置）

```
Switch# config t
```

```
Switch(config)# interface range fastethernet 0/1-5    /* 取二层的以太网接
口 0/1~0/5 */
    Switch(config-if-range)# port-group 5    /*将 0/1~0/5 Access 接口加入二层
聚合口 aggregate port 5 中（如果此二层聚合口不存在，则创建它）*/
    Switch(config)# int aggregateport 5    /*进入 5 号聚合口*/
    Switch(config-if)# switchport mode trunk    /*定义该接口的类型为二层
Trunk 口*/
```

4. 交换机虚拟接口 SVI（Switch virtual interface）

SVI 是和某个 VLAN 关联的 IP 接口。每个 SVI 只能和一个 VLAN 关联，可分为以下两种类型：

（1）SVI 可作为二层交换机的管理接口，通过该管理接口，配置其 IP 地址，管理员可通过此管理接口来管理配置二层交换机。二层交换机中只能有一个 SVI 管理接口，可定义在 Native VLAN 1 上，也可定义在其他已划分的 VLAN 上。

（2）SVI 可作为三层交换机一个网关接口，用于三层交换机中跨 VLAN 之间的路由。

可通过 Interface VLAN 接口配置命令来创建 SVI，然后给 SVI 分配 IP 地址（IP Address）。

对锐捷 S2126G 与 S2150G 二层交换机虽然可以支持多个 SVI，但只允许一个 SVI 的 OpenStatus 处于 UP 状态。SVI 的 OpenStatus 可以通过 shutdown 与 no shutdown 命令进行切换。

对于锐捷 RG-S3760 等三层交换机，可定义多个 SVI，且都处于 UP 状态，作为三层交换机不同 VLAN 的网关，使得不同的 VLAN 通过此网关进行 VLAN 之间的路由。

配置 SVI 的步骤：

```
Switch(config)# vlan 10
Switch(config)# int vlan 10    /*创建虚拟接口 vlan 10*/
Switch(config-if)#ip address 192.168.10.254 255.255.255.0    /*配置虚拟
接口 vlan 10 的地址为 192.168.10.254 */
```

5. 路由接口（Routed Port）

在三层交换机上，可以使用单个物理端口作为三层交换的网关接口，这个接口称为 Routed Port。Routed Port 不具备二层交换的功能。通过 no switchport 命令将一个三层交换机上的二层接口 Switch Port 转变为 Routed Port，然后给 Routed Port 分配 IP 地址来建立路由。

注意：当一个接口是 L2 Aggregate Port 成员口时，就不能用 switchport/ no switchport 命令进行层次切换。

配置 f0/24 为路由口的步骤：

```
Switch# configure terminal
Switch(config)# interface FastEthernet 0/24
Switch(config-if)# no switchport
Switch(config-if)# ip address 192.168.20.254  255.255.255.0
```

6. 三层聚合口（L3 Aggregate Port）

L3 Aggregate Port 使用一个 Aggregate Port 作为三层交换的网关接口。L3 Aggregate

Port 不具备二层交换的功能。可通过 no switchport 将一个无成员二层接口 L2 Aggregate Port 转变为 L3 Aggregate Port，接着将多个路由接口 Routed Port 加入此 L3 Aggregate Port，然后给 L3 Aggregate Port 分配 IP 地址来建立路由。锐捷 S3550-12G、S3550-24G12AP8 系列交换机，最大支持的 12 个路由接口，每个最多能包含 8 个端口。

创建三层聚合端口的步骤：（注：基于锐捷的配置）

```
Switch(config)# interface aggregate-port 2   /*创建三层聚合端口*/
Switch(config-if)# no switchport   /*将该聚合端口设置为三层模式*/
Switch(config-if)# exit
Switch(config)# interface range fastethernet 0/20-23
Switch(config-if-range)# no switchport   /*将这些接口设置为路由接口*/
Switch(config-if-range)# port-group 2   /*再将多个路由口加入到此三层聚合中作为其成员口加入aggregate port 2 中 (如果不存在，则同时创建它)*/
Switch(config-if)# exit
Switch(config)# interface aggregate-port 2   /* 进入聚合接口配置模式*/
Switch(config-if)# ip address 192.168.1.1 255.255.255.0   /*给聚合接口配置地址和子网掩码来建立路由*/
```

1.3.2　交换机的端口配置

【网络拓扑】

同图 1-5。

【实验环境】

同 1.2.3 节。

【实验目的】

（1）熟悉各种接口配置方法。

（2）了解各种接口的作用。

【实验配置】

（1）配置接口基本信息。

```
Switch# config terminal
Switch(config)# interface FastEthernet0/2
Switch(config-if)# description Port_A   /*配置接口的描述*/
Switch(config-if)# shutdown   /*关闭此接口*/
Switch(config-if)# no shutdown   /*启动此接口*/
Switch(config-if)# switchport port-security   /*启动接口安全性*/
Switch(config-if)# speed {10 | 100 | 1000 | auto} /*配置接口的速度*/
Switch(config-if)# duplex {auto | full | half}   /*配置双工否*/
Switch(config-if)# flowcontrol {auto | on | off}  /*配置接口的流控模式*/
Switch(config-if)# end
Switch#
```

在接口配置模式下使用 no speed、no duplex 和 no flowcontrol 命令，将接口的速率、双工和流控配置恢复为默认值。使用 default interface interface-id 命令将接口的所有设置恢复为默认值。

（2）配置二层接口。

```
Switch# configure terminal
Switch(config)# interface FastEthernet0/2
```

```
Switch(config-if)# switchport mode access    /* 配置 Switch Port */
Switch(config-if)# switchport access vlan 1  /* 配置 Access Port 所属的 VLAN */
Switch(config-if)# end
Switch#
```

（3）配置 Trunk 口。

```
Switch# configure terminal
Switch(config)# interface FastEthernet0/24
Switch(config-if)# switchport mode trunk    /*定义该接口的类型为二层 Trunk 口*/
Switch(config-if)# switchport trunk native vlan 1   /* 为这个口指定一个 Native VLAN */
```

当把一个接口的 Native VLAN 设置为一个不存在的 VLAN 时，交换机不会自动创建此 VLAN。

如果想把 Trunk 的 Native VLAN 列表改回默认的 VLAN 1，使用 **no switchport trunk native vlan** 接口配置命令。

```
Switch(config-if)# no switchport trunk native vlan
```

如果想把一个 Trunk 口的所有 Trunk 相关属性都复位成默认值，使用 no switchport trunk 接口配置命令。

```
Switch(config-if)# end
Switch# show interfaces FastEthernet0/24 switchport   /*检查接口的完整信息*/
Switch# show interfaces FastEthernet0/24 trunk    /*显示这个接口的 Trunk 设置*/
Switch(config-if)# Switchport trunk allowed vlan { all | [add| remove |except]} vlan-list
```

配置这个 Trunk 口的许可 VLAN 列表。参数 vlan-list 可以是一个 VLAN，也可以是一系列 ID 开头，以大的 VLAN ID 结尾，中间用−号连接，如 10−20。all 的含义是许可 VLAN 列表包含所有支持的 VLAN；add 表示将指定 VLAN 列表加入许可 VLAN 列表；remove 表示将指定 VLAN 列表从许可 VLAN 列表中删除；except 表示将除列出的 VLAN 列表外的所有 VLAN 加入许可 VLAN 列表；不能将 VLAN 1 从许可 VLAN 列表中移出。

Switch(config-if)# Switchport trunk allowed vlan all 配置这个 Trunk 口的允许所有 VLAN 一个接口的 Native VLAN 可以不在接口的许可 VLAN 列表中。此时，Native VLAN 的流量不能通过该接口。

（4）配置 SVI。

通过 **interface vlan** vlan-id 创建一个 SVI 或修改一个已经存在的 SVI。

```
Switch# configure terminal
Switch(config)# interface vlan 1
Switch(config-if)# ip address 192.168.1.1 255.255.255.0
Switch(config-if)# end
```

（5）以下介绍思科交换机各类聚合口在 Packet Tracer 6.2 以上的配置步骤。

① Access 口聚合（思科二层 Access 聚合口配置步骤）。

```
Switch(config)# interface range f0/23 -24
Switch(config-if-range)# swithport mode access    /*23、24 号口都为 ACCESS 口*/
```

```
Switch(config-if-range)# exit
Switch(config)# int port-channel 1
Switch(config-if)# switchport mode access   /*将聚合1号口设置为Access
口,仅属于VLAN1*/
```

② Trunk 口聚合。

思科二层 Trunk 聚合口的命令行配置如下：

```
Switch(config)# interface range f0/23 -24
Switch(config-if--range)# switchport mode trunk   /*23、24号口都为
Trunk口*/
Switch(config-if-range)#channel-group 2 mode on /*捆绑为2号聚合口*/
Switch(config-if-range)# exit
Switch(config)# int port-channel 2
Switch(config-if)# switchport mode trunk /*将聚合2号口设置为Trunk
口,属于全体VLAN*/
```

③ 删除一个聚合口。

```
Switch(config)# no int Port-channel 2   /*删除2号聚合口*/
```

④ 将 23 号口从 2 号聚合口中拆除。

```
Switch(config)# interface f0/23
Switch(config-if)# no channel-group 2 mode active   /*将f0/23口从
聚合口中拆回*/
```

⑤ 三层聚合链路的配置。

左右两端的三层交换机多个端口用交叉线互联，将两边的端口设定为三层路由口，每个端口不设置 IP 地址，将这些端口聚合成一个三层聚合口（L3 Aggregate Port），为其分配 IP 地址来建立路由。在左边一台三层交换机上创建三层聚合端口的步骤：

```
Switch(config)# interface range F0/1-2
Switch(config-if-range)# no switchport   /*将1和2两端口变成路由口*/
Switch(config-if-range)# channel-group 3 mode desirable /*将1和2
两端口聚合成3号聚合口*/
Switch(config-if-range)# no ip address   /*1和2两端口均无IP地址*/
Switch(config-if-range)# exit
Switch(config)# interface Port-channel 3   /*对聚合口3*/
Switch(config-if)# no switchport   /*使聚合口3为路由口*/
Switch(config-if)# ip address 192.168.1.253 255.255.255.0   /*设置聚
合口3的IP地址*/
Switch(config-if)# exit     /*返回特权EXEC模式*/
```

⑥ 检查端口配置信息。

```
Switch# show etherchannel summary   /*显示链路汇总信息*/
Flags: D - down P - in port-channel
I - stand-alone s - suspended
H - Hot-standby (LACP only)
R - Layer3 S - Layer2
U - in use f - failed to allocate aggregator
u - unsuitable for bundling
w - waiting to be aggregated
d - default port
Number of channel-groups in use: 1
Number of aggregators: 1
```

```
Group        Port-channel    Protocol        Ports
------       +-------------  +-------------  +------------
3            Po3(RU)         PAgP            Fa0/1(P) Fa0/2(P)

Switch# show etherchannel port-channel    /*显示详细链路信息*/
 Channel-group listing:
 ----------------------
Group: 3
----------
Port-channels in the group:
---------------------------
Port-channel: Po3
-----------------
Age of the Port-channel = 00d:00h:05m:14s
Logical slot/port   = 2/3  Number of ports = 2
GC = 0x00000000            HotStandBy port = null
Port state     =   Port-channel
Protocol       =   PAGP
Port Security  =   Disabled
Ports in the Port-channel:
Index    Load      Port       EC state           No of bits
------   +------   +------    +---------------   +-----------
0        00        Fa0/2      Desirable-Sl       0
0        00        Fa0/1      Desirable-Sl       0
Time since last port bundled: 00d:00h:05m:13s Fa0/1
```

【实验验证】

```
Switch# show interfaces fastethernet 0/1  /*显示指定接口的全部状态和配置信息*/
Switch# show etherchannel port-channel   /*显示详细的聚合链路信息*/
Switch# show interfaces vlan 5    /*显示 VLAN 5 的配置信息*/
Switch# show interfaces fastethernet 0/1 discription   /*显示指定接口的描述*/
Switch# show interfaces fastEthernet0/2 counters /*显示指定端口的统计值信息*/
Switch# sh running-config interface  /*显示所有接口的配置信息*/
```

1.4 交换机端口安全

1.4.1 端口安全概述

交换机端口安全功能，是指针对交换机的端口进行安全属性的配置，从而控制用户的安全接入。交换机端口安全主要有两类：一是限制交换机端口的最大连接数；二是针对交换机端口进行 MAC 地址、IP 地址的绑定。

限制交换机端口的最大连接数可以控制交换机端口下连的主机数，以防止用户进行恶意的 ARP 欺骗。

交换机端口地址的绑定，可针对 MAC 地址、IP 地址、IP+MAC 地址进行灵活的绑定,从而实现对用户的严格控制。保证用户的安全接入和防止常见的内网的网络攻击。如:ARP欺骗,IP、MAC地址欺骗,IP地址攻击等。

1．常用的攻击

通常,在局域网内部,常常受到一些攻击,这些攻击包括:

(1) MAC攻击:每秒发送成千上万个随机源MAC的报文,在交换机的内部,大量广播包向所有端口转发,使MAC地址表空间很快就被不存在的源MAC地址占满,没有空间学习合法的MAC地址。

(2) ARP的攻击:攻击者不断向对方计算机发送有欺诈性质的ARP数据包,数据包内包含与当前设备重复的MAC地址,使对方在回应报文时,由于简单的地址重复错误而导致不能进行正常的网络通信。一般情况下,受到ARP攻击的计算机会出现两种现象:

① 不断弹出"本机的×××段硬件地址与网络中的×××段地址冲突"的对话框。

② 计算机不能正常上网,出现网络中断的症状。

由于这种攻击是利用ARP请求报文进行"欺骗"的,防火墙会误认为这是正常的请求数据包,不予拦截,所以普通的防火墙很难抵挡这种攻击。

(3) IP、MAC地址欺骗:攻击者用网络盗用别人的IP或MAC地址,进行网络攻击。

端口安全的目的就是防止局域网的内部攻击(如MAC地址攻击、ARP攻击、IP/MAC地址欺骗等)对用户、网络设备造成破坏。

2．端口安全功能

所谓端口安全,是指通过限制允许访问交换机上某个端口的MAC地址以及IP地址(可选)来实现对该端口输入的严格控制。当为安全端口(打开了端口安全功能的端口)配置了安全地址后,除了源地址为这些安全地址之外,该端口将不转发其他任何报文。同时,可以将MAC地址和IP地址绑定起来作为安全地址,也可以通过限制端口上能包含的最大安全地址个数,如最大个数为1,使连接这个端口的工作站(其地址为配置的安全地址)将独享该端口的全部带宽。

交换机端口安全的基本功能包括:

(1) 限制交换机端口的最大连接数。

(2) 端口的安全地址绑定,如在端口上同时绑定IP和MAC地址,也可以防ARP欺骗;在端口上绑定MAC地址,并限定安全地址数为1,可以防止恶意DHCP请求。

3．安全违例的处理方式

在配置了端口安全功能后,在实际应用中,如果违反了端口安全,将产生一个安全违例,产生安全违例有3种处理方式:

(1) protect:当安全地址个数满后,安全端口将丢弃未知名地址(不是该端口的安全地址中的任何一个)的包,这也是默认配置。

(2) restrict:当违反端口安全时,将发送一个Trap通知。

(3) shutdown:当违反端口安全时,将关闭端口并发送一个Trap通知。

4. 配置端口的一些限制

配置端口安全时有如下一些限制：

（1）一个安全端口不能是一个 Aggregate Port，只能在一个 Access 接口上配置。

（2）一个安全端口不能是 SPAN 的目的端口。

（3）交换机最大连接数限制默认的处理方式是 protect。

（4）端口安全和 802.1x 认证端口是互不兼容的，不能同时启用。

（5）安全地址是有优先级的，从低到高的顺序是：

① 单 MAC 地址。

② 单 IP 地址/MAC 地址+IP 地址（谁后设置谁生效）。

（6）单个端口上的最大安全地址个数为 128 个。

（7）在同一个端口上不能同时应用绑定 IP 的安全地址和安全 ACL，这两种功能是互斥的。

（8）支持绑定 IP 地址的数量是有限制的。详细的参数见表 1-7。

表 1-7 参数描述

序 号	设 备 型 号	支持绑定 IP 地址的最大值	备 注
1	S21 系列	百兆端口 20 个，千兆端口 110 个	包括 IP+MAC 绑定/单 IP 的绑定
2	S3550 系列	百兆端口 20 个，千兆端口 110 个	
3	S3750 系列	百兆端口 20 个，千兆端口 120 个	
4	S3760 系列	整机支持 1000 个	

1.4.2 端口安全的配置

1. 启动端口安全功能

Switch(config-if)# switchport port-security /*打开该接口的端口安全功能*/

2. 端口安全最大连接数配置

Switch(config-if)# switchport port-security maximum *value*
/*设置接口上安全地址的最大个数，范围是 1-128，默认值为 128*/
Switch(config-if)# no switchport port-security maximum
/*恢复接口安全地址的最大个数为默认值*/

3. 端口地址绑定

Switch(config-if)# switchport port-security mac-address *mac-address* [ip-address *ip-address*]
/*手工配置接口上的安全地址 MAC 地址及 IP 地址*/
Switch(config-if)# no switchport port-security mac-address *mac-address*
/*删除安全地址绑定*/

4. 设置处理违例的方式

Switch(config-if)# switchport port-security violation{protect|restrict|shutdown}
/*设置处理违例的方式*/
Switch(config-if)# no switchport port-security violation
/*将违例处理方式恢复为默认值*/

当端口因为违例而被关闭后，在全局配置模式下使用命令 errdisable recovery 将接口从错误状态中恢复过来。

5．配置安全地址的老化时间

可以为一个接口上的所有安全地址配置老化时间。要设置系统 MAC 地址老化时间，需要设置安全地址的最大个数，以便让交换机自动增加和删除接口上的安全地址。

```
Switch(config-if)# switchport port-security aging {static | time time}
```

选项 static 表明老化时间将同时应用于手工配置的安全地址和自动学习的安全地址，否则只用于自动学习的地址。time 后指定这个端口上安全地址的老化时间，范围在 0～1440 之间，单位为分钟，默认时间为 0。如果时间为 0，表示关闭老化功能。老化时间是按绝对方式计时的，即当一个地址成为一个端口的安全地址后，经过指定的时间后，这个地址将被自动删除。

```
Switch# configure terminal
Switch(config)# interface fastEthernet 0/1
Switch(config-if)# switchport port-security aging static
Switch(config-if)# switchport port-security aging time 8
```

以上设置了 FastEthernet 0/1 接口安全地址的老化时间为 8 分钟，且应用于手工配置的安全地址和自动学习的安全地址

```
Switch(config-if)# no switchport port-security aging time
/*关闭老化功能*/
Switch(config-if)# no switchport port-security aging static
/*老化时间仅用于自动学习的安全地址*/
```

6．验证端口的安全性

（1）显示接口的端口安全配置信息。

```
Switch# show port-security interface [ inferface-id]
```

（2）显示安全地址信息。

```
Switch# show port-security address
```

（3）显示某一接口的安全地址信息。

```
Switch# show port-security address [ inferface-id]
```

（4）显示所有安全接口的统计信息。

```
Switch# show port-security
```

（5）检查 MAC 地址表。

```
Switch# show mac-address-table
```

7．在 S21 系列交换机上配置端口安全

（1）在 FastEthernet 0/1 口上，配置最大安全地址的个数为 1，违例的处理模式是 protect。

（2）在 fastethernet 0/2 口上，绑定 MAC 地址为 00d0.f801.a2b3 的主机，违例的处理模式为 restrict。注意：MAC 地址需按实际环境中所连接的 PC 机 MAC 地址设置。

（3）在 fastethernet 0/3 口上，绑定 IP 地址为 192.168.100.23 的主机，违例的处理模式为 protect。注意：IP 地址需按实际环境中所连接的 PC 机 IP 地址设置。

（4）在 FastEthernet 0/4 口上，绑定 MAC 地址为 00d0.f80b.1234、IP 地址为 192.168.0.10 的主机，违例的处理模式为 shutdown。

```
Switch# configure terminal
Switch(config)# interface fastEthernet 0/1
```

```
Switch(config-if)# switchport mode access
Switch(config-if)# switchport port-security
Switch(config-if)# switchport port-security maximum 1
Switch(config-if)# switchport port-security violation protect
Switch(config-if)# exit
Switch(config)# interface fastEthernet 0/2
Switch(config-if)# switchport mode access
Switch(config-if)# switchport port-security
Switch(config-if)# switchport port-security mac-address 00d0.f801.a2b3
Switch(config-if)# switchport port-security violation restrict
Switch(config-if)# exit
Switch(config)# interface fastEthernet 0/3
Switch(config-if)# switchport mode access
Switch(config-if)# switchport port-security
Switch(config-if)# switchport port-security ip-address 192.168.100.23
Switch(config-if)# switchport port-security violation protect
Switch(config-if)# exit
Switch(config)# interface fastEthernet 0/4
Switch(config-if)# switchport mode access
Switch(config-if)# switchport port-security
Switch(config-if)# switchport port-security mac-address 00d0.f80b.1234 ip-address 192.168.0.10
Switch(config-if)# switchport port-security violation shutdown
Switch(config-if)#^Z
Switch# show port-security
Secure Port  MaxSecureAddr(count)  CurrentAddr(count)  Security Action
------------ --------------------- ------------------- ---------------
Fa0/1        1                     0                   Protect
Fa0/2        128                   1                   Restrict
Fa0/3        128                   1                   Protect
Fa0/4        128                   1                   Shutdown
Switch# show port-security address
Vlan Mac Address       IP Address       Type       Port  Remaining Age(mins)
---- ----------------- ---------------- ---------- ----- --------------------
1    -                 192.168.100.23   Configured Fa0/3  -
1    00d0.f801.a2b3                     Configured Fa0/2  -
1    00d0.f80b.1234    192.168.0.10     Configured Fa0/4  -
```

1.5 交换机的工作机制

交换机的工作机制按图 1-6 的示例进行说明。假设网上有 1 台交换机和 5 台主机，各主机的主机名、MAC 地址以及与交换机连接的端口号如图 1-6 中所标注。

交换机在数据通信中完成两个基本的操作：

（1）构造和维护 MAC 地址表。

（2）交换数据帧：打开源端口与目标端口之间的数据通道，把数据帧转发到目标端口上。

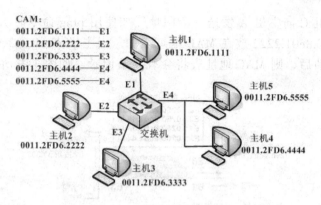

图 1-6　数据帧交换过程

1.5.1　构造和维护交换地址表

在交换机中，有一个交换地址表（思科交换机中称为 CAM 表），记录着主机 MAC 地址和该主机所连接的交换机端口号之间的对应关系。由交换机采用动态自学习源 MAC 地址的方法构造和维护此表。

（1）交换机在重新启动或手工清除 MAC 地址表后，MAC 地址表没有任何 MAC 地址的记录，如图 1-7 所示。

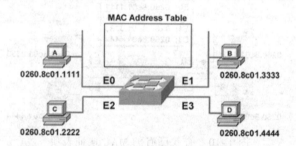

图 1-7　MAC 地址空表

（2）假设主机 A 向主机 C 发送数据帧，因为现在 MAC 地址表为空，将此源 MAC 地址 0260.8c01.1111 和源端口 E0 记录到 MAC 地址表中，同时向其他所有的端口发送此数据帧（称为泛洪），如果某一主机在接收到此数据帧后，将提取目标 MAC 地址，并与自己网卡的 MAC 地址进行比较，如果相等，则接收此数据帧；否则丢弃此数据帧，如图 1-8 所示。

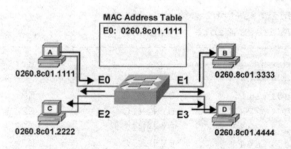

图 1-8　向接收到的数据帧自学习源 MAC 地址

（3）如果主机 C 向主机 A 发送一个回帧（如使用 ping 命令时），则 C 的端口 E2 和 MAC 地址 0260.8c01.2222 放在 MAC 地址表中。当主机 A、B、C、D 都已经向其他主机发送过数据帧后，则 MAC 地址表将会有 4 条记录，如图 1-9 所示。

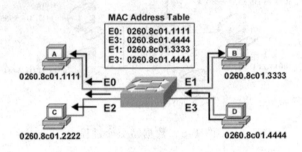

图 1-9　MAC 地址表学习完毕

（4）下一次，当主机 A 再向主机 C 发送数据帧，交换机会提取数据帧的目的 MAC 地址，通过查找 MAC 地址表，发现有一条记录的 MAC 地址与目的 MAC 地址相等，而且知道此目的 MAC 所对应的端口为 E2，交换机就打开 E0 与 E2 端口之间的通道，将数据帧从 E0 直接转发到 E2 端口，如图 1-10 所示。

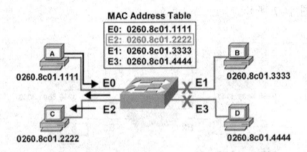

图 1-10　查找已有的 MAC 地址表项

在交换地址表项中有一个时间标记，用以指示该表项存储的时间周期。当地址表项被使用或被查找时，表项的时间标记就会被更新。如果在一定的时间范围内地址表项仍然没有被更新，此地址表项就会被移走。因此，交换地址表中所维护的是最有效和最精确的 MAC 地址与端口之间的对应关系。

在主机 A 上分别发 ping 命令到 C、B、D，再在交换机上用 show mac-address-table 命令查看 MAC 地址表。

```
S# show mac-address-table
       Mac Address Table
---    ------------------    ------------    -------
Vlan   Mac Address           Type            Ports
---    ------------------    ------------    -------
1      0260.8c01.1111        DYNAMIC         E0
1      0260.8c01.2222        DYNAMIC         E2
1      0260.8c01.3333        DYNAMIC         E1
1      0260.8c01.4444        DYNAMIC         E3
```

1.5.2 交换数据帧

交换机在转发数据帧时，遵循以下规则：

（1）如果数据帧的目的 MAC 地址是广播地址或者组播地址，则向交换机所有端口（除源端口）转发（称泛洪）。

（2）如果数据帧的目的 MAC 地址是单播地址，但这个 MAC 地址并不在交换机的地址表中，则向所有端口（除源端口）转发（称泛洪）。

（3）如果数据帧的目的 MAC 地址在交换机的地址表中，则打开源端口与目标端口之间的数据通道，把数据帧转发到目标端口上。

（4）如果数据帧的目的 MAC 地址与数据帧的源 MAC 地址来自同一个端口，则丢弃此数据帧，不发生交换。

以图 1-6 为例介绍具体的数据帧交换过程。

当主机 1 发送广播帧时，交换机从 E1 端口接收到目的 MAC 地址为 ffff.ffff.ffff 的数据帧，则向 E2、E3 和 E4 端口转发该数据帧。

当主机 1 与主机 3 通信时，交换机从 E1 端口接收到目的 MAC 地址为 0011.2FD6.3333 的数据帧，查找交换地址表后发现 0011.2FD6.3333 不在表中，因此交换机向 E2、E3 和 E4 端口转发该数据帧。

当主机 4 与主机 5 通信时，交换机从 E4 端口接收到目的 MAC 地址为 0011.2FD6.5555 的数据帧，查找地址表后发现 0011.2FD6.5555 位于 E4 端口，即源端口与目的端口相同（E4）即主机 4、主机 5 处于同一个网段内，则交换机直接丢弃该数据帧，不进行转发。

当主机 1 再次与主机 3 通信时，交换机从 E1 端口接收到目的 MAC 地址为 0011.2FD6.3333 的数据帧，查找交换地址表后发现 0011.2FD6.3333 位于 E3 端口，交换机打开源端口 E1 与目标端口 E3 之间的数据通道,把数据帧转发到目标端口 E3 上，这样主机 3 即可收到该数据帧。

当主机 1 与主机 3 通信时，主机 2 也向主机 4 发送数据，交换机同时打开 E1 与 E3、E2 与 E4 之间的数据通道，建立两条互不影响链路，同时转发数据帧，只不过到 E4 时，要向此网段所有主机广播，主机 5 也侦听到，但不接收。

一旦传输完毕，相应的链路随之被拆除。

1.5.3 交换机的交换方式

目前交换机在传送源和目的端口的数据帧时有 3 种交换方式，直通式、存储转发式和碎片隔离式。目前交换机最主流的交换方式是存储转发式（默认配置）。

1. 直通交换方式（Cut-through）

采用直通交换方式的以太网交换机可以理解为在各端口间是纵横交叉的线路矩阵交换机。它在输入端口检测到一个数据帧时，检查该帧的帧头，获取帧的目的地址，启动内部的动态查找表转换成相应的输出端口，在输入与输出交叉处接通，把数据帧直接送到相应的端口，完成数据交换功能。由于它只检查数据帧的帧头（通常只检查 14 B），不需要存储，所以具有延迟小（延迟（Latency）是指数据帧进入一个网络设备到离开该设备所花的时间)、交换速度快的优点。

但它的缺点也很明显:

(1)因为数据帧没有被以太网交换机保存下来,所以无法检查所传送的数据帧是否有误,不能提供错误检测能力。

(2)因为输入/输出端口间有速度上的差异,如连接到高速网络(千兆网络)上,没有缓存而直接将输入/输出端口"接通",容易丢帧。

(3)当以太网交换机的端口增加时,交换矩阵变得越来越复杂,其硬件实现就更加困难。

2. 存储转发方式(Store-and-Forward)

存储转发方式是计算机网络领域应用最为广泛的方式。它把输入端口的数据帧先缓存起来,然后进行CRC(循环冗余码校验)检查,在对错误帧处理后才取出数据帧的目的MAC地址,通过查找表得到输出端口后送出帧。其优点是:① 对进入交换机的数据帧进行错误检测,提高了传输的可靠性;② 支持不同速度的端口间的转换,保持高速端口与低速端口间的协同工作。其缺点是数据缓存、校验使得延时增加,影响交换机交换数据的速度。但在一个不太稳定的网络环境下,这种交换方式仍然能提高网络的性能。

3. 碎片隔离式(Fragment Free)

碎片隔离式是介于直通式和存储转发式之间的一种解决方案。它在转发前先检查数据帧的长度是否够64 B(512 bit),如果小于64 B,说明是假帧(或称残帧),则丢弃该帧;如果大于64 B,则发送该帧。这种方式也不提供数据校验,其数据处理速度比存储转发方式快,但比直通式慢。但由于能够避免残帧的转发,所以被广泛应用于低档交换机中。

使用这类交换技术的交换机一般是使用了一种特殊的缓存。这种缓存是一种先进先出的FIFO(First In First Out),比特从一端进入,然后再以同样的顺序从另一端出来。当帧被接收时,它被保存在FIFO中。如果帧以小于512 bit的长度结束,那么FIFO中的内容(残帧)就会被丢弃。因此,不存在普通直通转发交换机存在的残帧转发问题,是一个非常好的解决方案。数据帧在转发之前将被缓存保存下来,从而确保碰撞碎片不通过网络传播,能够在很大程度上提高网络传输效率。

课后练习及实验

1. 选择题

(1)在交换机上作如下配置:Switch(config)# ip default-gateway 192.168.2.1,其作用是(   )。

 A. 配置交换机的默认网关,为了可以实现对交换机进行跨网段的管理

 B. 配置交换机的默认网关,为了使连接在此交换机上的主机能够访问其他主机

 C. 配置交换机的管理IP地址,为了实现对交换机的远程管理

D. 配置交换机的管理 IP 地址，为了实现连接在交换机上的主机之间的互相访问

（2）在三层交换机上配置命令 Switch(config-if)# no switchport 的作用是（　　）。

A. 将该端口配置为 Trunk 端口

B. 将该端口配置为二层交换端口

C. 将该端口配置为三层路由端口

D. 将该端口关闭

（3）交换机的配置模式，以下说法正确的是（　　）。

A. Console 本地登录配置

B. Telnet 登录配置

C. 利用 TFTP 服务器进行配置和备份

D. 以上均正确

（4）Ethernet 交换机是利用（　　）进行数据交换的。

A. 端口/MAC 地址映射表　　　　B. IP 路由表

C. 虚拟文件表　　　　　　　　　D. 虚拟存储器

（5）一个二层交换机如何确定收到的帧向哪里转发？（　　）

A. source MAC address 源 MAC 地址

B. source IP address 源 IP 地址

C. source switch port 源端口

D. destination IP address 目的 IP 地址

E. destination port address 目的端口地址

F. destination MAC address 目的 MAC 地址

（6）设置处理违例的方式是（　　）。

A. Switch(config-if)# switchport port-security violation{protect|restrict |shutdown}

B. Switch(config-if)# no switchport port-security mac-address mac-address

C. Switch(config-if)# no switchport port-security aging　static

D. Switch(config-if)# no switchport port-security maximum

（7）交换机个端口上的最大安全地址个数为（　　）。

A. 127　　　　B. 128　　　　C. 129　　　　D. 130

（8）如图 1-11 所示，一个技术员已经安装好交换机 B 和配置它使能通过交换机 A 远程访问并且管理，以下命令中（　　）可以完成这个任务。

A. SwitchB(config)#interface FastEthernet 0/1

　　SwitchB(config-if)#ip address 192.168.8.252 255.255.255.0

　　SwitchB(config-if)#no shutdown

B. SwitchB(config)#ip default-gateway 192.168.8.254

　　SwitchB(config)#interface vlan 1

　　SwitchB(config-if)#ip address 192.168.8.252 255.255.255.0

　　SwitchB(config-if)#no shutdown

C. SwitchB(config)#interface vlan 1

SwitchB(config-if)#ip address 192.168.8.252 255.255.255.0
SwitchB(config-if)#ip default-gateway 192.168.8.254 255.255.255.0
SwitchB(config-if)#no shutdown

D. SwitchB(config)#ip default-network 192.168.8.254
SwitchB(config)#interface vlan 1
SwitchB(config-if)#ip address 192.168.8.252 255.255.255.0
SwitchB(config-if)#no shutdown

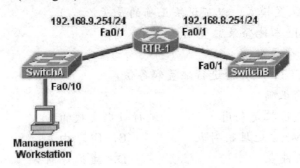

图 1-11　远程访问二层交换机

（9）下列命令中（　　）能阻止用户在接入层使用集线器。
　　A．switch(config-if)#switchport mode trunk
　　　 switch(config-if)#switchport port-security maximum 1
　　B．switch(config-if)#switchport mode trunk
　　　 switch(config-if)#switchport port-security mac-address 1
　　C．switch(config-if)#switchport mode access
　　　 switch(config-if)#switchport port-security maximum 1
　　D．switch(config-if)#switchport mode access
　　　 switch(config-if)#switchport port-security mac-address 1

（10）MAC 地址表是（　　）。
　　A．IP 地址和端口地址的映射　　　B．MAC 地址和端口地址的映射
　　C．MAC 地址和 IP 地址的映射　　　D．MAC 地址和网关的映射

2．问答题

（1）交换机在数据通信中如何完成数据帧的交换？
（2）交换机的存储介质有哪几种？
（3）详细分析并配置交换机各类型的端口。
（4）简述交换机加电后的启动过程。
（5）交换机的配置模式有几种？

3．实验题

将锐捷 S2126G 交换机的 Console 口与一台计算机的 Com1 口用控制线连接，进行交换机的基本配置和各端口配置，熟悉交换机的基本命令，并进行各项端口检测。

第 2 章 路由器配置基础

本章导读：

本章重点介绍路由器的组成、配置模式、路由器的启动过程、路由器的基本配置、路由器的工作原理等。

学习目标：

- 掌握路由器的内部结构。
- 熟练掌握路由器的启动过程。
- 理解路由器的工作原理。
- 掌握路由器的基本配置。

2.1 路由器基础知识

2.1.1 路由器的面板

交换机的接口大都在前面板上，而路由器的接口多数都在后面板上，路由器的前面板仅有一些指示灯，锐捷的路由器将 Console 配置口（控制台端口）和 AUX 配置口（辅助端口）放在前面板上，因此在实验室常常将路由器反过来安装，以便于接线。有些路由器带两个同步串口，有些路由器有多个网络接口卡插槽，以及网络模块插槽，如图 2-1 所示。

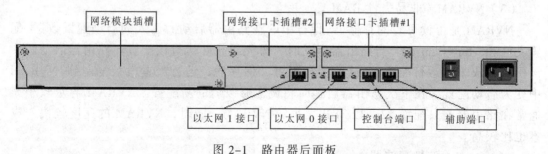

图 2-1 路由器后面板

2.1.2 路由器的组成

路由器由硬件和软件组成。硬件由中央处理单元（Central Processor Unit，CPU）、只读存储器（Read Only Memory，ROM）、内存（Random Access Memory，RAM）、闪

存（Flash Memory）、非易失性内存（Nonvolatile RAM，NVRAM）、接口、控制台端口（Console Port）、辅助端口（Auxiliary Port）、线缆（Cable）等物理硬件和电路组成；软件由路由器的 IOS 操作系统和运行配置文件组成。

1．处理器

路由器实质上是一种专用的计算机主机，它包含了一个"中央处理单元"（CPU），不同系列和型号的路由器，其 CPU 也不尽相同。CPU 的主要任务是负责路由器的配置管理、维护路由表，选择最佳路由，转发数据包。

2．存储器

路由器主要采用 4 种类型的存储器：ROM、RAM、Flash RAM、NVRAM。

（1）ROM（只读内存）。

ROM 保存着加电自测试诊断所需的指令、自举程序、路由器 IOS 操作系统（Internetwork Operating System）的引导部分，负责路由器的引导和诊断（系统初始化功能）。它是路由器的启动软件，负责使路由器进入正常的工作状态。ROM 通常存放在一个或多个芯片上，或插接在路由器的主板上。ROM 中软件的升级需要替换 CPU 中的可插拔芯片。

ROM 中主要包含：

① 系统加电自检代码（POST）：用于检测路由器中各硬件部分是否完好。

② 系统引导区代码（Boot Strap）：用于启动路由器并载入 IOS 操作系统。

（2）Flash RAM（闪存）。

Flash RAM 是可读可写的存储器，保存 IOS 操作系统（IOS 映像和微代码），当 IOS 升级时，无须更换处理器的芯片，只要改写 Flash RAM 中的内容即可，其作用相当于硬盘。在系统重新启动或关机之后仍能保存数据，维持路由器的正常工作。事实上，如果 Flash 容量足够大，甚至可以存放多个操作系统，这在进行 IOS 升级时十分有用。当不知道新版 IOS 是否稳定时，可在升级后仍保留旧版 IOS，当出现问题时可迅速退回到旧版操作系统，从而避免长时间的网络故障。闪存要么安装在主机的 SIMM 槽上，要么做成一块 PCMCIA 卡。

（3）NVRAM（非易失性 RAM）。

NVRAM 是可读可写的存储器，保存 IOS 在路由器启动时读入的启动配置数据（配置文件 Startup-Config）。当路由器启动时，首先寻找并执行该配置。路由器启动后，该配置就成了"运行配置"，修改运行配置并保存后，运行配置就被复制到 NVRAM 中变为启动配置，在下次路由器启动时将调入修改后的新配置。NVRAM 容量较小，通常在路由器上只配置 32～128 KB 大小的 NVRAM。同时，NVRAM 的速度较快，成本也比较高。

（4）RAM（随机存储器）。

RAM 是可读可写的存储器，只有 RAM 在路由器启动或断电时丢失内容，和计算机中的 RAM 一样。RAM 的作用有：

① 存放路由表。

② 作为高速缓存（地址解析协议 ARP 的高速缓存、快速交换的高速缓存、临时

的和运行的配置文件)。

③ 数据的存储器(作为数据包的缓冲、数据包保持队列)。

④ 命令(程序代码)。

RAM 的存取速度优于前面所提到的 3 种存储器的存取速度,使得路由器的 CPU 能迅速访问这些信息。

3. 路由器的接口

路由器能够进行网络互联是通过接口完成的,它可以与各种各样的网络进行物理连接,路由器的接口技术很复杂,接口类型也很多。路由器的接口主要分局域网接口、广域网接口和配置接口三类。每个接口都有自己的名字和编号,在路由器上均有标注。根据路由器产品的不同,其接口数目和类型也不相同,实验室中常见的接口是以太网 RJ-45 接口(标注 f1/1)及高速同步串口(标注 s1/1)。

(1)局域网接口。

① RJ-45 接口:双绞线以太网接口,标注 FastEthernet 1/1 等,有 10 Mbit/s、100 Mbit/s、1000 Mbit/s 之分,目前最多的是 100 Mbit/s。

② SC 接口:光纤接口,连接快速以太网或千兆以太网交换机,只有高级路由器才有。

(2)广域网接口。

① 高速同步串口:可连接 DDN、帧中继、X.25、E1 等。

② 同步/异步串口:用于 Modem 或 Modem 池的连接,实现远程计算机通过公用电话网拨入网络。

③ ISDN BRI 接口:用于 ISDN 线路通过路由器实现与 Internet 或其他远程网络的连接,可实现 128 kbit/s 的通信速率。

④ xDSL 接口:用于 xDSL 线路的连接。

(3)配置接口。

① AUX 接口:该接口为异步接口,主要用于远程配置、拨号备份、Modem 连接。支持硬件流控制,很少使用。

② Console 接口:该接口为异步接口,主要连接终端或支持终端仿真程序计算机,在本地配置路由器。不支持硬件流控制,这是最常用的配置接口。

4. 路由器操作系统

IOS 配置通常是通过基于文本的命令行接口(Command Line Interface,CLI)进行的。

5. 配置文件

有两种类型的配置文件:

(1)启动配置文件(Startup-config):也称备份配置文件,保存在 NVRAM 中。

(2)运行配置文件(Running-config):也称活动配置文件,驻留在内存中。

2.1.3 可选配的路由器接口类型及应用

路由器作为网络之间的互联设备,因其连接的网络多种多样,所以其接口类型也很多。锐捷路由器支持多种型号的接口类型,主要包含 E1、ISDN、VOIP、V.35、异步接口类型。

1. E1 接口及应用

E1 接口在路由器这一端的表现形式主要是 DB9 接口，而在另一端 DCE 设备（比如光纤转换器、接口转换器、协议转换器、光端机等）一端的接口表现形式有两种：G.703 非平衡的 75 ohm，平衡的 120 ohm。

路由器上的 E1 接口模块如图 2-2 所示。

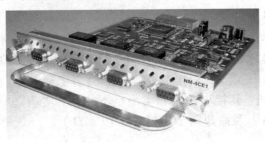

图 2-2　锐捷路由器 E1 接口模块

应用：
- 将整个 2 Mbit/s 用作一条链路，如 DDN 2 Mbit/s；
- 将 2 Mbit/s 用作若干个 64 kbit/s 及其组合，如 128 kbit/s、256 kbit/s 等，如 CE1。
- 用作语音交换机的数字中继，这也是 E1 的原始用法，一条 E1 可以传 30 路语音。PRI 就是其中的最常用的一种接入方式。

2. V35 接口类型及应用

路由器上的 V35 接口模块如图 2-3 所示。

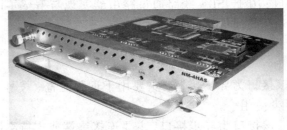

图 2-3　锐捷路由器 V35 接口模块

V.35 接口在路由器一端为 DB50 接口，外接网络端为 34 针接口。V.35 电缆用于同步方式传输数据，在接口上封装 x.25、帧中继、PPP、SLIP、LAPB 等链路层协议，支持 IP、IPX 网络层协议。V.35 电缆传输（同步方式下）的公认最高速率是 2 Mbit/s，传输距离与传输速率有关，在 V.35 接口上速率与接口的关系是：2400 bit/s-1250 m；4800 bit/s-625 m；9600 bit/s-312 m；19 200 bit/s-156 m；38 400 bit/s-78 m；56 000 bit/s-60 m；64 000 bit/s-50 m；2 048 000 bit/s-30 m。

应用：

V.35 接口的使用既广泛又很单一，在所有的低速同步线路（64～128 kbit/s）的线路上都使用它。

3. 异步接口类型及应用

异步接口线路都遵循 EIA 指定的标准，最传统和典型的异步接口是 RS-232。目前在路由器上应用的接口类型有 RS-232、DB-25、DB-9、RJ-45 等。

路由器上的异步接口模块如图 2-4 所示。

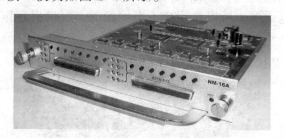

图 2-4　锐捷路由器异步接口模块

应用：
- 拨号服务器中作为接入服务器的接口。
- 异步专线的接入接口，使用异步接口连接到异步专线的 Modem 上。
- 哑终端的使用方式，路由器的异步接口通过使用 Telnet 的方式，连接哑终端。
- 在实验室中使用反向 Telnet 的应用场合。
- 拨号备份的环境中，可以把异步接口连接异步专线/PSTN/ISDN 线路做备份接口。

4．ISDN 接口及应用

路由器上的 ISDN 接口模块如图 2-5 所示。

图 2-5　锐捷路由器 ISDN 接口模块

ISDN 设备包括交换机和网络终端设备。网络终端设备（NT）有 ISDN 小交换机、ISDN 适配器、ISDN 路由器、数字电话机等，一个数字电话机占用一个 B 信道。它安装于用户处，分为 NT1 和 NT2 两种，它使数字信号在普通电话线上转送和接收。

我国电话局提供的 ISDN 基群速率接口（PRI）为 30B+D。ISDN 的 PRI 提供 30 个 B 信道和 1 个 64 kbit/s 的 D 信道，总速率可达 2.048 Mbit/s。B 信道速率为 64 kbit/s，用于传输用户数据，D 信道主要传输控制信令。我国 ISDN 使用拨号方式建立与 ISP 的连接，它可作为 DDN 或帧中继线路的备用。由于采用与电话网络不同的交换设备，ISDN 用户与电信局间的连接采用数字信号，因而 ISDN 的信道建立时间很短、线路通讯质量较好、误码率和重传率低。

应用：
- 在 ADSL 普及之前做单纯的上网线路。
- 作为广域网络主线路的备份线路，由于这种线路在不使用的时候产生的费用很少，备份主线路时速度快，稳定性高，因此很容易被用户所接受。
- 可作为普通电话使用，ISDN 虽然是一种数字电子线路，但其传输的网络介质同样是公共电话网，所以在用户不上网的时，可以把它作为普通电话使用。

5．VOIP 接口及应用

路由器上的 VOIP 接口模块如图 2-6 所示。

图 2-6　锐捷路由器 VOIP 接口模块

传统语音，从呼叫方到接收方，完全通过 PSTN 网络相互连接，VOIP 语音与此不同，IP 语音位于公用电话网与提供传输服务的 IP 网络的接口处，用户拨打 VOIP 电话的同时，经程控电话交换机转接到 IP 语音网关，再由 IP 语音网关将用户话路数据转发到 IP 网络，通过 IP 网络达到被呼叫用户电话所属的 IP 网关，再由该网关将数据转到被叫用户电话所在的 PSTN 网络上，最终达到被叫用户的电话，因此可利用 IP 网络共享带宽，充分利用资源的优势。

VOIP 的语音接口共有两种型号：FXO、FXS。FXO 是一种不给其所连接的设备进行供电的接口，因此它多用来连接 ISP 的中继线路。FXS 是可以给它所连接的线路进行信号和供电的传输的接口，因此它可以直接连接到传真机或者电话机上。

应用：

在所有存在 IP 网络的地方，只要在路由器上安装了相应的语音模块，都可以使用 VOIP。

2.1.4　路由器的启动过程

（1）打开路由器电源后，系统硬件执行加电自检（POST）。运行 ROM 中的硬件检测程序，检测各组件能否正常工作。完成硬件检测后，开始软件初始化工作。

（2）软件初始化过程。加载并运行 ROM 中的 BootStrap 启动程序，进行初步引导工作。

（3）定位并加载 IOS 系统文件（通常在闪存 Flash 中，如果没有，就必须定位 TFTP 服务器，在 TFTP 服务器中加载 IOS 系统文件）。IOS 系统文件可以存放在闪存或 TFTP 服务器的多个位置处，路由器寻找 IOS 映像的顺序取决于配置寄存器的启动域及其他设置，配置寄存器不同的值代表在不同的位置查找 IOS。

（4）IOS 装载完毕，系统就在 NVRAM 中搜索保存的 Startup-Config 配置文件，若存在，则将该文件调入 RAM 中并逐条执行。否则，若在 NVRAM 中找不到 Startup-Config 配置文件时，系统要求采用对话方式询问路由器的初始配置，如果在启动时不想进行这些配置，可以放弃对话方式，进入 Setup 模式，以便以后用命令行方式进行路由器的配置。

路由器的初始配置包括：
① 设置路由器名。
② 设置进入特权模式的密文。
③ 设置进入特权模式的密码。
④ 设置虚拟终端访问的密码。
⑤ 询问是否要设置路由器支持的各种网络协议。
⑥ 配置 FastEthernet 0/0 接口。
⑦ 配置 serial0 接口。
⑧ 显示结束后，系统会问是否使用这个设置。
⑨ NAT、ACL 与默认路由的配置。
（5）运行经过配置的 IOS 软件。

2.2 路由器的工作原理

IP 地址是与硬件地址无关的"逻辑"地址。IP 地址由两部分组成：网络号和主机号，并用子网掩码来确定 IP 地址中网络号和主机号。子网掩码中数字"1"所对应的 IP 地址部分为网络号，"0"所对应的是主机号。同一网络中的计算机，其 IP 地址所对应的网络号是相同的，这种网络称为 IP 子网。

路由器用于连接多个逻辑上分开的网络，所谓逻辑网络是代表一个单独的网络或子网。路由器上有多个端口，用于连接多个 IP 子网。每个端口对应一个 IP 地址，并与所连接的 IP 子网属同一个网络。各子网中的主机通过自己的网络把数据送到所连接的路由器上，再由路由器根据路由表选择到达目标子网所对应的端口，将数据转发到此端口所对应的子网上。

下面用图解的方式介绍路由器的工作原理。路由器 R1、R2、R3 连接 10.1.0.0、10.2.0.0、10.3.0.0、10.4.0.0 四个子网，路由器的各端口配置、主机 A、主机 B 的配置及网络拓扑结构如图 2-7 所示。根据路由协议，路由器 R1、R2、R3 的路由表如图 2-8 所示。

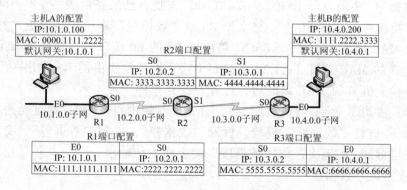

图 2-7 主机、路由器接口的 IP 地址和 MAC 地址

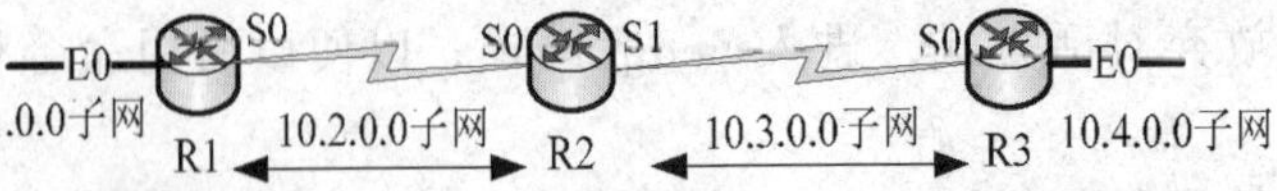

	R1路由表			R2路由表			R3路由表	
子网	接口	距离	子网	接口	距离	子网	接口	距离
10.1.0.0	E0	0	10.2.0.0	S0	0	10.3.0.0	S0	0
10.2.0.0	S0	0	10.3.0.0	S1	0	10.4.0.0	E0	0
10.3.0.0	S0	1	10.1.0.0	S0	1	10.2.0.0	S0	1
10.4.0.0	S0	2	10.4.0.0	S1	1	10.1.0.0	S0	2

图 2-8　路由器 R1、R2、R3 中的路由表

当 10.1.0.0 网络中的主机 A 向 10.4.0.0 网络中的主机 B 发送数据时各路由器的工作情况如下：

第 1 步：主机 A 在应用层向主机 B 发出"数据流"，"数据流"在主机 A 的传输层上被分成"数据段"，这些"数据段"从传输层向下进入网络层。

第 2 步：在网络层，主机 A 将"数据段"封装为"数据包"，将源 IP 地址 10.1.0.100（主机 A 的 IP 地址）和目的 IP 地址 10.4.0.200（主机 B 的 IP 地址）都封装在 IP 包头内。由于源 IP 地址与目的 IP 地址不在同一网络，主机 A 将把"数据包"发给自己的网关（路由器 R1）。主机 A 先将数据包下传到数据链路层上进行帧的封装产生的"数据帧"，其帧头中源 MAC 地址 0000.1111.2222（主机 A 的物理地址），目的 MAC 地址 1111.1111.1111（主机 A 的默认网关路由器 R1 的 E0 的物理地址）。"数据帧"再下传到物理层，通过线缆送到路由器 R1 上。

第 3 步："数据帧"到达路由器 R1 的 E0 接口后，校验并拆封此"数据帧"，取出其中的"数据包"（IP 包），路由器 R1 根据包头的目的 IP 地址 10.4.0.200，查找自己的路由表，得知子网 10.4.0.0 要经过路由器 R1 的 S0 接口，再跳过 2 个路由器才能到达目标网络，从而得到转发该数据包的路径。路由器 R1 对该"数据包"（不变）重新封装形成"数据帧"，其帧头中源 MAC 地址 2222.2222.2222（路由器 R1 的 S0 接口的物理地址），目的 MAC 地址 3333.3333.3333（默认网关路由器 R2 的 S0 的物理地址）。将"数据帧"从路由器 R1 的 S0 接口发出去。

第 4 步：在路由器 R2 和路由器 R3 中的处理与路由器 R1 相同。路由器 R3 接到从自己的 S0 接口得到的"数据帧"后，校验并拆封，取出其中的"数据包"，路由器 R3 根据"数据包"头的目的 IP 地址 10.4.0.200，查找自己的路由表，得知子网 10.4.0.0 就在自己直接相连的接口 E0 上。路由器 R3 对"数据包"进行封装形成"数据帧"，其帧头中源 MAC 地址 6666.6666.6666（路由器 R3 的 E0 接口的物理地址），目的 MAC 地址是主机 B 的 MAC 地址 1111.2222.3333（这个地址是路由器 R3 发出一个 ARP 解析广播，查找主机 B 的 MAC 地址后，保存在缓存里的）。

第 5 步：主机 B 收到"数据帧"后，首先核对帧中目标 MAC 地址是否是自己的 MAC 地址，并进行"数据帧"校验，拆卸"数据帧"，得到"数据包"，交给网络层处理。网络层拆卸 IP 包头，将"数据段"向上送给传输层处理。在传输层按顺序将"数据段"重组成"数据流"。

2.3 路由器配置基础

2.3.1 路由器的配置模式

与交换机配置模式类似，路由器的配置模式有：
（1）用户模式（User Mode），提示符为>。
（2）特权模式（Privileged Mode），提示符为#。
（3）全局模式（Global Config Mode），提示符为Router(config)#。
（4）子模式（Sub-Mode）。
① 接口模式（Interface Mode），提示符为Router(config-if)#。
② 线路模式（Line Mode），提示符为Router(config-line)#。
③ 路由模式（Router Mode），提示符为Router(config-router)#。
模式之间的转换如图2-9所示。

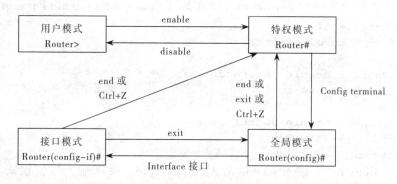

图2-9 模式转换图

2.3.2 路由器的基本配置

1. 模式转换

连接到路由器后，默认进入用户模式（User Mode），系统提示">"。输入相应的命令进入特权模式、全局模式、子模式，并在这些模式中切换，熟练掌握不同模式下的常用命令。

```
Router>                                    /*用户模式*/
Router> enable
Router#                                    /*特权模式*/
Router# configure terminal
Router(config)#                            /*全局模式*/
Router(config)# interface fa0/0
Router(config-if)#
```
方法1：从子接口模式退到全局模式（上一级）。
```
Router(config-if)# exit                    /*子接口模式*/
Router(config)#
```
方法2：直接从子接口模式退出到特权模式（上两级）。
```
Router(config-if)# end    (Ctrl+Z)
```

```
Router#
Router(config)# router rip
Router(config-router)#            /*路由子模式
```

方法 1：从路由子模式退到全局模式（上一级）。

```
Router(config-router)# exit
Router(config)#
```

方法 2：直接从路由子模式退出到特权模式（上两级）。

```
Router(config-router)# end (Ctrl+Z)      /*路由子模式*/
Router#                                  /*特权模式*/
```

2. 命名路由器（Name the Router）

```
Router> enable
Router# configure terminal
Router(config)#
Router(config)# hostname Lab-A           /*命名路由器，Lab-A*/
```

3. 配置密码

配置进入特权模式的密码，即 enable 密码（Configuring Enable Passwords）。

```
Router> enable 14
Router# configure terminal
Lab-A(config)#
Lab-A(config)# enable password cisco     /*明文，未加密*/
Lab-A(config)# show run                  /*查看配置文件中此行仍是 enable password cisco*/
Lab-A(config)# enable secret cisco       /*密文密码*/
Lab-A(config)# Show run                  /*查看配置文件中此行是 enable secret 5 $1$emBK$WxqLahy7YO     /*密码被加密*/
```

验证：在 Router> 下输入 enable 后出现 password，要求输入特权模式下的密码

4. 配置 Telnet 登录密码（Configuring Console Passwords）

```
Lab-A> enable 14
Lab-A# configure terminal
Lab-A(config)# line vty 0 4              /*进入控制线路配置模式*/
Lab-A(config-line)# login                /*开启登录密码保护*/
Lab-A(config-line)# password cisco
Lab-A(config-line)# exit
Lab-A(config)#
```

验证：只有配置好 Telnet 的口令后，才能在远端用"Telnet 设备 IP 地址"命令登录到此设备，对其进行配置。

```
PC> telnet 172.16.20.1
Password :   /*要求输入口令cisco，才能登录*/
```

5. 配置控制台访问密码（Configuring Console Passwords）

```
Lab-A> enable 14
Lab-A# configure terminal
Lab-A(config)# line console 0            /*进入控制线路配置模式*/
Lab-A(config-line)# login                /*开启登录密码保护*/
Lab-A(config-line)# password ruijie
Lab-A(config-line)# exit
Lab-A(config)#
```

验证：按 Enter 键后，进入用户模式前，要求输入口令。

6. 配置串行口（Configuring a Serial Interface）

```
Lab-A# config t                    /*按 Tab 键，可能补全命令*/
Lab-A(config)# interface s0/0      /*进入串行口模式（Enter Serial Interface Mode）*/
Lab-A(config-if)# clock rate 64000
/*DCE 端配置时钟（Set clock rate if a DCE cable is connected）*/
Lab-A(config-if)# ip address 192.168.100.1 255.255.255.0
/*配置接口 IP 地址和网络掩码（Specify the Interface Address and Subnet Mask）*/
Lab-A(config-if)# no shut          /*开启接口（Turn on the Interface）*/
Lab-A(config-if)# exit
Lab-A(config)#
```

7. 配置以太口（Configuring an Ethernet Interface）

```
Lab-A(config)#
Lab-A(config)# interface fa 0/0
/*进入以太口模式（Enter Ethernet Interface Mode）*/
Lab-A(config-if)# ip address 10.1.1.1 255.255.255.0
/*配置接口 IP 地址和网络掩码（Specify the Interface Address and Subnet Mask）*/
Lab-A(config-if)# no shut          /*开启接口（Turn on the Interface）*/
```

8. 配置登录提示信息（Configuring Login Banners）

```
Lab-A# config t
Lab-A(config)# banner motd #Welcome to MyRouter#
/*"#":特定的分隔符*/
```

9. 路由器 Show 命令解释（Show Command）

show 命令可以同时在用户模式和特权模式下运行，用"show？"命令来提供一个可利用的 show 命令列表。

```
Lab-A# show interfaces
/*显示所有路由器端口状态，如果想要显示特定端口的状态，可以输入"show interfaces"后面跟上特定的网络接口和端口号即可*/
Lab-A# show controllers serial    /*显示特定接口的硬件信息*/
Lab-A# show clock        /*显示路由器的时间设置*/
Lab-A# show hosts        /*显示主机名和地址信息*/
Lab-A# show users        /*显示所有连接到路由器的用户*/
Lab-A# show history      /*显示输入过的命令历史列表*/
Lab-A# show flash        /*显示 Flash 存储器信息以及存储器中的 IOS 映像文件*/
Lab-A# show version      /*显示路由器信息和 IOS 信息*/
Lab-A# show arp          /*显示路由器的地址解析协议列表*/
Lab-A# show protocol     /*显示全局和接口的第三层协议的特定状态*/
Lab-A# show startup-configuration  /*显示存储在非易失性存储器（NVRAM）的配置文件*/
Lab-A# show running-configuration  /*显示存储在内存中的当前正确配置文件*/
Lab-A# show interfaces s 1/2       /*查看端口状态*/
Lab-A# show ip interface brief     /*显示端口的主要信息*/
Lab-A# show process      /*显示进程信息，包括 CPU 的利用率*/
```

10. 使用 "?"

```
Lab-A# clock
Lab-A# clock ?                            /*使用"?"进行逐级命令提示*/
Lab-A# clock set ?
Lab-A# clock set 10:30:30 ?
Lab-A# clock set 10:30:30 20 oct ?
Lab-A# clock set 10:30:30 20 oct 2002?
Lab-A# show clock
```

课后练习及实验

1. 选择题

（1）show 是设备的通用命令，show protocol 代表（ ）。
　　A. 显示所有连接到路由器的用户
　　B. 显示全局和接口的第三层协议的特定状态
　　C. 显示路由器信息和 IOS 信息
　　D. 显示存储在内存中的当前正确配置文件

（2）路由器中的路由表（ ）。
　　A. 需要包含到达所有主机的完整路径信息
　　B. 需要包含到达所有主机的下一步路径信息
　　C. 需要包含到达目的网络的完整路径信息
　　D. 需要包含到达目的网络的下一步路径信息

（3）在互联网中，以下（ ）需要具备路由选择功能。
　　A. 具有单网卡的主机　　　　　　B. 具有多网卡的宿主主机
　　C. 路由器　　　　　　　　　　　D. 以上设备都需要

（4）路由功能一般在（ ）实现。
　　A. 物理层　　　　　　　　　　　B. 数据链路层
　　C. 网络层　　　　　　　　　　　D. 传输层

（5）以下不是使用 Telnet 配置路由器的必备条件的是（ ）。
　　A. 在网络上必须配备一台计算机作为 Telnet Server
　　B. 作为模拟终端的计算机与路由器都必须与网络连通，它们之间能相互通信
　　C. 计算机必须有访问路由器的权限
　　D. 路由器必须预先配置好远程登录的密码

（6）一个思科路由器正在启动并且刚完成 POST 自检，现在正在读取和加载 IOS 镜像，那么接下来将（ ）。
　　A. 检查配置信息
　　B. 尝试从 TFTP 启动
　　C. 加载 Flash 缓存中第一个镜像
　　D. 从引导指令中检查 NVRAM 中的配置文件

（7）（　　）可作为 IOS 系统镜像的来源地。（选两项）

    A. RAM　　　　　　　　　　B. NVRAM

    C. Flash Memory　　　　　　D. HTTP Server

    E. TFTP Server　　　　　　　F. Telnet Server

（8）接口状态是 administratively down，line protocol down 的原因是（　　）。

    A. 封装协议类型不匹配

    B. 接口之间的连接线路类型不一样

    C. 这个接口被配置成关闭状态

    D. 这个接口没有保持激活

    E. 这个接口必须作为 DTC 设备来配置

    F. 没有配置封装协议

（9）下面（　　）可以显示 CPU 的利用率。

    A. show protocols　　　　　　B. show process

    C. show system　　　　　　　D. show version

（10）有关路由器的知识中，不正确的是（　　）。

    A. 路由器是隔离广播的

    B. 路由器的所有接口不能在同一网络中

    C. 路由器的接口可作为所连接网络的网关

    D. 路由器连接的不同链路上传递的是同一数据帧

2．问答题

（1）简述路由器的启动过程。

（2）路由器由哪些硬件和软件组成？

（3）路由器的接口主要分哪几类？

（4）简述路由器的工作过程。

3．实验题

将路由器的 Console 口与一台计算机的 Com1 口用控制线连接，练习路由器的基本配置及端口配置，并检测端口信息。

第 3 章 IP 路由原理

本章导读:

本章重点介绍 IP 路由原理、路由决策原则、路由协议的分类、路由表、静态路由的配置方法等。

学习目标:

- 熟练掌握 IP 路由原理。
- 掌握路由表的结构和作用。
- 理解路由决策原则。
- 了解路由协议的分类。
- 熟练掌握静态路由的配置方法。

3.1 IP 路由概述

3.1.1 IP 路由过程

在 TCP/IP 网络中,大多数是通过路由器互连起来的,Internet 就是成千上万个 IP 子网通过路由器互连起来的国际性网络。这种网络称为以路由器为基础的网络,形成了以路由器为结点的"网间网"。在"网间网"中,路由器不仅负责对 IP 分组进行转发,还负责与其他路由器进行联络,共同确定"网间网"的路由选择和维护路由表。

路由动作包括两项基本内容:寻址和转发。

寻址即判定到达目的地的最佳路径,由路由选择算法来实现。为了判定最佳路径,路由选择算法必须启动并维护包含路由信息的路由表,路由表中的路由信息依赖于所用的路由选择算法不同而不同。路由选择算法将收集到的不同信息填入路由表中,根据路由表可将目的网络与下一站(Nexthop)的关系告诉路由器。路由器间互通信息进行路由更新,更新维护路由表使之正确反映网络的拓扑变化,并由路由器根据度量来决定最佳路径。这就是路由选择协议。例如,路由信息协议(RIP)、开放式最短路径优先协议(OSPF)和边界网关协议(BGP)等。

转发是按寻址的最佳路径传送数据分组。当路由器从某个接口中收到一个数据包时,路由器根据数据包中的目的网络地址,若不在此接口的同一网络中,则查找路由表中查找,找到路由表中最匹配的表项,取出目的网络所对应的接口,并从此接口转发出去。如果路由器没有相应的表项,它就不知道如何发送分组,只能将该分组丢弃。

这就是路由转发协议。有些教材把此协议称作被路由协议，它以寻址方案为基础，为分组从一台主机发送到另一台新主机提供充分的第三层地址信息的网络协议。它定义了分组所包含的字段格式，为确保数据能正确地传输到目的地，对数据进行分组、封装、传输。被路由协议是在源和目标终端系统中，为接收和处理这些信息，所定义的规则标准集合。常见的被路由协议有 Internet 协议（IP）、网间分组交换（IPX）、AppleTalk。

路由转发协议和路由选择协议是相互配合又相互独立的概念，前者使用后者维护的路由表，后者要利用前者所提供的功能来发布路由协议数据分组。通常在本书中所提到的路由协议，大都指路由选择协议。

下面根据图 3-1 详细说明主机 A 发送 ping 命令到主机 B 后，不同网络之间的 IP 的路由过程。

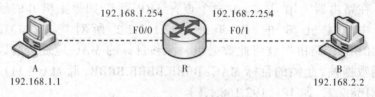

图 3-1　IP 路由过程

1. 在主机 A 上

（1）因特网控制报文协议（ICMP，由 ping 命令产生）创建一个回应请求数据包。

（2）ICMP 把这个有效负荷交给因特网协议（IP），IP 协议会创建一个数据包。此数据包将包含源 IP 地址 192.168.1.1、目的 IP 地址 192.168.2.2。

（3）数据包创建好后，IP 协议比较源和目的 IP 地址是否在同一网络，不同网络时，主机 A 将把此数据包发送到自己的默认网关 192.168.1.254（Windows TCP/IP 协议中设定的默认网关）。

（4）主机 A 要能够发送这个数据包到默认网关，必须知道路由器的 F0/0（其 IP 地址被配置为 192.168.1.254）的 MAC 地址，以便将数据包下传到数据链路层，并形成数据帧，数据帧头中有源 MAC、目标 MAC 地址。

（5）怎样根据路由器的 F0/0 的 IP 地址找到其对应的 MAC 地址呢？通过在主机 A 中查找 ARP 缓存（Windows 中用 arp –r 命令查看 ARP 表，将显示 IP 地址 Internet Address、与 MAC 地址 Physical Address 的对应关系），如果已经被解析，把 192.168.1.254 所对应的 MAC 地址（假定为 0000.0000.0000）取出产生数据帧。

（6）如果主机的 ARP 缓存中尚未被解析，主机 A 将在本地网络中发一个 ARP 广播以搜索 192.168.1.254 的 MAC 地址。路由器 F0/0 收到此广播，并响应这个请求提供 F0/0 的 MAC 地址，主机 A 缓存此地址到 ARP 表中，同时路由器也缓存主机 A 的 MAC 地址（假定为 AAAA.AAAA.AAAA）到自己的 ARP 表中。

（7）主机 A 把数据包、源和目标的 MAC 地址交给数据链路层，局域网驱动器通过局域网提供媒体访问，形成以太网数据帧（此帧的目标 MAC：AAAA.AAAA.AAAA，源 MAC：0000.0000.0000，目标 IP：192.168.2.2，源 IP：192.168.1.1）。

（8）主机 A 把此数据帧交给物理层，以一次一个比特的方式从物理媒体双绞线上送到路由器。

2．路由器

（1）路由器从物理媒体双绞线上收到一个个比特后，按帧进行 CRC 校验，若不匹配，将丢弃此数据帧。

（2）路由器从帧中抽出数据包，传给 IP 层。

（3）IP 层收到数据包后，取出其目标 IP 地址 192.168.2.2，查找路由表，找到其路由条目，属于目标网络 192.168.2.0，由 F0/1 接口转出。

（4）路由器将此数据包发到 F0/1 的缓冲区内。

（5）路由器需要了解目标 192.168.2.2 的 MAC 地址，才能封装成数据帧，从 F0/1 接口发向目标（假定 F0/1 的 MAC 为：1111.1111.1111），因此路由器首先检查自己的 ARP 缓存表（在路由器上用 show arp 命令查看 ARP 表），如果主机 B 的硬件地址已经被解析，表中有主机 B 的 IP 地址 192.168.2.2 所对应的 MAC 地址（如 BBBB.BBBB.BBBB），路由器就将此数据包、源和目标的 MAC 地址传给数据链路层以便形成以太网数据帧，此帧的目标 MAC：BBBB.BBBB.BBBB，源 MAC：1111.1111.1111，目标 IP：192.168.2.2，源 IP：192.168.1.1）。

（6）如果没被解析，路由器将从 F0/1 向目标网络 192.168.2.0 广播一个 ARP 请求，主机 B 响应后，返回其 MAC 地址（BBBB.BBBB.BBBB），路由器将其放到自己的 ARP 缓存中。

（7）路由器将此数据帧从 F0/1 接口，通过物理媒体双绞线一个比特一个比特发送到主机 B。

3．主机 B

（1）主机 B 接收到此帧并进行 CRC 校验。如果结果与 FCS 字段中的内容不匹配，将丢弃此帧，匹配时，再检查 MAC 地址，取出其 IP 包，交给网络层。

（2）网络层根据数据包的协议字段，交给 ICMP。

（3）ICMP 应答这个请求，通过丢弃收到的数据包，并随后产生一个新的回应应答。

（4）在此应答中，新创建一个数据包，其源方（主机 B）和目的方（主机 A）的 IP 地址、协议字段，同样按照前面的步骤进行发送。

4．主机 A

主机 A 收到应答后，ICMP 发送一个惊叹号（！）到显示器来表示它已经接收到一个回复。之后 ICMP 尝试继续发送 4 个应答请求到目的主机。

3.1.2　IP 路由选择协议

路由选择是寻找从一台设备到另一台设备的最有效路径的过程，执行此功能的主要设备是路由器。

路由器有两个主要功能：

（1）维护路由选择表并确保其他路由器知道网络拓扑中的变化。

（2）当分组到达一个接口时，路由器利用路由表决定把分组发送到哪里。把这些数据交换到相应的接口，按接口类型成帧后，发送此帧。

路由选择协议分成两大类：

（1）静态路由选择协议。

（2）动态路由选择协议。

静态路由选择协议是在管理配置路由器时设置的固定的路由表。只要网络管理员不改变，静态路由就不会改变。由于静态路由不能对网络拓扑结构的改变而动态做出反映，一般用于网络规模不大、拓扑结构固定的网络中。静态路由的优点是简单、高效、可靠。在所有的路由中，静态路由优先级最高。当动态路由与静态路由发生冲突时，先取静态路由。

动态路由选择协议是通过运行路由选择协议，使网络中路由器相互间通信，传递路由信息，利用收到的路由信息动态更新路由器表的过程。它能实时地适应网络拓扑结构的变化。如果路由更新信息表明发生了网络变化，路由选择算法就会重新计算路由，并发出新的路由更新信息。这些信息通过各个网络，引起各路由器重新启动其路由算法，并更新各自的路由表以动态地反映网络拓扑变化。动态路由适用于网络规模大、网络拓扑复杂的网络。当然，各种动态路由协议会不同程度地占用网络带宽和CPU资源。

静态路由选择协议和动态路由选择协议有各自的特点和适用范围，通常在网络中动态路由作为静态路由的补充。当一个分组在路由器中进行寻址时，路由器首先查找静态路由，如果查到则根据相应的静态路由转发分组；否则再查找动态路由。

根据是否在一个自治域内部使用，动态路由协议分为内部网关协议（IGP）和外部网关协议（EGP）。这里的自治域指一个具有统一管理机构、统一路由策略的网络，如 cisco.com、microsoft.com 域。一个自治域系统由在外部世界看来享有一致路由选择的路由器组成。因特网地址授权委员会（IANA）将自治域系统编号分派给区域性的注册处，在美国、加勒比地区和非洲的是 ARIN（hostmaster@arin.net）；在欧洲是 RIPE-NCC（ncc@ripe.net）；在亚太地区是 AP-NIC（admin@apnic.net）。自治域系统是一个 16 位的编号，有些路由选择协议要求指明自治域系统编号。

自治域内部采用的路由选择协议称为内部网关协议，常用的有 RIP、OSPF、IGRP、EIGRP、IS-IS。

外部网关协议主要用于多个自治域之间的路由选择，常用的是 BGP 和 BGP-4。BGP 是为 TCP/IP 互联网设计的外部网关协议，用于多个自治域之间。它既不是基于纯粹的链路状态算法，也不是基于纯粹的距离向量算法。它的主要功能是与其他自治域的 BGP 交换网络可达信息。各个自治域可以运行不同的内部网关协议。BGP 更新信息包括网络号/自治域路径的成对信息。自治域路径包括到达某个特定网络须经过的自治域串，这些更新信息通过 TCP 传送出去，以保证传输的可靠性。

（1）路由协议分为静态路由协议和动态路由协议两类。

（2）静态路由包括直连路由（Connected Route）、静态路由 Static Route 和默认路由三类。

（3）动态路由协议包括内部网关协议（IGP）和外部网关协议（EGP）两类。

动态路由协议的分类如图 3-2 所示。

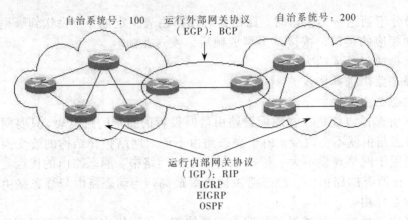

图 3-2 动态路由协议的分类

动态路由协议从算法的角度又分为距离矢量路由协议和链路状态路由协议。

（4）距离矢量路由协议主要特点：

① 路由器只向邻居发送路由信息报文。

② 路由器将更新后完整路由信息报文发送给邻居。

③ 路由器根据接收到的信息报文计算产生路由表。

④ 有 RIP、IGRP、BGP。

（5）链路状态路由协议主要特点：

① 对网络发生的变化能够快速响应，发送触发式更新（Triggered Update）。

② 当链路状态发生变化以后，检测到变化的设备创建 LSA（链路状态公告），通过使用组播地址传送给所有的邻居，每个邻居拷贝一份 LSA，更新它自己的链路状态数据库 LSDB，随后再转发 LSA 给其他的邻居。这种 LSA 的洪泛（flooding）保证了所有的路由设备在更新自己的路由表之前更新它自己的 LSDB。

③ 发送周期性更新（链路状态刷新），间隔时间为 30 s。

④ 有 OSPF、IS-IS。

EIGRP 是距离矢量路由协议和链路状态路由协议的综合。

有些路由协议不在路由更新消息中给出与网络相关的子网掩码信息，这说明它将严格按照网络的分类，只按标准的 A、B、C 类网络划分，这种路由协议称为有类路由协议。而另外一些路由协议支持在路由更新消息中附带子网掩码信息，这种路由协议称为无类路由协议。

（6）有类路由协议：

① 有类路由协议在路由更新广播中不携带相关网络的子网掩码信息。

② 有类路由协议在网络边界按标准的网络类别（A 类、B 类、C 类）发生自动总结。

③ 有类路由协议自动假设网络中同一个标准网络的各子网总是连续的。

④ 有类路由协议包括 RIP Version 1（RIPv1）、IGRP。

（7）无类路由协议：

① 无类路由协议在路由更新广播中含有相关网络的子网掩码信息。

② 无类路由协议支持变长子网掩码。
③ 无类路由协议可以手动控制是否在一个网络边界进行总结。
④ 无类路由包括 RIP v2、EIGRP、OSPF、IS-IS。

3.1.3 路由决策原则

路由器根据路由表中的信息，选择一条最佳的路径，将数据转发出去。

如何确定最佳路径是路由选择的关键。路由决策原则按以下次序：

1. 按最长匹配原则

当有多条路径到达目标时，以其 IP 地址或网络号最长匹配的作为最佳路由。例如：10.0.0.0/8，10.1.0.0/16，10.1.1.0/24，10.1.1.1/32，将选 10.1.1.1/32（具体 IP 地址），如图 3-3 所示。

```
R   10.1.1.1/32  [120/1] via 192.168.3.1，00:00:16，Serial 1/1
R   10.1.1.0/24  [120/1] via 192.168.2.1，00:00:21，Serial 1/0
R   10.1.0.0/16  [120/1] via 192.168.1.1，00:00:13，Serial 0/1
R   10.0.0.0/8   [120/1] via 192.168.0.1，00:00:03，Serial 0/0
S   0.0.0.0/0    [120/1] via 172.167.9.2，00:00:03，Serial 2/0
```

图 3-3 最长掩码匹配原则

2. 按最小管理距离优先

在相同匹配长度的情况下，按照路由的管理距离：管理距离越小，路由越优先。例如：S 10.1.1.1/8 为静态路由，R 10.1.1.1/8 为 RIP 产生的动态路由，静态路由的默认管理距离值为 1，而 RIP 默认管理距离值为 120，因而选 S 10.1.1.1/8。

常用的路由信息源的默认管理距离值如表 3-1 所示。

表 3-1 默认管理距离值

路由信息源	默认管理距离值
直连路由	0
静态路由（出口为本地接口）	0
静态路由（出口为下一跳 IP 地址）	1
EIGRP 汇总路由	90
外部边界网关协议（e BGP）	20
EIGRP（内部）	90
IGRP	100
OSPF	110
IS-IS	115
RIP V1，V2	120
EIGRP（外部）	170
内部边界网关协议（i BGP）	200
未知	255

3. 按度量值最小优先

当匹配长度、管理距离都相同时，比较路由的度量值（metric），度量值越小越优先。例如：S 10.1.1.1/8 [1/20]，其度量值为 20，S 10.1.1.1/8 [1/40]，其度量值为 40，因而选 S 10.1.1.1/8 [1/20]。

度量值是度量路由好坏的一个值，有些路由选择协议只使用一个因子来计算度量标准，如 RIP 使用跳数一个因子来决定路由的度量标准，而另一些协议的度量标准则基于跳数、带宽、延时、负载、可靠性、代价等，表 3-2 列出了路由度量标准说明。

表 3-2 路由度量标准说明

度量标准	说明
跳数	到达目标网络所经过的路由器个数，首选跳数值最小的路径
带宽	链路的速度。首选带宽值最大的路径
延时	分组在链路上传输的时间。首选延时值最小的路径
负载	链路的有效负荷。取值范围为 1～255，1 表示负载最小。首选负载最小的路径
可靠性	链路的差错率。取值范围为 1～255，255 表示链路的可靠性最高。首选可靠性最高的路径
代价	管理配置时自定义的度量值。首选代价值最小的路径

3.1.4 路由器中的路由表

路由表是路由选择的重要依据，不同的路由协议，其路由表中的路由信息也不尽相同，但大都会包括以下一些字段：

（1）目标网络地址/掩码字段：指出目标主机所在的网络地址和子网掩码信息。

（2）管理距离/度量值字段：指出该路由条目的可信程度及到达目标网络所花的代价。

（3）下一跳地址字段：指出被路由的数据包将被送到的下一跳路由器的入口地址。

（4）路由更新时间字段：指出上一次收到此路由信息所经过的时间。

（5）输出接口字段：指出到目标网络去的数据包从本路由器的哪个接口发出。

在路由表的下半部分是路由信息表，它将列出本路由器中所有已配置的路由条目。图 3-4 显示了路由表的下半部分。

图 3-4 路由表的下半部分

路由表的上半部分是路由来源代码符号表，它给出路由表中每个条目的第一列字母所代表的路由信息来源。通常 C 代表直连路由（Connected Route），S 代表静态路由

（Static Route），S*代表默认路由，R 代表 RIP，O 代表 OSPF 等。图 3-5 显示了路由表的全部信息。

```
 1. C3640#show ip route
 2. Codes: C - connected, S - static, I - IGRP, R - RIP, M - mobile, B - BGP
 3.        D - EIGRP, EX - EIGRP external, O - OSPF, IA - OSPF inter area
 4.        N1 - OSPF NSSA external type 1, N2 - OSPF NSSA external type 2
 5.        E1 - OSPF external type 1, E2 - OSPF external type 2, E - EGP
 6.        i - IS-IS, L1 - IS-IS level-1, L2 - IS-IS level-2, ia - IS-IS inter area
 7.        * - candidate default, U - per-user static route, o - ODR
 8.        P - periodic downloaded static route
 9.
10. Gateway of last resort is 192.168.1.2 to network 0.0.0.0
11.
12.      169.254.0.0/24 is subnetted, 1 subnets
13. C       169.254.0.0 is directly connected, FastEthernet1/0
14. S    192.168.4.0/24 [1/0] via 10.0.0.2
15.      10.0.0.0/24 is subnetted, 1 subnets
16. C       10.0.0.0 is directly connected, Serial0/0
17.      11.0.0.0/24 is subnetted, 1 subnets
18. C       11.0.0.0 is directly connected, Serial0/1
19. C    192.168.1.0/24 is directly connected, FastEthernet0/0
20. R    192.168.2.0/24 [120/1] via 10.0.0.2, 00:00:18, Serial0/0
21. C    192.168.3.0/24 is directly connected, Loopback0
22. S*   0.0.0.0/0 [1/0] via 192.168.1.2
23. C3640#_
```

　　　　　　直连路由条目　　　默认路由条目　　　静态路由条目　　　动态路由条目

图 3-5　路由表的全部信息

3.1.5　Windows 系统中的 IP 路由表

每一个 Windows 系统中都有一个 IP 路由表，它存储了本地计算机可以到达的目的网络及如何到达的相关路由信息。

在 CMD 方式下用命令 route print 或 netstat –r 都能显示本地计算机上的 IP 路由表：

```
    C:\>route print
    Interface List
0x1 ........................... MS TCP Loopback interface
    0x10003 ...00 1f c6 6a a3 c5 ...... Realtek RTL8139/810x Family Fast
Ethernet NIC
===========================================================================
Active Routes:
    Network Destination      Netmask          Gateway       Interface     Metric
1   0.0.0.0                  0.0.0.0          192.168.6.1   192.168.6.6   30
2   127.0.0.0                255.0.0.0        127.0.0.1     127.0.0.1     1
3   192.168.6.0              255.255.255.0    192.168.6.6   192.168.6.6   30
4   192.168.6.240            255.255.255.240  192.168.6.8   192.168.6.6   20
5   192.168.6.240            255.255.255.240  192.168.6.7   192.168.6.6   15
6   192.168.6.6              255.255.255.255  127.0.0.1     127.0.0.1     30
7   192.168.6.255            255.255.255.255  192.168.6.6   192.168.6.6   30
8   224.0.0.0                240.0.0.0        192.168.6.6   192.168.6.6   30
9   255.255.255.255          255.255.255.255  192.168.6.6   192.168.6.6   1
```

```
        Default Gateway: 192.168.6.1
===========================================================================
Persistent Routes:
  None
```

以上路由表中有 5 列，分为 4 个部分：

（1）Network Destination（目标网络）、Netmask（子网掩码）：将目标网络和子网掩码"与"的结果定义本地计算机可以到达的目标网络。通常情况下，目标网络有以下 4 种特例：

① 主机地址：某个特定主机的 IP 地址，其子网掩码为 255.255.255.255，如路由表中的第 6、7、9 行。

② 子网地址：某个特定子网的网络地址，如路由表中的第 4、5 行。

③ 网络地址：某个特定网络的网络地址，如路由表中的第 2、3、8 行。

④ 默认路由：所有未在路由表中指定的网络地址，均发往默认路由所指定的地址，如路由表中的第 1 行。

（2）Gateway（网关）：在发送 IP 数据包时，网关定义了针对特定网络的目的地址，数据包发送的下一跳地址。如果本地计算机直接连接的网络，网关通常是本地计算机对应的网络接口，此时其接口列与网关列保持一致；如果是远程网络或默认路由，网关通常是本地计算机所连接到的网络上的路由器接口地址或服务器网卡 IP 地址。

（3）Interface（接口）：定义了要到达目标网络所要经过的本地网卡的 IP 地址。

（4）Metric（跃点数）：用于指出路由的成本，通常情况下代表到达目标地址所需要经过的跃点数量，一个跃点代表经过一个路由器。跃点数越低，代表路由成本越低；跃点数越高，代表路由成本越高。当具有多条到达相同目标网络的路由表项时，TCP/IP 会选择具有更低跃点数的路由项。

路由决策：

当 PC 向某个目标 IP 地址发起 TCP/IP 通信时，它将选择一条最佳路由，步骤如下：

（1）将目标 IP 地址和路由表中每一个路由表项中的子网掩码进行"与"计算，如果相与后的结果匹配对应路由表项中的目标网络地址，则记录下此路由表项。

（2）当计算完路由表中所有的路由表项后，TCP/IP 选择记录下的路由表项中的最长匹配的路由（子网掩码中具有最多 1 位的路由表项）来和此目的 IP 地址进行通信。如果有多条最长匹配路由，那么选择具有最低跃点数的路由表项；如果有多个具有最低跃点数的最长匹配路由，那么：

① 如果是发送响应数据包，并且数据包的源 IP 地址是某个最长匹配路由的接口的 IP 地址，那么选择此最长匹配路由。

② 其他情况下均根据最长匹配路由所对应的网络接口在网络连接的高级设置中的绑定优先级来决定。

选择网关和接口：

在确定使用的路由项后，网关和接口通过以下方式确定：

（1）如果路由项中的网关地址为空或者网关地址为本地计算机上的某个网络接口，那么通过路由项中对应的网络接口发送数据包，成包情况如下：

① 源 IP 地址为此网络接口的 IP 地址，目的 IP 地址为接收此数据包的目的主机的 IP 地址。

② 源 MAC 地址为此网络接口的 MAC 地址；目的 MAC 地址为接收此数据包的目的主机的 MAC 地址。

（2）如果路由项中的网关地址并不属于本地计算机上的任何网络接口地址，那么通过路由项中对应的网络接口发送数据包，成包情况如下：

① 源 IP 地址为路由项中对应网络接口的 IP 地址，目的 IP 地址为接收此数据包的目的主机的 IP 地址。

② 源 MAC 地址路由项中对应网络接口的 MAC 地址，目的 MAC 地址为网关的 MAC 地址。

以上面的路由表为基础，举例进行说明：

① 和单播 IP 地址 192.168.6.8 的通信：在进行相与计算时，1、3 项匹配，但是 3 项为最长匹配路由，因此选择 3 项。3 项的网关地址为本地计算机的网络接口 192.168.6.6，因此发送数据包时，目的 IP 地址为 192.168.6.8、目的 MAC 地址为 192.168.6.8 的 MAC 地址（通过 ARP 解析获得）。

② 和单播 IP 地址 192.168.6.6 的通信：在进行相与计算时，1、3、6 项匹配，但是 6 项为最长匹配路由，因此选择 6 项。6 项的网关地址为本地环回地址 127.0.0.1，因此直接将数据包发送至本地环回地址。

③ 和单播 IP 地址 192.168.6.245 的通信：在进行相与计算时，1、3、4、5 项匹配，但是 4、5 项均为最长匹配路由，所以，此时根据跃点数进行选择，5 项具有更低的跃点数，因此选择 5 项；在发送数据包时，目的 IP 地址为 192.168.6.254、目的 MAC 地址为 192.168.6.7 的 MAC 地址（通过 ARP 解析获得）。

④ 和单播 IP 地址 10.1.1.1 的通信：在进行相与计算时，只有 1 项匹配；在发送数据包时，目的 IP 地址为 10.1.1.1、目的 MAC 地址为 192.168.6.1 的 MAC 地址（通过 ARP 解析获得）。

⑤ 和子网广播地址 192.168.6.255 的通信：在进行相与计算时，1、3、4、5、7 项匹配，但是 7 项为最长匹配路由，因此选择 7 项。7 项的网关地址为本地计算机的网络接口，因此在发送数据包时，目的 IP 地址为 192.168.6.255，目的 MAC 地址为以太网广播地址 FF:FF:FF:FF:FF:FF。

3.2 静态路由概述

3.2.1 直连路由

1. 直连路由定义

一旦定义了路由器的接口 IP 地址，并激活了此接口，路由器就自动产生激活端口 IP 所在网段的直连路由信息，即直连路由。

路由器的每个接口都必须单独占用一个网段，几个接口不能同属一个网段，对有类别路由协议而言要特别注意这一点，如对有类别路由协议，三个路由端口不能定义为 10.1.1.1、10.2.1.1、10.3.1.1。或三个路由端口不能定义为 172.16.1.1、172.16.2.1、

172.16.3.1。

2．直连路由的配置

图 3-6 所示为直连路由器接口信息，显示了路由器各接口的 IP 地址及连接。

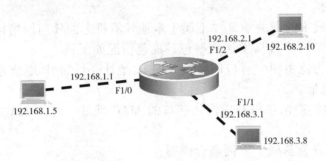

图 3-6　直连路由接口信息

配置命令如下：

```
Router> enable
Router# configure terminal
Router(config)# interface f1/0
Router(config-if)# ip address 192.168.1.1 255.255.255.0
Router(config-if)# no shutdown
Router(config-if)# exit
Router(config)# interface f1/1
Router(config-if)# ip address 192.168.3.1 255.255.255.0
Router(config-if)# no shutdown
Router(config-if)# exit
Router(config)# interface f1/2
Router(config-if)# ip address 192.168.2.1 255.255.255.0
Router(config-if)# no shutdown
Router(config-if)# exit
Router# show ip route
```

用 show ip route 命令显示路由表，与表 3-3 的路由信息对照，理解路由表的内容。

表 3-3　直连路由表

标　　记	目 标 网 段	出　　口
C	192.168.1.0	FastEthernet 1/0
C	192.168.2.0	FastEthernet 1/2
C	192.168.3.0	FastEthernet 1/1

3.2.2　静态路由

1．静态路由概述

静态路由是指由网络管理员手工配置的路由信息。静态路由具有简单、高效、可靠的优点，而且网络安全保密性高。其特点为：

（1）不需要启动动态路由选择协议进程，因而减少了路由器的运行资源开销。

（2）在小型互连网络上很容易配置。

（3）可以控制路由选择。

2．静态路由的一般配置步骤

（1）为路由器每个接口配置 IP 地址。
（2）确定本路由器有哪些直连网段的路由信息。
（3）确定整个网络中还有哪些属于本路由器的非直连网段。
（4）添加所有本路由器要到达的非直连网段相关的路由信息。

3．静态路由描述转发路径的方式

（1）指向本地接口（即从本地某接口发出）。
（2）指向下一跳路由器直连接口的 IP 地址（即将数据包交给 X.X.X.X）。

4．静态路由配置命令

（1）配置静态路由用命令 ip route。

```
router(config)#   ip route [网络编号] [子网掩码] [转发路由器的 IP 地址/本地接口]
```

（2）删除静态路由命令在上条命令前加 no。

例如：
```
router(config)# ip route 192.168.10.0 255.255.255.0  serial 1/2
router(config)# ip route 192.168.10.0 255.255.255.0 172.16.2.2
router(config)# no ip route 192.168.10.0 255.255.255.0 172.16.2.2
```

5．静态路由的配置举例

【网络拓扑】

静态路由配置如图 3-7 所示。

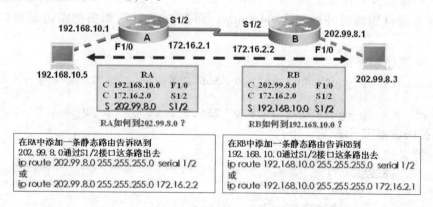

图 3-7　静态路由配置

【实验环境】

（1）在路由器 A 的 F1/0 端口上接 PC1，S1/2 端口上接路由器 B。
（2）在路由器 B 的 F1/0 端口上接 PC2，S1/2 端口上接路由器 A。
（3）配置 PC1 和 PC2 两台主机的 IP 地址：
PC1 地址：192.168.10.5；
子网掩码：255.255.255.0；
网关：192.168.10.1；

PC2 地址：202.99.8.3；

子网掩码：255.255.255.0；

网关：202.99.8.1。

【实验目的】

（1）熟悉路由器各种接口的配置方法。

（2）熟悉路由器静态路由的配置。

【实验配置】

1. 在路由器 A 上配置

（1）配置接口基本信息。

```
Router> enable
Router# configure terminal
Router(config)# hostname A
A(config)# interface f1/0
A(config-if)# ip address 192.168.10.1 255.255.255.0
A(config-if)# no shutdown
A(config-if)# exit
A(config)# interface s1/2
A(config-if)# ip address 172.16.2.1 255.255.255.0
A(config-if)# no shutdown
```

（2）配置接口时钟频率（DCE）。

```
A(config)# interface serial 1/2
A(config-if)# clock rate 64000
```

注意：检查接口连线上的 DCE 标记，必须有串行线路上 DCE 标记那头的路由器接口上设置接口物理时钟频率为 64 kbit/s，而在 DTE 标记那头的路由器接口上不必配置。

（3）配置静态路由。

```
A(config)# ip route 202.99.8.0  255.255.255.0  172.16.2.2
/*或*/
A(config)# ip route 202.99.8.0  255.255.255.0  s1/2
```

2. 在路由器 B 上配置

（1）配置接口基本信息。

```
Router> enable
Router# configure terminal
Router(config)# hostname B
B(config)# interface f1/0
B(config-if)# ip address 202.99.8.1  255.255.255.0
B(config-if)# no shutdown
B(config-if)# exit
B(config)# interface s1/2
B(config-if)# ip address 172.16.2.2 255.255.255.0
B(config-if)# no shutdown
B(config-if)# exit
```

（2）配置静态路由：

```
A(config)# ip route 192.168.10.0  255.255.255.0  172.16.2.1
/*或*/
```

```
A (config)# ip route 192.168.10.0  255.255.255.0  s1/2
```
【测试结果】

（1）在 PC1 上 ping 192.168.10.1，能通。

（2）在 PC1 上 ping 172.16.2.2，能通。

（3）在 PC1 上 ping 202.99.8.1，能通。

（4）在 PC1 上 ping 202.99.8.3，能通。

【实验验证】
```
A# show ip route
A# show ip int brief
B# show ip route
B# show ip int brief
```

3.2.3 默认路由

1. 默认路由概述

（1）0.0.0.0/0 可以匹配所有的 IP 地址，属于最不精确的匹配。

（2）默认路由可以看作静态路由的一种特殊情况。

（3）当所有已知路由信息都查不到数据包如何转发时，则按默认路由信息进行转发。

2. 配置默认路由的命令
```
router(config)#  ip route 0.0.0.0 0.0.0.0 [下一跳路由器的IP地址/本地接口]
```
3. 默认路由的配置举例

【网络拓扑】

默认路由配置如图 3-8 所示。

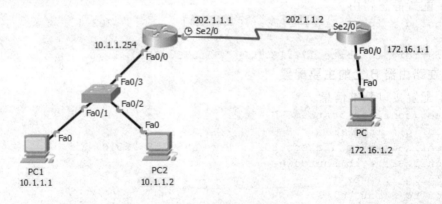

图 3-8　默认路由配置

【实验环境】

（1）在左边路由器 A 上接一个子网（由一台二层交换机连接），交换机上接了两台 PC，均属于 VLAN1。

　　PC1 地址：10.1.1.1；

　　子网掩码：255.255.255.0；

　　网关：10.1.1.254；

PC2 地址：10.1.1.2；

子网掩码：255.255.255.0；

网关：10.1.1.254。

（2）路由器 A 用串行线连接到右边路由器 B，路由器 B 接了一台 PC3 代表另一网络（或互联网上的一台主机）。

PC3 地址：172.16.1.2；

子网掩码：255.255.255.0；

网关：172.16.1.1。

【实验目的】

（1）熟悉路由器各种接口的配置方法。

（2）熟悉路由器静态路由和默认路由的配置。

【实验配置】

1. 在路由器 A 上的主要配置

（1）配置接口。

```
Router(config)# hostname A
A(config)# int s2/0
A(config-if)# ip address 202.1.1.1 255.255.255.0
A(config-if)# no shutdown
A(config)# int f0/0
A(config-if)# ip address 10.1.1.254 255.255.255.0
A(config-if)# no shutdown
```

（2）配置接口时钟频率（DCE）。

```
A(config)# interface serial 1/2
A(config-if)# clock rate 64000
```

（3）配置静态路由。

```
A(config)# ip route 172.16.1.0 255.255.255.0 202.1.1.2
/*或*/
A(config)# ip route 172.16.1.0 255.255.255.0 s2/0
```

2. 在路由器 B 上的主要配置

（1）配置接口基本信息。

```
Router(config)# hostname B
B(config)# int s2/0
B(config-if)# ip address 202.1.1.2 255.255.255.0
B(config-if)# no shutdown
B(config-if)# exit
B(config)# int f0/0
B(config-if)# ip address 172.16.1.1 255.255.255.0
B(config-if)# no shutdown
B(config-if)# exit
```

（2）配置默认路由。

```
B (config)# ip route 0.0.0.0 0.0.0.0 202.1.1.1
```

【测试结果】

（1）分别在 A 和 B 路由器上查看路由表。

```
A(config)# show ip route
```

```
A(config)# show ip int brief
B(config)# show ip route
C 172.16.1.0/24 is directly connected, FastEthernet1/0
C 172.16.2.0/24 is directly connected, Serial1/2
S 0.0.0.0 is directly connected, Serial1/2
```
从上可知，有一条默认路由。
```
B (config)# show ip int brief
```
（2）从 PC1 主机上 ping 网关，路由器 A 上的接口 10.1.1.254，能通；ping PC2 能通；ping PC3 能通。

（3）在 PC1 上 tracert PC2 和 PC3。
```
PC>tracert 172.16.1.2
Tracing route to 172.16.1.2 over a maximum of 30 hops:
1 1 ms 3 ms 0 ms 10.1.1.254
2 1 ms 3 ms 0 ms 202.1.1.2
3 * 0 ms 0 ms 172.16.1.2
Trace complete.
```
同理可以在 PC3 上 tracert PC1 和 PC2。

课后练习及实验

1. 选择题

（1）路由器中的路由表（　　）。

  A. 需要包含到达所有主机的完整路径信息

  B. 需要包含到达所有主机的下一步路径信息

  C. 需要包含到达目的网络的完整路径信息

  D. 需要包含到达目的网络的下一步路径信息

（2）路由器的管理距离是（　　）。

  A. 为路由器面对不同来源的两路相同通道时决定对哪路通道的选择

  B. 一个自治系统就是处于一个管理机构控制之下的路由器和网络群组

  C. 一种路由协议

  D. 确定自治系统边界路由器（ASBR）

（3）路由器上可以配置三种路由：静态路由、动态路由、默认路由。一般情况下，路由器查找路由的顺序为（　　）。

  A. 静态路由，动态路由，默认路由

  B. 动态路由，默认路由，静态路由

  C. 静态路由，默认路由，动态路由

  D. 默认路由，静态路由，动态路由

（4）以下说法错误的是（　　）。

  A. 要将数据包送达目的主机，必须知道远端主机的 IP 地址

  B. 要将数据包送达目的主机，必须知道远端主机的 MAC 地址

  C. 在创建一个静态默认路由时不能使用下一跳 IP 地址，可以使用出发接口

D. 存根网络需要使用默认路由

（5）如果互联的局域网高层分别采用 TCP/IP 协议与 SPX/IPX 协议，那么可以选择的互联设备是（　　）。

　　A. 中继器　　　　B. 网桥　　　　　C. 网卡　　　　　D. 路由器

（6）下列（　　）设备能拆卸收到的包并将其重建成与目的协议相匹配的包。

　　A. 网关　　　　　B. 路由器　　　　C. 网桥路由器　　D. 网桥

（7）下列（　　）不属于路由选择协议的功能。

　　A. 获取网络拓扑结构的信息
　　B. 选择到达每个目的网络的最优路径
　　C. 构建路由表
　　D. 发现下一跳的物理地址

（8）在路由器进行互联的多个局域网的结构中，要求每个局域网的（　　）。

　　A. 物理层协议可以不同，而数据链路层及数据链路层以上的高层协议必须相同
　　B. 物理层、数据链路层协议可以不同，而数据链路层以上的高层协议必须相同
　　C. 物理层、数据链路层、网络层协议可以不同，而网络层以上的高层协议必须相同
　　D. 物理层、数据链路层、网络层及高层协议都可以不同

（9）动态路由选择和静态路由选择的主要区别是（　　）。

　　A. 动态路由选择需要维护整个网络的拓扑结构信息，而静态路由选择只需要维护有限的拓扑结构信息
　　B. 动态路由选择需要使用路由选择协议手动配置路由信息，而静态路由选择只需要手动配置路由信息
　　C. 动态路由选择的可扩展性要大大优于静态路由选择，因为在网络拓扑发生变化时路由选择不需要手动配置去通知路由器
　　D. 动态路由选择使用路由表，而静态路由选择不使用路由表

（10）一个单位有多幢办公楼，每幢办公楼内部建立了局域网，这些局域网需要互联起来，构成支持整个单位管理信息系统的局域网环境。这种情况下采用的局域网互联设备一般应为（　　）。

　　A. 网关　　　　　B. 集线器　　　　C. 网桥　　　　　D. 路由器

2. 问答题

（1）什么是路由？

（2）路由动作包括哪两项基本内容？各自的意义是什么？

（3）典型的路由选择方式哪两种？各自的含义是什么？

（4）简述路由决策的规则及意义。

（5）解释路由器表中各字段的含义。

（6）简述静态路由的配置方法和过程。

3. 实验题

（1）如图 3-9 所示，配置静态路由使之互通（在 R1 和 R3 上使用默认路由，再进行连通）。

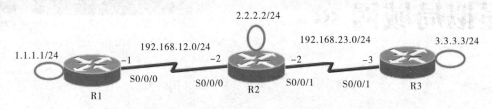

图 3-9　静态路由实验-1

（2）图 3-10 中有 6 台计算机（PC1～PC6），其中 PC1 和 PC3 属于 VLAN 2，PC2 和 PC4 属于 VLAN 3，PC5 属于 VLAN 4，PC6 属于 VLAN 5，使用四台二层交换机和二台三层交换机组织各自区域，使用一台路由器使得计算机之间可以相互通信（采用静态路由和默认路由两种方式配置路由）。

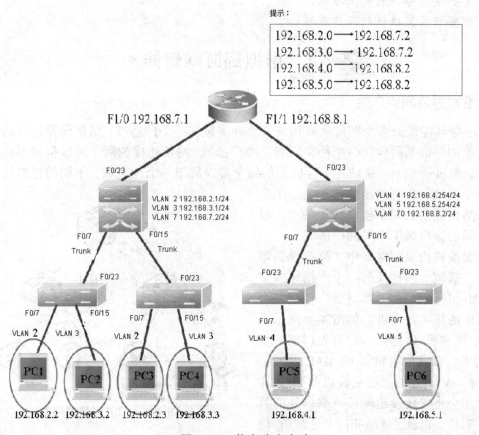

图 3-10　静态路由实验-2

第 4 章

虚拟局域网

本章导读：
本章重点介绍虚拟局域网的配置应用、三层交换机的工作原理等内容。
学习目标：
- 掌握多台交换机组成的交换网络中 VLAN 的配置和应用。
- 掌握单臂路由的配置方法。
- 理解三层交换机的工作原理。

4.1 虚拟局域网概述

4.1.1 虚拟局域网的产生

用中继器连接的两个网段共同构成一个冲突域和一个广播域；用集线器连接的所有接口上的主机共同构成一个冲突域和一个广播域；网桥连接的两个网段构成不同的冲突域，但属同一个广播域；交换机上的每个接口属于一个冲突域，不同的接口属于不同的冲突域，所有的接口属于同一个广播域；路由器上的每个接口属于一个广播域，不同的接口属于不同的广播域。

在交换机构成的网络中，所有设备都会转发广播帧，因此任何一个广播帧或多播帧（Multicast Frame）都将被广播到整个局域网中的每一台主机。如图 4-1 所示，主机 A 向主机 B 通信，它首先广播一个 ARP 请求，以获取主机 B 的 MAC 地址；此时主机 A 上连的二层交换机收到 ARP 广播后，会将它转发给除接收端口外的其他所有端口，也就是 Flooding（泛洪）；接

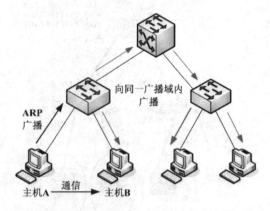

图 4-1 ARP 广播扩散

着，其他收到这个广播帧的交换机（包括三层交换机）也会进行同样的处理，最终 ARP 请求会被转发到同一网络中的所有主机上；如果此时网络中的其他主机也要和别的主机进行通信，必然产生大量的广播。

在网络通信中，广播信息是普遍存在的，这些广播帧将占用大量的网络带宽，导

致网络速度和通信效率的下降，并额外增加网络主机为处理广播信息所产生的负荷。

路由器能实现对广播域的分割和隔离。但路由器所配备的以太网接口数量很少，一般为 1～4 个，远远不能满足对网络分段的需要；而交换机配备有较多的以太网端口，为在交换机中实现不同网段的广播隔离，产生 VLAN 交换技术提供了条件。

一个 VLAN 就是一个网段，通过在交换机上划分 VLAN（同一交换机上可划分不同的 VLAN，不同的交换机上可属于同一个 VLAN），可将一个大的局域网划分成若干个网段，每个网段内所有主机间的通信和广播仅限于该 VLAN 内，广播帧不会被转发到其他网段。即一个 VLAN 就是一个广播域，VLAN 间不能直接通信，从而实现了对广播域的分割和隔离，如图 4-2 所示。

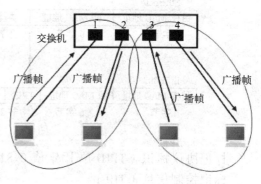

图 4-2　VLAN 的广播域

4.1.2　VLAN 的工作机制

在引入 VLAN 后，二层交换机的端口按用途分为访问连接（Access Link）端口和汇聚连接（Trunk Link）端口两种。

基于端口的 VLAN 分为 Port-VLAN 和 Tag-VLAN 两类。

访问连接端口通常用于连接客户的 PC，以提供网络接入服务。该端口只属于某一个 VLAN，并且仅向该 VLAN 发送或接收数据帧。端口所属的 VLAN 通常也称 Port-VLAN。

Port-VLAN 有以下特点：
- VLAN 是划分出来的逻辑网络，是第二层网络。
- VLAN 端口不受物理位置的限制。
- VLAN 隔离广播域。

Port-VLAN 的工作机制是：通过查找 MAC 地址表，交换机只对同一 VLAN 中的数据进行转发，对发往不同 VLAN 的数据不转发。

汇聚连接端口属于所有 VLAN 共有，承载所有 VLAN 在交换机间的通信流量。此端口所属的 VLAN 通常也称 Tag-VLAN。

Tag-VLAN 有以下特点：
- 传输多个 VLAN 的信息。
- 实现同一 VLAN 跨越不同的交换机。
- 要求 Trunk 连接端口至少要 100 MB。

Trunk 链路承载了所有 VLAN 的通信流量，为了标识各数据帧属于哪一个 VLAN，需要对流经 Trunk 链路的数据帧进行打标（Tag）封装，以附加上 VLAN 信息，使交换机通过 VLAN 标识，将数据帧转发到对应的 VLAN 中。

目前交换机支持的打标封装协议有 IEEE 802.1Q 和 ISL。其中 IEEE 802.1Q 是经过 IEEE 认证的对数据帧附加 VLAN 识别信息的协议，属于国际标准协议，适用于各个厂商生产的交换机，该协议简称为 dot1q。而 ISL 协议仅适用于 CISCO 产品。

IEEE 802.1Q 中附加的 VLAN 识别信息位于原数据帧中"源 MAC 地址"和"类型"之间，添加了 2 字节的标记协议标识（TPID）和 2 字节的标记控制信息（TCI），如图 4-3 所示。

Ethernet				
目标 MAC 地址	源 MAC 地址	类型	数据部分	CRC
6 字节	6 字节	2 字节	46~1500 字节	4 字节

IEEE802.1Q					
目标 MAC 地址	源 MAC 地址	TPID	TCI	类型	数据部分	新的 CRC
6 字节	6 字节	2 字节	2 字节	2 字节	46~1500 字节	4 字节

图 4-3 IEEE 802.1Q

标记协议标识（TPID）：固定值 0x8100，表示该帧载有 802.1Q 标记信息。
标记控制信息（TCI）：
Priority：优先级，3 比特。
Canonical format indicator：1 比特，表示总线型以太网、FDDI、令牌环网。
VlanID：12 比特，表示 VID，范围 1~4094。
802.1Q 工作特点如下：
- 802.1Q 数据帧传输对于用户是完全透明的。
- Trunk 上默认会转发交换机上存在的所有 VLAN 数据。

VLAN 工作原理如图 4-4 所示。当 HOST B 发送数据到 HOST Y 时，在进入交换机端口前，数据帧的头部并没有被加上 VLAN Tag 标记。当数据进入交换机 Switch A 端口后，由于端口所属 VLAN2，在数据帧的头部加上 VLAN2 的 Tag 标记，在交换机

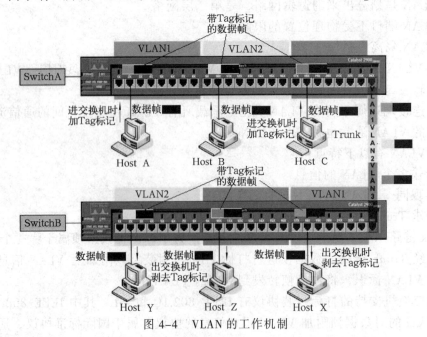

图 4-4 VLAN 的工作机制

中查找此 VLAN2 的 MAC 地址表，若没有找到对应的端口，则在 VLAN2 中广播，当数据通过交换机 SwitchA 的级联端口 24 时，由于该端口为 Trunk 口，数据从此端口转出时仍带有 VLAN2 的 Tag 标记。数据到交换机 SwitchB 的级联端口 24，根据 VLAN2 的 Tag 标记，在 SwitchB 的 VLAN2 中广播，HostY 响应，得到对应的目标端口 2。Switch B 剥去 VLAN2 的 Tag 标记后，将数据帧从端口 2 转发给 HostY。

4.2 虚拟局域网的划分

在实际应用中，通常需要跨越多台交换机的多个端口划分 VLAN，比如，同一个部门的员工，可能会分布在不同的建筑物或不同的楼层中，此时的 VLAN 将跨越多台交换机，如图 4-5 所示。VLAN 的划分不受网络端口的实际物理位置的限制。

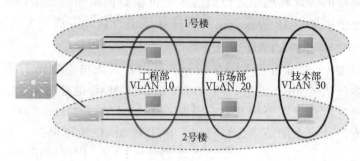

图 4-5　跨交换机划分 VLAN

虚拟局域网的实现有两种：静态和动态。

（1）静态实现方式中，网络管理员将交换机端口分配给某一个 VLAN。这种配置简单、安全、易于实现和监视。

（2）动态实现方式中，管理员必须先建立一个较复杂的数据库，例如，输入要连接网络设备的 MAC 地址及相应的 VLAN 号，这样，当网络设备接到交换机端口时，交换机自动把这个网络设备所连接的端口分配给相应的 VLAN。动态 VLAN 的配置可以基于网络设备的 MAC 地址、IP 地址、应用或者所使用的协议。实现动态 VLAN 时，必须利用软件来进行管理。在 CISCO 交换机上，可以使用 VLAN 管理策略服务器（VMPS）实现基于 MAC 地址的动态 VLAN 配置，它会建立 MAC 地址与 VLAN 的映射表。在基于 IP 地址的动态配置中，交换机通过查阅网络层的地址，自动将用户分配到不同的虚拟局域网。

按照定义 VLAN 成员关系的不同，虚拟局域网有以下几种：
- 基于端口的 VLAN。
- 基于协议的 VLAN。
- 基于 MAC 地址的 VLAN。
- 基于 IP 子网的 VLAN。
- 基于 IP 组播的 VLAN。
- 基于策略的 VLAN。

其中只有按端口号划分的 VLAN 属于静态方式，其余的都属于动态方式。

1. 基于端口的 VLAN

针对交换机的端口进行 VLAN 的划分,它不受接在交换机端口上的主机的变化而变化,是目前最常用的一种 VLAN 划分方法。

实际上它是一些交换端口的集合,管理员只需管理和配置这些交换端口,而不管交换端口连接的是什么设备(PC、交换机、路由器等)。例如,将 S2126G 的 3~8 端口划分给 VLAN 10,而将 1、2、9~12 端口划分给 VLAN 20。

此种方法比较简单并且非常有效,VLAN 从逻辑上把交换机端口划分为不同的逻辑子网,各虚拟子网相对独立。当一个客户端从一个端口移到另一个端口时,网管人员将不得不对 VLAN 成员进行重新配置。

2. 基于协议的 VLAN

在一个多类型的协议环境中,可通过区分传输数据所用的三层协议来划分 VLAN 的成员。但在一个主要以 IP 协议为主的网络环境中,这种方法不太实用。

3. 基于 MAC 地址的 VLAN

基于主机的 MAC 地址进行 VLAN 划分,是由管理人员指定属于同一个 VLAN 中的各服务器和客户机的 MAC 地址,该 VLAN 是一些 MAC 地址的集合。

新站点入网时可根据需要将其划归至某一个 VLAN。

优点是无论该站点在网络中怎样移动,由于其 MAC 地址保持不变,因此用户不需要进行网络地址的重新配置,不需要重新划分 VLAN。因此,用 MAC 地址定义的 VLAN 可以看成基于用户的 VLAN。

缺点是在站点入网时,所有的用户都必须被配置(手工方式)到至少一个 VLAN 中,只有在此种手工配置之后方可实现对 VLAN 成员的自动跟踪。因此在大型网络中采用此方法,初始配置工作会很大。

常用此方法将服务器的 MAC 地址、端口、VLAN 一起绑定,以提高安全性。

4. 基于 IP 子网的 VLAN

IP 子网指 OSI 模型的网络层,是第三层协议。基于第三层协议的 VLAN 实现,在决定 VLAN 成员身份时,主要是考虑协议类型或网络层地址。根据每个主机的网络层地址或协议类型来划分 VLAN,需要将子网地址映射到 VLAN,交换设备则根据子网地址而将各机器的 MAC 地址同一个 VLAN 联系起来。

优点是新站点在入网时无须进行太多配置,交换机则根据各站点网络地址自动将其划分成不同的 VLAN,并且在第三层上定义的 VLAN 将不再需要报文标识,从而可以消除在交换设备之间传递 VLAN 成员信息而花费的开销。

5. 基于 IP 组播的 VLAN

基于组播应用进行用户的划分,即将同一个组播组划分在同一 VLAN 中,这种划分方法可以将 VLAN 扩大到广域网,灵活性更大,能通过路由器进行扩展,但不太适合于局域网,其效率不高。

6. 基于策略的 VLAN

基于策略的 VLAN 是一种比较灵活有效的 VLAN 划分方法。该方法的核心是采用某一策略来进行 VLAN 的划分。目前,常用的策略有:按 MAC 地址、按 IP 地址、按以太网协议类型、按网络应用。

4.3 虚拟局域网的基本配置

4.3.1 VLAN 的基本配置和常规命令

下面先给出配置 Port VLAN 和 Tag VLAN 的基本步骤。

1. 配置 Port VLAN 的基本步骤

交换机端口与 VLAN 间的对应关系如表 4-1 所示。

表 4-1 交换机端口与 VLAN 间的对应关系

交换机端口	VLAN ID
F0/1~8、F0/15、F0/19	10
F0/20~29	20

配置 Port VLAN 的基本步骤如下:
(1) 创建 VLAN10,将它命名为 test。

```
switch# configure terminal
switch(config)# vlan 10
switch(config-vlan)# name test
switch(config-vlan)# end
switch(config)# vlan 20
```

(2) 把接口 f0/1 加入 VLAN 10。

```
switch# configure terminal
switch(config)# interface f0/1
switch(config-if)# switchport mode access
switch(config-if)# switchport access vlan 10
switch(config-if)# end
```

(3) 将一组接口加入某一个 VLAN。

```
switch(config)#interface range fastethernet 0/1-8,0/15,0/19
switch(config-if-range)# switchport access vlan 20
```

注:连续接口用 f0/1-8,不连续接口用逗号隔开,但一定要写明模块编号。

2. 配置 Tag VLAN-Trunk 的常用命令

(1) 把 f0/24 配成 Trunk 口。

```
switch# configure terminal
switch(config)# interface f0/24
switch(config-if)# switchport mode trunk
```

(2) 把端口 f0/24 配置为 Trunk 端口,但是不包含 VLAN 10。

```
switch(config)# interface f0/24
switch(config-if)# switchport trunk allowed vlan remove 10
switch(config-if)# end
```

3. 配置 Native VLAN

（1）将 VLAN 20 指定为 f0/24 的 Native VLAN。

```
switch(config)# interface f0/20
switch(config-if)# switchport trunk native vlan 20
switch(config-if)# end
```

（2）将 f0/24 的 Native VLAN 恢复到 VLAN 1。

```
switch(config)# interface f0/24
switch(config-if)# switchport mode trunk
switch(config-if)# no switchport trunk native vlan
switch(config-if)# end
```

注意：

（1）每个 Trunk 口的默认 Native VLAN 是 VLAN 1。

（2）在配置 Trunk 链路时，要确保连接链路两端的 Trunk 口属于相同的 Native VLAN。

4. 其他 VLAN 配置命令

（1）显示所有的 VLAN。

```
switch# Show vlan
```

（2）显示某一端口的相关信息，包括 VLAN、Trunk 等。

```
switch# Show interface f0/20 switchport
```

上述两命令的结果如图 4-6 所示。

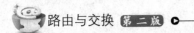

图 4-6 VLAN 显示信息

（3）将 VLAN 信息保存到 Flash 中。

```
switch# write memory
```

（4）从 Flash 中只清除 VLAN 信息。

```
switch# delete flash:vlan.dat
```

（5）从 RAM 中删除 VLAN。

```
switch(config)# no vlan VLAN-id
```

4.3.2 跨交换机配置 VLAN

在同一台交换机上可以创建不同的 VLAN，每个 VLAN 是一个广播域，因而两个不同 VLAN 的主机相互不能通信。

在不同的交换机上可以创建相同的 VLAN，要想同一 VLAN 内能够相互通信，要么两台交换机上仅有一个 VLAN，则两台交换机之间的链路是 Trunk。

Trunk 链路连接的两台交换机只能在相同的 VLAN 内部通信，不同的 VLAN 之间不能通信。

【网络拓扑】

同一 VLAN 不同交换机之间的数据转发如图 4-7 所示。

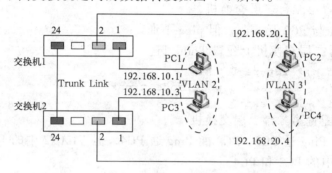

图 4-7　同一 VLAN 不同交换机之间的数据转发

【实验环境】

（1）在交换机 1 端口 1 上接 PC1，端口 2 上接 PC2。

（2）配置 PC1 和 PC2 两台主机的 IP 地址：

PC1 为 192.168.10.1。

PC2 为 192.168.20.1。

（3）同理，在交换机 2 的端口 1 上接 PC3，端口 2 上接 PC4。

（4）配置 PC3 和 PC4 两台主机的 IP 地址：

PC3 为 192.168.10.3。

PC4 为 192.168.20.4。

（5）将交换机 1 和交换机 2 的 24 号端口连接起来（用反绞线，若能自识别，也可用平行线）。

【实验目的】

（1）在同一台交换机上创建不同的 VLAN，验证相互不能 ping 通。

（2）在不同的交换机上创建相同的 VLAN。

（3）配置 Trunk 链路，验证不同的交换机相同的 VLAN 能 ping 通。

（4）配置 Trunk 链路，验证不同的交换机不同的 VLAN 不能 ping 通。

【实验配置】

（1）配置第一台二层交换机，创建 VLAN。

```
S2126G# conf t
S2126G(config)# vlan 2      /*创建 VLAN 2*/
```

```
S2126G(config-vlan)# name test2
S2126G(config-vlan)# exit
S2126G(config)# vlan 3          /*创建 VLAN 3*/
S2126G(config-vlan)# name test3
S2126G(config-vlan) exit
S2126G(config)# int fa 0/1
S2126G(config-if)# switch access vlan 2    /*将端口 1 分配给 VLAN 2*/
S2126G(config-if)# exit
S2126G(config)# int fa 0/2
S2126G(config-if)# switch access vlan 3    /*将端口 2 分配给 VLAN 3*/
S2126G(config-if)# end
S2126G# show vlan
```

(2) 同理配置第二台二层交换机。

① 验证 PC1 与 PC2 互 ping，但 ping 不通。

② 在第一台二层交换机上配置 Trunk 口。

```
S2126G(config)# int fa 0/24
S2126G(config-if)# switchport mode trunk
S2126G(config-if)# exit
```

(3) 同理，配置第二台二层交换机。

验证 PC1 能 Ping 通 PC3，PC2 能 Ping 通 PC4，但 VLAN2 中的 PC1 和 PC3 不能 PING 通 VLAN3 中的 PC2 和 PC4。

【测试结果】

(1) 同一交换机中划分不同的 VLAN，相互不通。

(2) 不同交换机中属于同一 VLAN，通过 Trunk 链路相互能通。但不同 VLAN 仍不能通。

【实验验证】

```
S2126G# show vlan
S2126G# show interfaces FastEthernet 0/24
S2126G# show interface vlan
S2126G# show interface switchport
S2126G# show interface trunk
```

4.4 虚拟局域网中数据的转发

交换机通过 MAC 地址表进行数据帧的转发，而引入 VLAN 后，交换机在 MAC 地址表中增加 VLAN 信息，也就是说交换机对每一个 VLAN 都维护一个本 VLAN 的 MAC 地址表。

在数据转发时，先在同一 VLAN 的 MAC 地址表中，根据数据帧中的目的 MAC 地址进行查找。若找到，就进行转发；若找不到，就向此 VLAN 的网关发送，由此 VLAN 网关向其他网段（不同的 VLAN）进行路由表的查询。

4.4.1 同一 VLAN、不同交换机之间的数据转发

VLAN 内的主机彼此间可以自由通信，当 VLAN 成员分布在多台交换机的端口上

时，使用 Trunk 进行通信。如图 4-7 所示，PC1 与 PC3 之间、PC2 与 PC4 之间的数据转发经过 Trunk Link。

用于实现各 VLAN 在交换机间通信的链路称为交换机的 Trunk 链路或主干链路（Trunk Link）。用于提供 Trunk 链路的端口称为 Trunk 端口。Trunk 端口的速率应在 100 Mbit/s 以上。

引入 VLAN 后，交换机的端口按用途分为访问连接端口（Access Link）和 Trunk 连接（Trunk Link）端口。访问连接端口连接 PC，它只属于某一个 VLAN，并仅向该 VLAN 发送或接收数据帧。Trunk 连接端口属于所有 VLAN 共有，承载所有 VLAN 在交换机间的通信流量。

4.4.2　不同 VLAN 之间的数据转发

若要实现 VLAN 间的通信，就必须为 VLAN 设置路由，可使用路由器或三层交换机来实现。

1. 使用单臂路由实现不同 VLAN 之间的数据转发

对于没有路由功能的二层交换机，若要实现 VLAN 间的相互通信，就要借助外部的路由器（单臂路由）来为 VLAN 指定默认路由。此时路由器的快速以太网接口与交换机的快速以太网端口，应以 Trunk 链路的方式相连，并在路由器的快速以太网接口上，为每一个 VLAN 创建一个对应的逻辑子接口，同时设置逻辑子接口的 IP 地址，该 IP 地址以后就成为该 VLAN 的默认网关（路由）。由于这些逻辑子接口是直接连接在路由器上的，一旦每个逻辑子接口设置了 IP 地址，路由器就会自动在路由表中为各 VLAN 添加路由，从而实现 VLAN 间的路由转发，如图 4-8 所示。

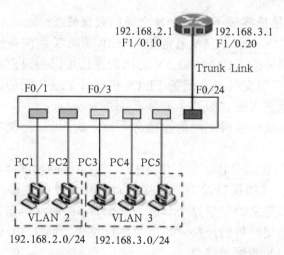

图 4-8　同一 VLAN 不同交换机之间的数据转发

当路由器的一个接口连接的交换机有多个 VLAN 时，这多个 VLAN 通过路由器进行不同 VLAN 之间的通信，产生一个链路连接多个子网的单臂路由结构。因此，有几个 VLAN 就必须建立几个逻辑子接口，给每个逻辑子接口配置 IP 地址，并与相关的 VLAN 建立关联，指定交换机与路由器之间链路的封装协议。单臂路由的具体配置步骤如下：

（1）先启动原路由器的接口，并清除 IP 地址。

```
R2632(config)# int f1/0
R2632(config-if)# no shut
R2632(config-if)# no ip add
```

（2）配置子接口，子接口号 10 自定，配置子接口的 IP 地址为 192.168.2.1，并启用。

```
R2632(config)# int f1/0.10
R2632(config-subif)# ip add 192.168.2.1 255.255.255.0
R2632(config-subif)# no shut
```

（3）指定封装协议为 802.1Q，并与 VLAN 关联。命令为 enc dot1q VLAN 号，2 为 VLAN 号。

```
R2632(config-subif)# enc dot1q 2
```

如果路由器的两个或多个接口分别连接不同的二层交换机，每台二层交换机都划分了多个 VLAN，则在路由器的每个接口上定义单臂路由，使所有二层交换机不同的 VLAN 之间相互通信。路由器的不同接口所连接的不同交换机的 VLAN 必须不同，如 f1/0 所连接的 SW1 的 VLAN 是 10、20，f1/1 所连接 SW2 的 VLAN 是 30、40，而不能有相同的 VLAN 10、20，否则同一子网在路由器的不同的接口上，而这是不允许的，因为路由器的接口必须连接不同的网络，路由器的功能就是实现不同网络之间的数据转发。

由于路由器的接口较少，这种方式连接的下级二层交换机数量有限，从而网络数量也有限，因此，实际应用中多采用三层交换机取代路由器，完成多个网络之间的数据转发。

2. 使用三层交换机实现不同 VLAN 之间的数据转发

和物理网络一样，一个 VLAN 通常和一个 IP 子网联系在一起。所有在同一个 IP 子网中的主机属于同一个 VLAN，VLAN 之间的通信可以通过三层设备（路由器或者三层交换机）。使用三层交换机来配置 VLAN 和提供 VLAN 间的通信，比使用路由器更好，配置和使用也更方便，如图 4-8 所示。

三层交换机与二层交换机之间的连接有多种方式，可以定义三层交换机的连接口为以下几种情况。

（1）三层路由口（Routed Port）：它相当于一个路由器的物理接口，通过 no switchport 命令把一个三层交换机的接口设为三层接口而非默认时的二层接口。在三层交换机上，每个接口都可以定义为三层路由口，为其配置 IP 地址，连接某一个网络，通常采用此方式，与二层交换机的连接，二层交换机仅属于同一 VLAN，三层交换机的三层路由口作为此 VLAN 的网关接口。

（2）Trunk 口：也可以将多个二层接口汇聚成一个逻辑接口，再使此汇聚口为 Trunk 口，这样下连的二层交换机可以定义多个 VLAN，这多个 VLAN 通过相互间连接的 Trunk 口到达三层交换机。在三层交换机中定义虚拟交换接口（SVI），也就是各 VLAN 的网关，从而通过三层交换机的路由模块，实现不同的 VLAN 间转发数据。

锐捷的三层交换机可以通过 SVI（Switch Virtual Interface）接口来进行 VLAN 之

间的 IP 路由。通过 Interface VLAN 接口配置命令来创建一个 SVI 接口，然后给 SVI 接口分配一个 IP 地址，此 IP 地址就是这个 VLAN 中所有主机的默认网关，从而建立 VLAN 之间的路由。

（3）三层模式下的聚合链路（L3 Aggregate Link）：它将多个三层接口进行聚合，成为一个逻辑的三层接口，再将此聚合成的逻辑接口定义为三层口，并指定其 IP 地址。

（4）Access 接口：如果将三层交换机与二层交换机之间的连接口定义为 Access 接口，则下连的二层交换机必须属于同一 VLAN，与此 Access 接口的 VLAN 相同。

类似地，三层交换机与三层交换机之间的连接也有多种方式。

（1）三层路由口（Routed Port）：上下均为三层接口，属于同一网段，它相当于两个路由器互连，通常要通过三层路由协议达到两台三层交换机之间的不同网络相互通信。

（2）Trunk 口：也可以将多个二层接口聚合成一个逻辑接口，再使此聚合口为 Trunk 口，这样下连的三层交换机相当于一台二层交换机，配置简单。但如果 VLAN 较多，此链路容易堵塞。

（3）三层模式下的聚合链路：它将多个三层接口进行聚合，成为一个逻辑的三层接口，再给此聚合成的逻辑接口定义为三层接口，并指定其 IP 地址，这种方式同三层路由口，相当于两台路由器互连，只不过增加了链路的带宽。

（4）Access 接口：两个三层交换机的 Access 接口属于同一 VLAN，且下连的三层交换机都属于此 VLAN，否则，其他 VLAN 的数据不能到达此 Access 接口。

4.5 三层交换技术

4.5.1 三层交换技术的基本原理

VLAN 的默认设置是 VLAN 之间不允许通信，要实现 VLAN 之间的通信，必须使用路由器。但是，路由器要把每一个数据包的目的地址与自己的路由表项对比以决定数据包的去向，处理速度相对缓慢，如果在大型网络核心中使用路由器来进行 VLAN 间的数据交换，将降低整个网络的效率。更重要的是，路由器的端口数有限，从而限制了子网的连接个数。由此产生了将交换机的快速交换能力和路由器的路由寻址能力结合起来的三层交换技术。

简单地说，三层交换技术就是"二层交换技术＋三层转发技术"。它解决了局域网中网段划分之后，网段中子网必须依赖路由器进行管理的局面，解决了传统路由器低速、复杂所造成的网络瓶颈问题。

三层交换（也称多层交换技术，或 IP 交换技术）是相对于传统交换概念提出来的。传统的交换技术是在 OSI 网络标准模型中的第二层——数据链路层进行操作的，而三层交换技术是在网络模型中的第三层实现了数据包的高速转发。

一个三层交换功能的交换机是一个带有第三层路由功能的交换机，是交换技术和路由技术的有机结合，并不是简单地把路由器设备的硬件及软件叠加在局域网交换机上。

硬件上，三层交换机的接口模块同二层交换机的接口模块一样，是通过高速背板/

总线（速率在几十 Gbit/s 以上）交换数据的，而第三层路由硬件模块也是插接在高速背板/总线上。这就使得路由模块可以与需要路由的其他模块间高速地交换数据，从而突破了传统路由器接口速率的限制，实现高速路由交换。对数据包的转发，如 IP/IPX 的转发，可通过硬件完成。

软件上，路由信息的更新、路由表的维护、路由的计算、路由的确定等，都是由软件完成。

三层交换机可分为纯硬件和纯软件两大类。

纯硬件的三层技术相对来说技术复杂，成本高，但是速度快，性能好，负载能力强。其原理是：在一台三层交换机内，分别设置了交换模块和路由模块，它们都采用 ASIC 芯片，且路由模块和交换模块之间是 Trunk 链接的，以确保两模块之间的高带宽。由于都采用硬件的方式，其中包括二层数据线性交换和三层路由的查找和刷新，从而大大提高了处理速度。

基于软件的三层交换机技术较简单，但速度较慢，不适合做主干。主要通过软件方式查找路由表。

下面简述使用 IP 协议的两台主机通过第三层交换机进行通信的过程。

如图 4-9 所示，有 4 台主机与三层交换机互联。

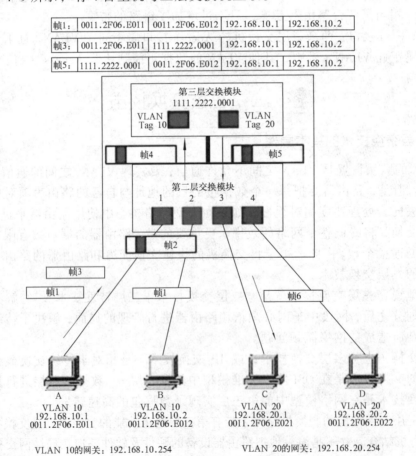

图 4-9　三层交换机通信过程

假设两个使用 IP 协议的站点 A、B 通过第三层交换机进行通信，发送站点 A 在开始发送时，将自己的源 IP 地址 192.168.10.1 与 B 站的目标 IP 地址 192.168.10.2 进行比较，判断 B 站是否与自己在同一子网内。目的站 B 与发送站 A 在同一子网内（VLAN 10），则进行二层的转发。

二层转发的具体步骤如下：

（1）站点 A 在转发数据前，必须得到站点 B 的 MAC 地址。

① 在站点 A 上从应用层到传输层、再到网络层，封装成 IP 数据包，其目标 IP（站点 B 的 IP192.168.10.2）和源 IP（站点 A 的 192.168.10.1）均放在包头内。从网络层到数据链路层时，必须知道目标的 MAC 地址，才能封装从数据帧，以便由物理层完成一个个位的转发。

② 站点 A 首先查看自己的 ARP 表（Windows 中用 arp –r 命令查看 ARP 表，将显示 IP 地址 Internet Address、与 MAC 地址 Physical Address 的对应关系）。如果在 ARP 表中找不到目标 IP 地址所对应的 MAC 地址，站点 A 必须发送一个 ARP 广播报文，请求站点 B 的 MAC 地址。

③ 该 ARP 请求报文进入交换机后，交换机首先进行源 MAC 地址学习，二层芯片自动把站点 A 的 MAC 地址 0011.2F06.E011 及进入交换机的端口号 1 等信息填入到二层芯片的 MAC 地址表中（MAC 地址表是 MAC 地址与端口之间的对应关系）。由于此时是一个 ARP 广播报文，交换机把这个广播报文在进入交换机端口所属的 VLAN 10 中进行广播。站点 B 收到这个 ARP 请求报文之后，会立刻发送一个 ARP 回复报文，这个报文是一个单播报文，源 MAC 地址为站点 B 的 MAC 地址 0011.2F06.E012，目的 MAC 地址为站点 A 的 MAC 地址 0011.2F06.E011。该报文进入交换机后，交换机同样进行源 MAC 地址学习，二层芯片同样把站点 B 的 MAC 地址 0011.2F06.E012 及站点 B 进入交换机的端口号 2 等信息填入到二层芯片的 MAC 地址表中，此时二层芯片就完成了站点 A 和 B 与端口之间的对应（MAC 地址与端口之间的对应表）。根据此 MAC 地址表，交换机就能把此单播报文从站点 A 对应的端口中转发给站点 A。

④ 一旦站点 A 知道站点 B 的 MAC 地址后，就在自己的 ARP 表中记录站点 B 的 IP 地址和 MAC 地址之间的对应关系。

（2）站点 A 产生数据帧（帧 1），并在物理层发送此数据帧。

（3）交换机收到站点 A 发来的帧 1 后，首先在此数据帧上加上 VLAN 10 的标记，变成帧 2。然后交换机通过查找 MAC 地址表（交换机上的命令为 show mac-address-table），发现站点 B 连在交换机的端口 2 上；因此，第二层交换模块将数据帧 2 去除 VLAN 10 标记后，又变成了帧 1，从端口 2 发送给站点 B。

（4）以后 A、B 之间进行通信或者同一网段的其他站点想要与 A 或与 B 通信，交换机只要通过查找 MAC 地址表就知道该把报文从哪个端口送出了。如果在查找 MAC 地址表时找不到匹配表项，交换机就会在进入端口所属的 VLAN 中广播，从而得到目标 MAC 地址与端口的对应关系。这些都是由二层交换模块完成的。

下面看一下两个站点通过三层模块实现跨 VLAN 的通信是怎样一个过程。

（1）站点 A 向站点 C 发送数据时，站点 A 检查出自己与站点 C 不在同一子网内（分属 VLAN10，VLAN20），因此站点 A 将把数据发送给自己的默认网关（默认网关通过 TCP/IP 协议中已指定）。

① 站点 A 同样把数据从应用层传送到传输层、到网络层，再封装成 IP 数据包，其目标 IP 为站点 C 的 IP192.168.20.1 和源 IP 为站点 A 的 192.168.10.1 均放在包头内。从网络层到数据链路层时，必须得到默认网关的 MAC 地址。

② 站点 A 先查自己的 ARP 表，找到默认网关的 IP 地址与 MAC 地址的对应关系。如果 ARP 表中没有这一项，同样要向此"默认网关"发出 ARP 请求报文，而"默认网关"的 IP 地址其实就是三层交换机上站点 A 所属 VLAN 的 IP 地址（SVI 地址）。当发送站 A 对"默认网关"的 IP 地址广播出一个 ARP 请求时，交换机就向发送站 A 返回一个 ARP 回复报文，告诉站点 A 交换机此 VLAN 10 的 MAC 地址，同时通过软件把站点 A 的 IP 地址、MAC 地址、与交换机直接相连的端口号等信息记录到三层模块相关表项中。

③ 站点 A 收到这个 ARP 回复报文之后，产生数据帧（帧 3），并向交换机的第三层模块发送此数据帧 3。

（2）交换机收到此数据帧 3 后，加上 VLAN 10 标记，形成数据帧 4，交给交换机的第三层模块，第三层模块像路由器一样处理数据包。

① 第三层模块打开此数据帧 4，取出其中的 IP 包，根据目标 IP 地址 192.168.20.1，查找路由表。在三层交换机上使用 show ip route 命令如下：

```
C    192.168.10.0/24 is directly connected, Vlan10
C    192.168.20.0/24 is directly connected, Vlan20
```

从而找到了目标路由为直连网段之一（VLAN 20）。

② 如果路由表中没有找到匹配的表项，则第三层模块会把 IP 包送给 CPU 处理，进行软路由或提示出错。

（3）交换机第三层模块再将此 IP 包从 VLAN 10 转到 VLAN 20 的 SVI 接口上，准备重新封装成新的数据帧。

① 在三层交换机中找 ARP 表（命令 show arp），查找站点 C 的 IP 地址所对应的 MAC 地址，如果没有找到，则在 VLAN 20 范围内进行 ARP 广播。从下列表中可知，三层交换机的多个 VLAN 的 SVI 的 MAC 地址都是其三层模块的 MAC 地址（Hardware Addr：00E0.F90E.ACE0）。

Protocol	Address	Age (min)	Hardware Addr	Type	Interface
Internet	192.168.10.1	1	0011.2f06.e011	ARPA	Vlan10
Internet	192.168.10.254	-	00E0.F90E.ACE0	ARPA	Vlan10
Internet	192.168.20.1	1	0011.2f06.e021	ARPA	Vlan20
Internet	192.168.20.254	-	00E0.F90E.ACE0	ARPA	Vlan20

② 更新源 MAC 地址为 VLAN 20 的 Hardware 地址：00E0.F90E.ACE0，目标 MAC 地址为站点 C 的 MAC 地址 0011.2f06.e021，形成新的数据帧 5（含有 VLAN 20 的标记）。

③ 交换机的第二层模块收到数据帧 5 后，再根据站点 C 的 MAC 地址 0011.2f06.e021，在二层模块中查找 VLAN 20 中的 MAC 地址表，找出站点 C 所在的端口 f0/3。

（4）交换机第三层模块把此数据帧 5 去除 VLAN 20 标记，产生数据帧 6，从站点 C 所在的端口 f0/3 转发出去。

（5）经过一次路由后，交换机的二层模块中已经保留了不同 VLAN 两站点的 MAC 地址，如下所示：

Vlan	Mac Address	Type	Ports
10	00d0.97d1.3e61	DYNAMIC	Fa0/1
20	000d.bde9.227e	DYNAMIC	Fa0/2

因此，下一次站点 A、C 之间再通信时，交换机直接把数据帧从指定的端口转发出去。而不必再经过将数据交三层模块进行拆帧、查路由表、封帧的过程。这就是"一次路由，多次交换"的工作模式，它大大提高了转发速度。

4.5.2 三层交换技术的基本配置

【网络拓扑】

如图 4-9 所示。

【实验环境】

如图 4-9 所示。

【实验目的】

（1）在一台三层交换机上创建不同的 VLAN。

（2）验证不同的 VLAN 相互 ping 通。

【实验配置】

交换机 S3550-24 上，执行如下命令：

```
switch# configure terminal          /*进入交换机全局配置模式*/
switch(config)# vlan 10
switch(config)# vlan 20     /*创建 VLAN 10, 20。VLAN 1 总是存在，不要创建*/
switch(config)# int fa 0/1
switch(config-if)# switch access vlan 10
switch(config)#int fa 0/2
switch(config-if)# switch access vlan 10 /*将端口 0/1, 0/2 分配到 VLAN 10*/
switch(config)# int vlan 10         /*创建虚拟接口 VLAN 10*/
switch(config-if)# ip address 192.168.10.254 255.255.255.0
                           /*配置虚拟接口 VLAN 10 的地址为 192.168.10.254*/
switch(config-if)# no shutdown /*手工打开虚拟接口 VLAN 10*/
switch(config-if)# exit             /*返回到全局配置模式*/
switch(config)# int fa 0/3
switch(config-if)# switch access vlan 20
switch(config)# int fa 0/4
switch(config-if)# switch access vlan 20 /*将端口 0/3, 0/4 分配到 VLAN 20*/
switch(config)# int vlan 20         /*创建虚拟接口 VLAN 20*/
switch(config-if)# ip address 192.168.20.254 255.255.255.0
                           /*配置虚拟接口 VLAN 20 的地址为 192.168.20.254*/
switch(config-if)# no shutdown    /*手工打开虚拟接口 VLAN 20*/
switch(config-if)# exit             /*返回到全局配置模式*/
```

【测试结果】

将 PC A、PC B、PC C、PC D 分别插到端口 1、端口 2、端口 3、端口 4 上，将 PC

A、PC B、PC C、PC D 的地址分别设为 192.168.10.1、192.168.10.2、192.168.20.1、192.168.20.2；PC A 和 PC B 的默认网关设置为 192.168.10.254，PC C 和 PC D 的默认网关设置为 192.168.20.254。在 PC A 上 PING 192.168.10.2、192.168.20.1、192.168.20.2，都能 ping 通。

【实验验证】
```
switch# show ip int
```

4.6 单臂路由在虚拟局域网中的应用

【网络拓扑】
如图 4-8 所示。

【实验环境】
（1）把几台主机与一台二层交换机相连，建立两个 VLAN：2 和 3。
（2）将二层交换机的 24 号端口与一台路由器相连。

【实验目的】
掌握单臂路由的配置方法，使不同 VLAN 的两台主机能够 ping 通对方。

【实验配置】
（1）二层交换机的配置。

```
S2126G#
S2126G# conf  t
/*划分VLAN*/
S2126G(config)# vlan 2
S2126G(config-vlan)# exit
S2126G(config)# vlan 3
S2126G(config-vlan)# exit
/*端口划分进VLAN*/
S2126G(config)# int fa0/1
S2126G(config-if)# switchp acc vlan 2
S2126G(config-if)# exit
S2126G(config)# int fa0/3
S2126G(config-if)# switchp acc vlan 3
S2126G(config-if)# exit
/*配置Trunk*/
S2126G(config)# int fa0/24
S2126G(config-if)# switchp mode trunk
S2126G(config-if)# exit
```

（2）路由器的配置。

```
/*启动端口，并清除IP地址*/
R2632# conf  t
R2632(config)# int f1/0
R2632(config-if)# no shut
```

```
R2632(config-if)# no ip add
R2632(config-if)# exit
/*配置子端口,子端口号 10 自定*/
R2632(config)# int f1/0.10
/*封装命令为 enc dot1q VLAN 号,dot 后是数字 1,2 为 VLAN 号*/
R2632(config-subif)# enc dot1q 2
/*设置子端口的 IP 地址为 192.168.2.1 */
R2632(config-subif)# ip add 192.168.2.1 255.255.255.0
R2632(config-subif)# no shut
R2632(config-subif)# exit
/*配置子端口,子端口号 20 自定*/
R2632(config)# int f1/0.20
/*封装命令为 enc dot1q VLAN 号,dot 后是数字 1,3 为 VLAN 号*/
R2632(config-subif)# enc dot1q 3
R2632(config-subif)# ip add 192.168.3.1 255.255.255.0
R2632(config-subif)# no shut
R2632(config-subif)# exit
```

【测试结果】

将 VLAN 2 中的计算机 PC1 和 PC2 的 IP 地址设置在 192.168.2.0/24 的网段,网关为 192.168.2.1;将 VLAN 3 中的计算机 PC3 等的 IP 地址设置在 192.168.3.0/24 的网段,网关为 192.168.3.1。用 VLAN 2 中的计算机 ping VLAN 3 中的计算机,能通。

【实验验证】

(1) 在 PC 1 上:

```
ping 192.168.2.1
ping 192.168.2.10
ping 192.168.3.1
ping 192.168.3.10
```

(2) 在二层交换机上:

```
S2126G# show vlan
S2126G# show interfaces FastEthernet 0/24
S2126G# show interface vlan 2
S2126G# show interface switchport
S2126G# show interface trunk
```

4.7 虚拟局域网的综合配置

4.7.1 多层交换结构中三层交换机的配置

在多层交换结构中,三层交换机下连多台二层交换机,一般采用最常用的配置方式:在三层交换机中定义 SVI,完成三层转发;在三层交换机与二层交换机之间采用 Trunk 链路,并限制此 Trunk 链路上的 VLAN,实现各子网的互联。

【网络拓扑】

三层交换机连接的多层结构如图 4-10 所示。

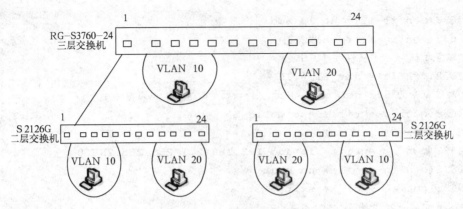

图 4-10 三层交换机连接的多层结构

【实验环境】

（1）在三层交换机端口 1 上接一台二层交换机，端口 24 上接另一台二层交换机，作为 Trunk 链路。

（2）在两个二层交换机上分别划分两个不同的虚拟局域网。

（3）在三层交换机上其他端口划分两个不同的虚拟局域网。

（4）VLAN 10 虚拟局域网中的计算机在 IP 地址在 192.168.10.0/24 网段，网关为 192.168.10.254；VLAN 20 虚拟局域网中的计算机 IP 地址在 192.168.20.0/24 网段，网关为 192.168.20.254。

【实验目的】

（1）熟悉二层交换机和三层交换机 VLAN 的配置方法。

（2）掌握不同的 VLAN 之间通信的方法。

【实验配置】

这里只给出主要的参考步骤。

（1）三层交换机的配置。

```
/*创建两个 VLAN*/
S3760# conf t
S3760(config)# vlan 10
S3760(config-vlan)# exit
S3760(config)# vlan 20
S3760(config-vlan)# exit
/*创建两个 Trunk 链路，分别连接两个二层交换机*/
S3760(config)# interface FastEthernet 0/1
S3760(config-if)# switchport mode trunk
/*只允许 VLAN 1,10,20 三个 VLAN 通过此 Trunk*/
S3760(config-if)# switchport trunk allowed vlan remove 2-9,11-19,21-4094
S3760(config)# exit
S3760(config)# interface FastEthernet 0/24
S3760(config-if)# switchport mode trunk
/*只允许 VLAN 1,10,20 三个 VLAN 通过此 Trunk*/
S3760(config-if)# switchport trunk allowed vlan remove 2-9,11-19,21-4094
```

```
S3760(config)# exit
/*在三层交换机上增加一些端口分别到 VLAN 10 和 VLAN 20*/
S3760(config)# interface FastEthernet 0/2
S3760(config-if)# switchport access vlan 10
……
S3760(config)# interface FastEthernet 0/10
S3760(config-if)# switchport access vlan 10
!
S3760(config)# interface FastEthernet 0/11
S3760(config-if)# switchport access vlan 20
……
S3760(config)# interface FastEthernet 0/23
S3760(config-if)# switchport access vlan 20
/*在三层交换机上创建两个虚拟接口 SVI*/
S3760(config)# interface Vlan 10
S3760(config-if)# ip address 192.168.10.254 255.255.255.0
S3760(config-if)# no shut
S3760(config-if)# exit
S3760(config)# interface Vlan 20
S3760(config-if)# ip address 192.168.20.254 255.255.255.0
S3760(config-if)# no shut
S3760(config-if)# end
```

（2）第一台二层交换机的配置。

```
/*创建两个 VLAN*/
S2126G# conf t
S2126G(config)# vlan 10
S2126G(config-valn)# exit
S2126G(config)# vlan 20
/*创建一个 Trunk 链路，连接三层交换机*/
S2126G(config)# interface FastEthernet 0/1
S2126G(config-if)# switchport mode trunk
/*只允许 VLAN 1, 10, 20 三个 VLAN 通过此 TRUNK*/
S2126G(config-if)#   switchport  trunk  allowed  vlan  remove
2-9,11-19,21-4094
/*在二层交换机上增加一些端口分别到 VLAN 10 和 VLAN 20*/
S2126G(config)# interface FastEthernet 0/2
S2126G(config-if)# switchport mode access
S2126G(config-if)#  switchport access vlan 10
……
S2126G(config)# interface FastEthernet 0/10
S2126G(config-if)# switchport mode access
S2126G(config-if)# switchport access vlan 10
!
S2126G(config)# interface FastEthernet 0/11
S2126G(config-if)# switchport mode access
S2126G(config-if)# switchport access vlan 20
……
S2126G(config)#interface FastEthernet 0/24
S2126G(config-if)# switchport mode access
```

```
S2126G(config-it)# switchport access vlan 20
```
（3）同理，可配第二台二层交换机。

【测试结果】

分别在三层交换机和二层交换机对应的接口上接上 PC，然后测试以下结果：

（1）不仅同在一个 VLAN 中的计算机能 ping 通，而且属于不同 VLAN 的计算机也能 ping 通。

（2）要想不同 VLAN 之间能相互通信，可在三层交换机上创建 VLAN 的虚拟接口 SVI，并设置对应 VLAN 中的计算机的网关为 VLAN 的虚拟接口 IP 地址。

【实验验证】

```
Pc:\> ping 192.168.10.254
```
提示：如果无法 ping 通，是由于计算机上两块网卡有两个默认网关所致，则在计算机上禁用一个配置的网卡，保留验证的网卡。或者交换机上没有接 PC。

```
S2126G#    show vlan
S2126G#    show interfaces FastEthernet 0/24
S2126G#    show interface vlan 10
S2126G#    show interface switchport
S2126G#    show interface trunk
```
同理，在三层交换机上进行以下设置：
```
S3760#    show ip route
```

4.7.2 多层交换结构中路由器的配置

一台路由器，其两个以太网口分别连接两台二层交换机，每个二层交换机划分了不同的 VLAN。对路由器和交换机进行配置，使全网互通。

【网络拓扑】

路由器连接的多层结构如图 4-11 所示。

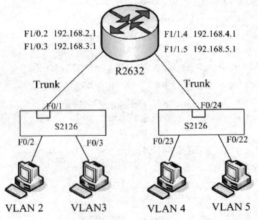

图 4-11　路由器连接的多层结构

【实验环境】

（1）在路由器端口 F1/0 上接一台二层交换机，端口 F1/1 上接另一台二层交换机。二层交换机与路由器之间建立 Trunk 链路。

（2）在两个二层交换机上分别划分不同的虚拟局域网 VLAN 2、3，VLAN 4、5。

（3）在路由器的两个以太网端口上建立等量的逻辑子接口 F1/0.2、F1/0.3、F1/1.4、F1/1.5。

（4）具体设置 VLAN 2：192.168.2.0/24 网段，网关为 192.168.2.1；VLAN 3：192.168.3.0/24 网段，网关为 192.168.3.1。VLAN 4：192.168.4.0/24 网段，网关为 192.168.4.254，VLAN 5：192.168.5.0/24 网段，网关为 192.168.5.254。

【实验目的】

（1）熟悉二层交换机和路由器的综合配置方法。

（2）掌握不同 VLAN 之间通信的方法。

【实验配置】

这里只给出主要的参考步骤。

```
R2632-1:
R2632-1(config)# int f1/1.4
R2632-1(config-subif)# enc dot1q 4
R2632-1(config-subif)# ip address 192.168.4.1 255.255.255.0
R2632-1(config-subif)#no shut
R2632-1(config-subif)# exit
R2632-1(config)# int f1/1.5
R2632-1(config-subif)# enc dot1q 5
R2632-1(config-subif)# ip address 192.168.5.1 255.255.255.0
R2632-1(config-subif)# no shut
R2632-1(config-subif)#  exit
R2632-1(config)# int f1/0.2
R2632-1(config-subif)# enc dot1q 2
R2632-1(config-subif)# ip address 192.168.2.1 255.255.255.0
R2632-1(config-subif)# no shut
R2632-1(config-subif)#  exit
R2632-1(config)# int f1/0.3
R2632-1(config-subif)# enc dot1q 3
R2632-1(config-subif)# ip address 192.168.3.1 255.255.255.0
S2126-1:
S2126-1(config)# interface fastEthernet 0/1
S2126-1(config-if)# switchport mode trunk
!
S2126-1(config)# interface fastEthernet 0/2
S2126-1(config-if)# switchport access vlan 2
!
S2126-1(config)# interface fastEthernet 0/3
S2126-1(config-if)# switchport access vlan 3

S2126-2:
S2126-2(config)# interface fastEthernet 0/22
S2126-2(config-if)# switchport access vlan 5
!
S2126-2(config)# interface fastEthernet 0/23
```

```
S2126-2(config-if)# switchport access vlan 4
!
S2126-2(config)# interface fastEthernet 0/24
S2126-2(config-if)# switchport mode trunk
```

【测试结果】

(1) 在交换机上接入 PC, 不同 VLAN 中的计算机都能 ping 通。

(2) 在路由器上能 ping 通各计算机。

【实验验证】

```
S2126-1# show vlan
S2126-1# show interfaces FastEthernet 0/1
S2126-1# show interface vlan 2
S2126-1# show interface switchport
S2126-1# show interface trunk

R2632-1# show ip route
R2632-1# ping 192.168.2.2    /*通 PC2*/
R2632-1# ping 192.168.3.3    /*通 PC3*/
R2632-1# ping 192.168.4.4    /*通 PC4*/
R2632-1# ping 192.168.5.5    /*通 PC5*/

PC2:\> ping 192.168.3.3
PC3:\> ping 192.168.4.4
PC4:\> ping 192.168.2.2
```

4.7.3 多层网络结构中三层交换机与路由器的综合配置

用一台路由器的一个以太网接口与三层交换机相连，在三层交换机上连接了不同的子网，使各个子网能够访问路由器所连接的外网。

【网络拓扑】

路由器连接的多层结构如图 4-12 所示。

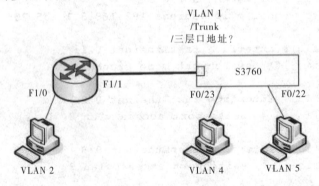

图 4-12 路由器连接的多层结构

【实验环境】

(1) 在路由器端口 f1/1 上连接一台三层交换机，在三层交换机上划分两个不同的虚拟局域网 VLAN 4、VLAN 5，代表不同的局域网内网的各个子网。设置 VLAN 4:

192.168.4.0/24 网段，网关为 192.168.4.254，其计算机的 IP 地址为 **192.168.4.4**。设置 VLAN 5：192.168.5.0/24 网段，网关为 192.168.5.254，其计算机的 IP 地址为 192.168.5.5。

（2）在路由器另一端口 f1/0 上连接一台了 PC，IP 地址为 **192.168.0.2**，代表外部的网络。

（3）三层交换机与路由器端口 F1/1 之间的连接，可以定义三层交换机 f0/23 口为：

① 属于 VLAN 1 的 Access 口，使路由器的 F1/1 与 VLAN 1 在同一网段。在三层交换机上设置默认路由到下一跳的地址（F1/1 的口地址），并定义每一个 VLAN 的 SVI，使各子网通过三层交换机互访。这种设置的优势是三层交换机内网之间的访问全部限制在三层交换机内部，由于园区网中内网的带宽很高，大都在千兆，有的甚至在万兆以上，从而减少了访问外网的压力。但这种方式要实现全网互通，必须在三层交换机上定义默认路由，实现三层转发。

② Trunk 口，在三层交换机上定义的 Trunk 口，能使每一个 VLAN 都能通过，因而无论是 VLAN 4、还是 VLAN 5，都会将自己的数据包发给此 Trunk 口，从而增加了路由器处理这些仅需内部交换的数据包的负担。但是当内网之间相互访问很少，大都是访问外网，或即使内网相互访问也要受到限制时，就可以通过路由器来转发各子网间的数据，并定义访问控制列表（目前有些三层交换机不支持子网间的访问控制），此时可把三层交换机当二层交换机使用。

③ 三层路由口，这种方式将三层交换机当作一台路由器使用，三层交换机与路由器之间通过三层路由协议，互相学习路由，实现全网互通。三层交换机内的子网通过二层转发或 SVI 三层路由实现互通，而外部网络通过路由表（静态路由或动态学习到的路由）进行转发。

【实验目的】

（1）熟悉多层网络结构中三层交换机和路由器的综合配置方法。

（2）掌握多层网络结构中交换机和路由器之间不同连接方法中的区别。

【实验配置】

这里只给出主要的参考步骤。

（1）路由器的主要配置。

```
R2632-1(config)# interface FastEthernet 1/0
R2632-1(config-if)# ip address 192.168.0.254 255.255.255.0
R2632-1(config)# interface FastEthernet 1/1
R2632-1(config-if)# ip address 192.168.1.1 255.255.255.0
/*定义两条静态路由*/
R2632-1(config)# ip route 192.168.4.0 255.255.255.0 192.168.1.2
R2632-1(config)# ip route 192.168.5.0 255.255.255.0 192.168.1.2
```

（2）三层交换机中 f0/23 口的配置（分 3 种情况）。

① 定义三层交换机 f0/23 口为 VLAN 1 的 Access 口。

```
S3760(config)# interface f0/23
S3760(config-if)# switchport mode access
S3760(config-if)# switchport access vlan 1
S3760(config)# interface VLAN 1
S3760(config-if)# ip address 192.168.1.2 255.255.255.0
```

② 定义三层交换机 f0/23 口为 Trunk 口。

```
S3760(config)# interface f0/23
S3760(config-if)# switchport mode trunk
S3760(config)# interface VLAN 1
S3760(config-if)# ip address 192.168.1.2 255.255.255.0
```

③ 定义三层交换机 f0/23 口为三层路由口。

```
S3760(config)# interface f0/23
S3760(config-if)# no switchport
S3760(config-if)# ip address 192.168.1.2 255.255.255.0
```

（3）三层交换机中其他配置。

```
S3760(config)# interface VLAN 4
S3760(config-if)# ip address 192.168.4.254 255.255.255.0
S3760(config)# interface VLAN 5
S3760(config-if)# ip address 192.168.5.254 255.255.255.0
/*定义一条静态路由*/
S3760(config)# ip route 192.168.0.0 255.255.255.0 192.168.1.1
/*或定义一条默认路由*/
S3760(config)# ip route 0.0.0.0 0.0.0.0 192.168.1.1
```

【测试结果】

（1）使不同 VLAN 中的计算机都能 ping 通。
（2）在路由器上能 ping 通各计算机。

【实验验证】

```
S3760# show vlan
S3760# show interfaces FastEthernet 0/1
S3760# show interface vlan 2
S3760# show interface switchport
S3760# show interface trunk
S3760# show ip route

R2632-1# show ip route
R2632-1# ping 192.168.4.4    /*通 PC4*/
R2632-1# ping 192.168.5.5    /*通 PC5*/

PC2:\> ping 192.168.4.4
PC2:\> ping 192.168.5.5

PC4:\> ping 192.168.0.2
PC5:\> ping 192.168.0.2
```

课后练习及实验

1. 选择题

（1）下列（　　）准确地描述了二层以太网交换机。（选两项）

　　A．在网络中，网络分段减少了冲突的数量

B. 如果一个交换机接收到一个未知目的帧，则使用 ARP 来决定这个地址

C. 创建 VLAN 能够增大广播域数量

D. 交换机的 VLAN 策略配置基于二层和三层地址

（2）交换机需要发送数据给一个 MAC 地址为 00b0.d056.efa4 的主机（MAC 地址表中没有它），交换机如何处理这个数据？（　　）

A. 交换机会终止这个数据因为它不在此 MAC 地址中

B. 交换机发送给所有端口除了数据来源端口

C. 交换机会转发这个数据给默认网关

D. 交换机发送一个 ARP 请求给所有端口出了数据来源端口

（3）一个交换机的所有端口分配在 VLAN 2 里，且使用的是全双工快速以太网。现在把交换机的端口划分到新的 VLAN 中会发生什么？（　　）

A. 更多的冲突域将会创建

B. 地址利用率将会更有效

C. 比以前需要更多的带宽

D. 将会创建一个额外的广播域

（4）关于二层交换机的说法，不正确的是（　　）。

A. 不同 VLAN 之间不能通信

B. 传统的二层交换机网络是一个广播域，支持 VLAN 的二层交换机也是如此

C. 不同 VLAN 之间的通信必须通过路由

D. 在传统的二层交换机中，交换机仅根据 MAC 地址进行帧的选路和转发

（5）对于引入 VLAN 的二层交换机，下列说法不正确的是（　　）。

A. 任何一个帧都不能从自己所属的 VLAN 被转发到其他 VLAN 中

B. 每一个 VLAN 都是一个独立的广播域

C. 每一个人都不能随意地从网络上的一点毫无控制地直接访问另一点的网络或监听整个网络上的帧

D. VLAN 隔离了广播域，但并没有隔离各个 VLAN 之间的任何流量

（6）选出下列标准中（　　）定义了 VLAN 帧格式的正式标准。

A. IEEE 802.1Q　　　　　　　　B. IEEE 802.1D

C. IEEE 802.1X　　　　　　　　D. IEEE 802.1P

（7）下列关于思科 catalyst 交换机中 VLAN 的描述正确的是（　　）。

A. 当接受到一个来自 802.1Q 链路的数据包时，VLAN 号是依靠源 MAC 地址表来确定的

B. 未知的单播帧只在相同的 VLAN 端口之间传播

C. 交换机端口之间应该配置成 Access 模式，以便 VLAN 之间能穿过端口

D. 广播和多播帧可以通过配置转发到不同的 VLAN 当中

（8）为什么交换机不会学习到广播地址？（　　）

A. 广播帧不能发送给交换机

B. 交换缓存表中的广播地址使用一个错误的格式

C. 一个广播地址不可能作为一个帧的原地址的
D. 广播只能使用在网络层
E. 一个广播帧不会被交换机转发

（9）建立 VLAN 具有哪两项好处？（　　）
A. 增加安全性
B. 专用带宽
C. 提供网络分段
D. 允许交换机和路由器通过子接口联系
E. 包含冲突

（10）在交换机中，有关动态和静态 VLAN 描述正确的是（　　）。（多选）
A. 用户手工配置的 VLAN，称为静态 VLAN
B. 通过运行动态 VLAN 协议学习到的 VLAN，称为动态 VLAN
C. 通过命令 display vlan vlan_id 可以查看 VLAN 的动静态属性
D. 以上都正确

2．问答题

（1）简述什么是 Native VLAN？它有什么特点。
（2）基于端口的 VLAN 分为哪两类？
（3）简述 Port VLAN（Access 口）和 Tag VLAN（TRUNK 口）的特点及应用环境。
（4）简述虚拟局域网的划分方法。
（5）两个站点如何通过三层交换机实现跨网段通信？
（6）VLAN 与传统的 LAN 相比，具有哪些优势？

3．实验题

根据拓扑图 4-13～图 4-15，配置计算机、交换机、路由器，使得各设备之间、各计算机之间可以相互通信。

（1）实验1：

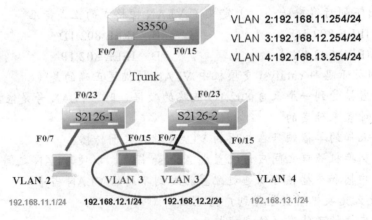

图 4-13　VLAN 综合练习 1

（2）实验 2：

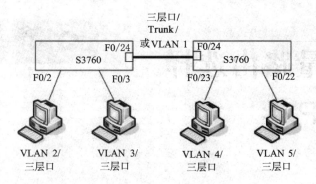

图 4-14　VLAN 综合练习 2

（3）实验 3：

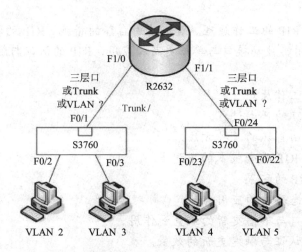

图 4-15　VLAN 综合练习 3

第 5 章 距离矢量路由选择协议 RIP

本章导读:

本章重点介绍 RIP 的工作原理、解决路由自环的措施、RIP 的特点、RIP 的配置、浮动静态路由的作用、被动接口与单播更新的应用、RIP 的认证与触发更新等。

学习目标:

- 理解 RIP 的工作原理。
- 理解路由自环的产生过程。
- 掌握解决路由自环的 5 种方法。
- 掌握和理解 RIP 两个版本的不同点。
- 熟练掌握 RIP 的配置。
- 掌握浮动静态路由的应用。
- 掌握被动接口与单播更新的配置和作用。
- 掌握 RIP 的认证与触发更新的效果。

5.1 RIP 基础

5.1.1 RIP 概述

RIP 是使用最广泛的距离矢量路由选择协议,它最初是为 Xerox 网络系统 Xeroxparc 通用协议而设计的,是 Internet 中常用的路由协议。RIP 采用距离向量算法,即路由器根据距离选择路由,所以也称距离向量协议。

RIP 用两种数据包传输更新:请求包和更新包。路由器收集所有可到达目的地的不同路径,并且保存有关到达每个目的地的最少站点数的路径信息,除到达目的地的最佳路径外,任何其他信息均予以丢弃。同时路由器也把所收集的路由信息用 RIP 协议通知相邻的其他路由器。这样,正确的路由信息逐渐扩散到了全网。

RIP 的度量是基于跳数的,每经过一台路由器,路径的跳数加一。这样,跳数越多,路径就越长。RIP 算法总是优先选择跳数最少的路径,它允许的最大跳数为 15,任何超过 15 跳数(如 16)的目的地均被标记为不可达。另外,RIP 每隔 30 s(按时

第 5 章 距离矢量路由选择协议 RIP

间驱动路由更新,同时无论何时检测到网络拓扑结构发生改变也触发更新)向 UDP 端口 520 发送一次路由信息广播,广播自己的全部路由表,每一个 RIP 数据包包含一个指令、一个版本号和一个路由域及最多 25 条路由信息(一个数据包内)。这也是造成网络广播风暴的重要原因之一,且其收敛速度也很慢,所以 RIP 只适用于小型的同构网络。

RIP 有两个版本:第一版 RIPv1 和第二版 RIPv2;RIPv1 不支持 CIDR(无类域间路由选择)地址解析,而 RIPv2 支持。RIPv1 使用广播发送路由信息,RIPv2 使用多播技术。

RIPv1 是有类别的距离矢量路由选择协议,当它收到一个路由更新分组时,按下面两种方式中判定地址的网络前缀:

(1)如果收到的网络信息与接收接口属于同一网络时,选用配置在接收接口上的子网掩码。

(2)如果收到的网络信息与接收接口不属于同一网络时,选用类别子网掩码,如 A 类 255.0.0.0,B 类:255.255.0.0,C 类:255.255.255.0。

RIPv1、RIPv2 共有以下一些主要特性:

(1)RIP 以到达目的网络的最小跳数作为路由选择度量标准,而不是以链路带宽和延迟进行选择。

(2)RIP 最大跳数为 15 跳,这限制了网络的规模。

(3)RIP 默认路由更新周期为 30 s,并使用 UDP 协议的 520 端口。

(4)RIP 的管理距离为 120。

(5)支持等价路径(在等价路径上负载均衡),默认为 4 条,最大为 6 条。

RIPv1、RIPv2 的区别见表 5-1。

表 5-1 RIPv1、RIPv2 的区别

RIPv1	RIPv2
是一个有类别路由协议,不支持不连续子网设计(在同一路由器中其子网掩码相同),不支持全 0 全 1 子网	是一个无类别路由协议,支持不连续子网设计(在同一路由器中其子网掩码可以不同),支持全 0 全 1 子网
不支持 VLSM 和 CIDR	支持 VLSM 和 CIDR
采用广播地址 255.255.255.255 发送路由更新	采用组播地址 224.0.0.9 发送路由更新
不提供认证	提供明文和 MD5 认证
在路由选择更新包中不包含子网掩码信息,只包含下一网关信息	在路由选择更新包中包含子网掩码信息、下一跳路由器的 IP 地址
默认自动汇总,且不能关闭自动汇总	默认自动汇总,但能用命令关闭自动汇总
路由表查询方式由大类→小类(即先查询主类网络,把属同一主类的全找出来,再在其中查询子网号)	路由表中每个路由条目都携带自己的子网掩码、下一跳地址,查询机制是由小类→大类(按位查询,最长匹配、精确匹配,先检查 32 位掩码的)

RIP 的缺点如下:

(1)以跳数作为度量值,会选出非最优路由。

(2)度量值最大为 16,限制了网络的规模。

（3）可靠性差，它接收来自任何设备的更新。
（4）收敛速度慢，通常要 5 min 左右。
（5）因发送全部路由表中的信息，RIP 协议占用太多的带宽。

5.1.2 RIP 的工作机制

RIP 的工作机制如下：

（1）RIP 启动时的初始 RIP 数据库（Database）仅包含本路由器声明的直连路由。

（2）RIP 协议启动后，向各个接口广播或组播一个 RIP 请求（Request）报文。

（3）邻居路由器的 RIP 协议从某接口收到此请求（Request）报文，根据自己的 RIP Database，形成 RIP 更新（Update）报文向该接口对应的网络广播。

（4）RIP 接收邻居路由器回复的包含邻居路由器 RIP Database 的更新（Update）报文，形成自己的 RIP Database。

（5）RIP 的 Metric 以 Hop 为计算标准。最大有效跳数为 15 跳，16 跳为无穷大，代表无效。

RIP 依赖 3 种定时器维护其 RIP 数据库的路由信息的更新：更新定时器为 30 s，路由失效定时器为 180 s，清除路由条目时间为 240 s。

下面以图 5-1～图 5-3 为例，来说明距离向量算法的工作过程。

RIP 路由协议刚运行时，路由器之间还没有开始互发路由更新包。每个路由器的路由表里只有自己所直接连接的网络（直连路由），其距离为 0，是绝对的最佳路由，如图 5-1 所示。

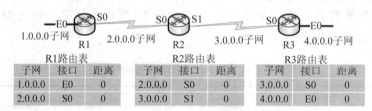

图 5-1 路由表的初始状态

路由器知道了自己直连的子网后，每 30 s 就会向相邻的路由器发送路由更新包，相邻路由器收到对方的路由信息后，先将其距离加 1，并改变接口为自己收到路由更新包的接口，再通过比较距离长短，每个网络取最短距离保存在自己的路由表中，如图 5-2 所示。路由器 R1 从路由器 R2 处学到 R2 的路由 3.0.0.0 S0 1 和 2.0.0.0 S0 1，而自己的路由表 2.0.0.0 S0 0 为直连路由，距离更短，所以不变。

子网	接口	距离	子网	接口	距离	子网	接口	距离
1.0.0.0	E0	0	2.0.0.0	S0	0	3.0.0.0	S0	0
2.0.0.0	S0	0	3.0.0.0	S1	0	4.0.0.0	E0	0
3.0.0.0	S0	1	1.0.0.0	S0	1	2.0.0.0	S0	1
			4.0.0.0	S1	1			

图 5-2 路由器开始向邻居发送路由更新包，通告自己直接连接的子网

第 5 章 距离矢量路由选择协议 RIP

路由器把从邻居那里学来的路由信息放入路由表，而且放进路由更新包，再向邻居发送，一次一次地，路由器就可以学习到远程子网的路由了。如图 5-3 所示，路由器 R1 再次从路由器 R2 处学到路由器 R3 所直接连接的子网 4.0.0.S0 2，路由器 R3 也能从路由器 R2 处学到路由器 R1 所直接连接的子网 1.0.0.S0 2，距离值在原基础上增 1 后变为 2。

图 5-3　路由器把从邻居那里学到的路由放进路由更新包，通告给其他邻居

5.2　路由自环

5.2.1　路由自环的产生

如图 5-4 所示，当路由器 C 的网络拓扑发生变化，4.0.0.0 的网段设为不可达。

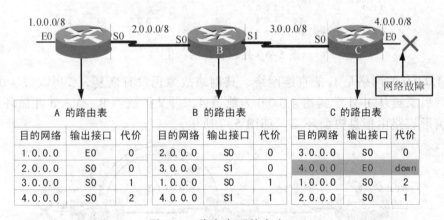

图 5-4　路由自环的产生-1

有一种情况可能会发生，在路由器 C 还未发送自己自连的 4.0.0.0 的网段不可达的信息给 B 时，收到路由器 B 发给自己的一个 RIP 更新路由信息。这个路由信息告诉路由器 C，"我能够在 1 跳之内达到 4.0.0.0 的网段"，路由器 C 就相信路由器 B，更新自己的路由表项，把原来的表项 4.0.0.0 E0 down（自连，出口为 E0，不可达）变为 4.0.0.0 S0 2（从 S0 口经 2 跳到 4.0.0.0），"不同的下一跳，且距离更短，更换此子网的路由表项"，如图 5-5 所示。

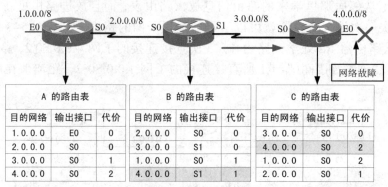

图 5-5　路由自环的产生-2

路由器 C 反过来又将自己的路由信息发布给路由器 B，"相同的下一跳 S1，新收到更新包，改变路由表项"，路由器 B 把从 C 路由更新包中的 4.0.0.0 S0 2 变为 4.0.0.0 S1 3 修改自己的路由表。同理 A 也进行了更新，如图 5-6 所示。

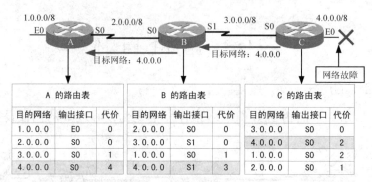

图 5-6　路由自环的产生-3

但 4.0.0.0 的网络是 C 的直连网络，其网络故障仍没有恢复，C 再次报 4.0.0.0 已不可达，后又再从 B 处学到达 4.0.0.0 为跳数 4，再又扩散到 B、A，如此循环反复，互相影响形成路由信息更新环路，如图 5-7 所示。

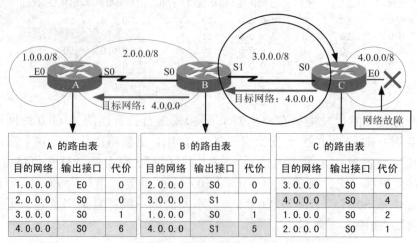

图 5-7　路由自环的产生-4

5.2.2 解决路由自环

有以下 5 种方法可以解决路由环路:
（1）计数到无穷。
（2）水平分割。
（3）触发更新。
（4）路由毒杀和反转毒杀。
（5）抑制计时。

1. 解决路由自环问题——计数到无穷

在这种方案中，通过定义最大跳数来阻止路由无限循环。

路由器在广播 RIP 数据包之前总是把跳数的值加 1，一旦跳数值达到 16，视为不可到达，从而丢弃 RIP 数据包，如图 5-8 所示。

计数到无穷的提出限制了网络的规模，路由器的个数不能超过 15。且增加了收敛的时间，影响网络的性能。

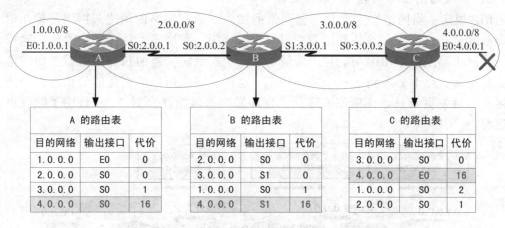

图 5-8　解决路由环路——计数到无穷

2. 解决路由自环问题——水平分割

水平分割保证路由器记住每一条路由信息的来源，并且不在收到这条信息的端口上再次发送此路由信息。这是保证不产生路由循环的最基本措施。

RIP 规定：网络 4.0.0.0 的路由选择更新只能从路由器 C 产生（因为网络 4.0.0.0 是路由器 C 的直连路由），而路由器 A 和 B 不能对反向 C 发送 4.0.0.0 网络的路由更新。即路由信息不能够返回其起源的路由器，这就是水平分割。

如图 5-9 所示，路由器 A 不能向路由器 B 广播 3.0.0.0、4.0.0.0 的网络；路由器 B 不能向路由器 A 广播 1.0.0.0 的网络，也不能向路由器 C 广播 4.0.0.0 的网络；路由器 C 不能向路由器 B 广播 1.0.0.0、2.0.0.0 的网络。

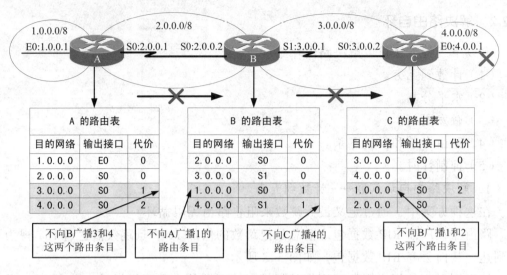

图 5-9　解决路由自环问题——水平分割

3. 解决路由自环问题——触发更新

RIP 规定：当网络发生变化（新网络的加入、原有网络的消失或网络故障）时，立即触发更新，而无须等待路由器更新计时器（30 s）期满，从而加快收敛。同样，当一个路由器刚启动 RIP 时，它广播请求报文，收到此广播的相邻路由器立即应答一个更新报文，而不必等到下一个更新周期。这样，网络拓扑的变化能最快地在网络上传播开。触发更新只是在概率上降低了自环发生的可能性。图 5-10 说明了触发更新的过程。

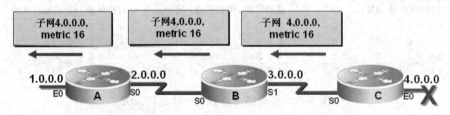

图 5-10　解决路由自环问题——触发更新

4. 解决路由自环问题——路由毒化和毒性反转

路由毒化（路由中毒）：网络 4.0.0.0 的路由选择更新只能从路由器 C 产生，如果路由器 C 从其他路由学习到 4.0.0.0 网络的路由选择更新，则路由器 C 将 4.0.0.0 网络改为不可到达（如 16 跳）。

毒性反转（带毒化逆转的水平分割）：当一条路由信息变为无效后，路由器并不立即将它从路由表中删除，而是用最大的跳数 16（不可到达）的度量值将其广播出去，虽然这样增加了路由表的大小，但可消除路由循环。

当路由器 C 从其他路由学习到 4.0.0.0 网络的路由选择更新时，路由器 C 将 4.0.0.0 网络改为不可到达（如 16 跳），并向其他路由器转发 4.0.0.0 网络是不可达到的路由选择更新，毒化反转和水平分割一起使用，如图 5-11 所示。

第 5 章　距离矢量路由选择协议 RIP

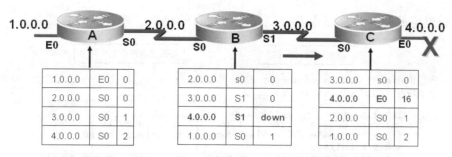

图 5-11　解决路由自环问题——路由毒化和毒性反转

5．解决路由自环问题——抑制定时器

当一条路由信息无效之后，一段时间内这条路由都处于抑制状态，即在一定时间内不再接收关于同一目的地址的路由更新。如果路由器从一个网段上得知一条路径失效，然后又立即在另一个网段上得知这个路由有效，通常这个有效的信息往往是不正确的，抑制计时避免了这个问题。因此，当一条链路频繁起停（抖动）时，抑制计时减少了路由的浮动，增加了网络的稳定性。

当路由器 B 从 C 处知 4.0.0.0 的网络是不可达到时，启动一个抑制计时器（RIP 默认为 180 s）。在抑制计时器期满前，若再从路由器 C 处得知 4.0.0.0 的网络又能达到，或者从其他路由器如 A 处得到更好的度量标准时（比不可达更好），删除抑制计时器。否则在该时间内不学习任何与该网络相关的路由信息，并在倒计时期间继续向其他路由器（如 A）发送毒化信息，如图 5-12 所示。

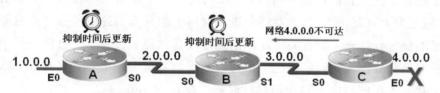

图 5-12　解决路由自环问题——抑制定时器

5.2.3　RIP 中的计时器

RIP 中一共使用了 5 个计时器：更新计时器（Update Timer）、无效计时器（Timeout Timer）、抑制计时器（Holddown Timer）、废除计时器（Garbage Timer）、触发更新计时器（Sleep Timer）。图 5-13 用 show ip protocol 显示了 RIP 中各个计时器的情况。

1．更新计时器

用于设置定期路由更新的时间间隔，一般为 30 s。即运行 RIP 协议的路由器向所有接口广播自己的全部路由表的时间间隔。

2．无效计时器

路由器在认定一个路由成为无效路由之前所需要等待的时间，无效计时器默认是 180 s。如果在无效计时器所规定的时间内，路由器还没有收到此路由信息的更新，则路由器标记此路由失效（不可达），并向所有接口广播不可达更新报文。如果在无效计时器所规定的时间内，路由器收到此路由信息的更新，就将该计数器复位（置 0）。

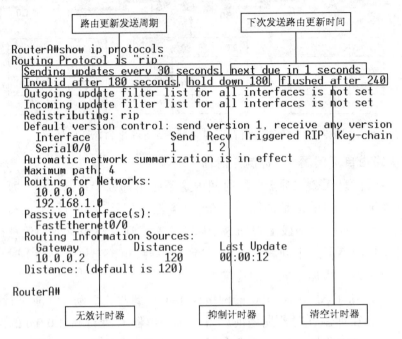

图 5-13　用 show ip protocol 显示的有关 RIP 中 5 个计时器

3．抑制计时器

用于设置路由信息被抑制的时间。当收到指示某个路由为不可达的更新数据包时（此路由标记为无效路由），路由器将会进入保持失效状态，这个状态下路由器保持其路由状态不变，不会理会所有关于此路由更差度量的路由信息，一直保持到一个带有更好度量的更新数据包到达，或这个保持失效定时器的时间到期。只有某一路由标记为不可达时，才在此路由上启动抑制计时器，默认为 180 s。

4．废除计时器

用于设置某个路由成为无效路由并将它从路由表中删除的时间间隔，即路由条目废除的时间，默认为 240 s。在将它从表中删除前，路由器会通告它的邻居这个路由即将消亡。

废除存在两种意思：

（1）如果在废除时间内没有收到更新报文，那么该目的路由条目将被删掉，也就是直接删除。

（2）如果在废除时间内收到更新报文，那么该目的路由条目的废除计时器被刷新置 0。

5．触发更新计时器

使用在触发更新中的一种计时器，触发更新计时器使用 1～5 s 的随机值来避免触发更新风暴。

6. 改变计时器的命令格式

router1(config-router)# **timers basic** *update timeout holddown garbage*

router1(config-router)# **timers basic 30 90 100 300**

/*定义路由更新、无效、抑制、废除时间分别为 30、90、100、300。注意,连接在同一网络中各路由器的 RIP 定时器应该保持一致,可用 no timers basic 恢复默认值*/

router1(config-router)# **no timers basic**

5.3 RIP 的配置

5.3.1 RIP 的配置步骤和常用命令

1. 路由配置步骤

router(config)# **router rip**   /*设置路由协议为 RIP*/
router(config-router)# **version {1|2}**   /*定义版本号为 1 或 2,通常 1 为默认*/
router(config-router)# **network** *network-number*

其中,*network-number* 网络号必须是路由器直连的网络;如果是第一版本,这里必须是有类别的网络号,严格按 A、B、C 分类网络。

对第 1 版本,172.16.1.1 与 172.16.2.1 的网络属同一大类网络 B 类 172.16.0.0(即使用两条 network,也会汇总为一条),在路由表中有两条子网信息,可代表不同的子网。对第 2 版本,172.16.1.1 与 172.16.2.1 的网络在路由表中通过使用子网掩码 255.255.255.0,属不同子网,有两条不同的路由条目。

router(config-router)# **network 172.16.1.0**
router(config-router)# **network 172.16.2.0**

分别指明两个直连的网络,也可用:

router(config-router)# **network 172.16.0.0**

即用 172.16.0.0 的主类网络来概括两个子网络。

router(config-router)# **timers basic** *update timeout holddown garbage*   /*定义路由更新、无效、抑制、废除时间*/
router(config-router)# **no timers basic**   /*恢复各定时器到默认值*/
router(config-if)# **no ip split-horizon**   /*抑制水平分割*/
router(config-router)# **passive-interface serial 1/2**   /*定义路由器的 **s1/2** 口为被动接口。被动接口将抑制动态更新,禁止路由器的路由选择更新信息通过 **s1/2** 发送到另一个路由器*/
router(config-router)# **neighbor** *network-number*   /*配置向邻居路由器用单播发送路由更新信息,即此路由为单播路由。注意:单播路由不受被动接口的影响,也不受水平分割的影响*/
router(config-router)# **no auto-summary**   /*关闭自动汇总,RIP 默认时打开自动汇总,且在第一版本中无法关闭*/

2. 相关调试命令

显示与路由协议有关的信息(基于 Cisco 设备,其显示的信息更全面),如图 5-14 所示。

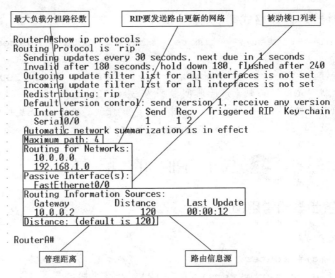

图 5-14 RIP 路由协议相关的信息

下面逐行解释相关内容：

```
routerA# show ip protocols
/*查看当前路由器所使用的路由协议*/
Routing Protocol is "rip"
/*此路由器上运行的路由协议为 RIP*/
Sending updates every 30 seconds, next due in 1 seconds
/*该路由协议每 30 s 发送一个数据更新（更新计时器），下次更新是在 1 s 之后*/
Invalid after 180 seconds, hold down 180, flushed after 240
/*180 s 内没有收到过路由更新，则标记该路由失效（失效计时器）；在失效后 180 s 内仍保持失效状态（抑制计时器）；如果在 240 s 之后一直没有收到该路由更新，则从路由表中删除此路由条目（废除计时器）*/
Outgoing update filter list for all interfaces is not set
/*在出口方向没有设置过滤列表*/
Incoming update filter list for all interfaces is not set
/*在入口方向没有设置过滤列表*/
Redistributing: rip
/*只运行了 RIP 协议，没有其他协议重分布进来*/
Default version control: send version 2, receive 2
/*默认版本控制：接收和发送的版本为 RIPv2*/
Interface          Send    Recv    Triggered RIP   Key-chain
Serial0/0           1       1 2
/*显示在接口 Serial0/0 上运行了 RIP 协议，此接口 Send 发送的版本为 V1，Recv 接收的版本为 V2；此接口没有启动触发更新，没有启动认证*/
Automatic network summarization is in effect
/*说明 RIP 协议默认开启自动汇总功能，自动汇总是距离矢量路由协议的特性，必须用 no auto-summary 关闭自动汇总，否则容易造成不连续子网。*/
Maximum path: 4
/*RIP 支持 4 条等价路径，即负载均衡链路数量最大为 4，可以用 maximum-paths 6 命令改为 6*/
Routing for Networks:
10.0.0.0
192.168.1.0
```

/*以上三行表明RIP宣告的网络有两个 10.0.0.0、192.168.1.0 */
Passive Interface(s):
FastEthernet0/0
/*以上两行表明有一个被动接口 FastEthernet0/0，它只接收 rip 更新包但不发送 rip 更新包*/
Routing Information Sources:
Gateway   Distance   Last Update
10.0.0.2   120   00:00:12
/*以上三行表明路由信息源，其中 Gateway 为学习路由信息的路由器的接口地址为 10.0.0.2，即下一跳的地址；Distance 为管理距离 120，Last Update 上次更新的时间 12 s*/
Distance: (default is 120)
/*管理距离为120*/
/*显示路由表*/
router# **show ip route**
/*验证路由器接口的配置*/
router# **show ip interface brief**
/*显示本路由器发送和接收的 RIP 路由更新信息，如图 5-15 所示*/
router# **Debug ip RIP**
/*关闭调试功能，停止显示*/
router# **unDebug all**

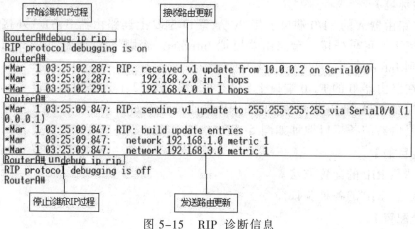

图 5-15 RIP 诊断信息

5.3.2 RIP 基本配置实例

如图 5-16 所示，接口的 IP 地址没有配置，主要配置 RIP，且默认时为 RIPv1。

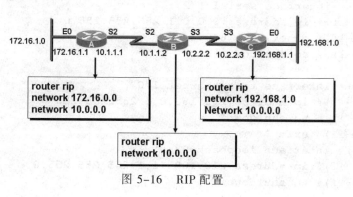

图 5-16 RIP 配置

如图 5-17 所示，用 RIP 进行配置，并用静态路由配置使各局域网能上 Internet。

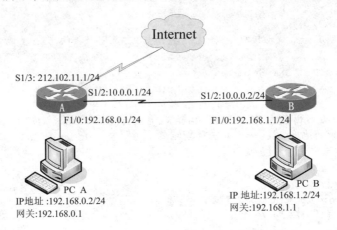

图 5-17　RIP 配置与静态路由混合配置

【网络拓扑】

如图 5-17 所示。

【实验环境】

（1）在路由器 A 的 F1/0 端口上接 PC A，端口 S1/2 上连路由器 B，S1/3 外接 Internet。在实验环境下，可再外接一台路由器模拟 Internet。否则将 S1/3 配为 Loopback 0 模拟外接出口到 Internet。

（2）在路由器 B 的 F1/0 端口上接 PC B，端口 S1/2 上连路由器 A。

（3）配置 PCA 和 PCB 两台主机的 IP 地址及网关如图 5-17 所示。

（4）路由器的各接口地址如图 5-17 所示。

【实验目的】

（1）熟悉 RIP 的配置方法。

（2）熟悉 RIP 的各种验证命令。

【实验配置】

1. 在 A 路由器上

（1）配置接口地址。

```
A# config t
A(config)# interface serial 1/2
A(config-if)# ip address 10.0.0.1 255.255.255.0
A(config-if)# clock rate 64000
A(config-if)# no shutdown
A(config-if)# exit
A(config)# interface fastethernet 1/0
A(config-if)# ip address 192.168.0.1 255.255.255.0
A(config-if)# no shutdown
A(config-if)# exit
A(config)# interface loopback 0
A(config-if)# ip address 212.102.11.1 255.255.255.0
A(config-if)# no shutdown
```

第5章 距离矢量路由选择协议 RIP

```
A(config-if)# exit
```

（2）配置 RIP。

```
A(config)# router rip
A(config-router)# version 2
A(config-router)# network 192.168.0.0
A(config-router)# network 10.0.0.0
A(config-router)# network 212.102.11.0
```

2. 在 B 路由器上

（1）配置接口地址。

```
B(config)# interface serial 1/2
B(config-if)# ip address 10.0.0.2  255.255.255.0
B(config-if)# no shutdown
B(config-if)# exit
B(config)# interface fastethernet 1/0
B(config-if)# ip address 192.168.1.1 255.255.255.0
B(config-if)# no shutdown
B(config-if)# exit
```

（2）配置 RIP。

```
B(config)# router rip
B(config-router)# version 2
B(config-router)# network 192.168.1.0
B(config-router)# network 10.0.0.0
```

【测试结果】

（1）在 PCB 上能上 Internet，可用命令 ping 212.102.11.1 测试是否通。

（2）在 PCB 上 ping 192.168.0.2，通。

【实验验证】

```
A# show ip route
A# show ip int brief
A# show ip rip database
A# show ip protocols
A# ping 192.168.1.1
A# debug ip rip
A# Clear ip route *
```

5.3.3 被动接口与单播更新

如果希望内部子网信息不传播出去，但又能接收外网的路由更新信息，有很多方法，其中一种就是指定被动接口，被动接口只接收路由更新但不发送路由更新。

在不同的路由协议当中，被动接口的工作方式也不相同：RIP 中只接收路由更新，不发送路由更新；EIGRP 和 OSPF 中不发送 HELLO 分组，不能建立邻居关系。

被动接口能接收外面的路由更新，但不能以广播或组播的方式发送路由更新，而可以以单播的方式发送路由更新。单独过滤一个路由条目，而将此路由更新发送到某个路由，这就是单播更新。

【网络拓扑】

被动接口与单播更新如图 5-18 所示。

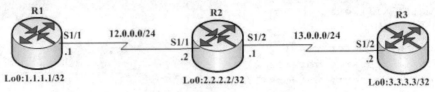

图 5-18 被动接口与单播更新

【实验环境】

在如图 5-18 的拓扑中，首先在 R1、R2、R3 上分别启用 RIP 协议，检查 R1、R2、R3 相互之间的连通性，并检查各自的路由表。

然后将 R1 的 S1/1 接口设置为被动接口，再次检查 R1、R2、R3 相互之间的连通性，并检查各自的路由表，验证被动接口的原理。

【实验目的】

验证 RIP 被动接口。

【实验配置】

（1）对 R1 进行配置。

```
R1(config)# int s1/1
R1(config-if)# ip add 12.0.0.1 255.255.255.0
R1(config-if)# no shut
R1(config)# int lo 0
R1(config-if)# ip add 1.1.1.1 255.255.255.255
R1(config-if)# router RIP
R1(config-router)# net 1.1.1.1
R1(config-router)# net 12.0.0.0
```

（2）对 R2 进行配置。

```
R2(config)# int s1/1
R2(config-if)# ip add 12.0.0.2 255.255.255.0
R2(config-if)# no shut
R2(config)# int s1/2
R2(config-if)# ip add 13.0.0.1 255.255.255.0
R2(config-if)# no shut
R2(config)# int lo 0
R2(config-if)# ip add 2.2.2.2 255.255.255.255
R2(config-if)# router RIP
R2(config-router)# net 13.0.0.0
R2(config-router)# net 12.0.0.0
R2(config-router)# net 2.2.2.2
```

（3）对 R3 进行配置。

```
R3(config)# int s1/2
R3(config-if)# ip add 13.0.0.2 255.255.255.0
R3(config-if)# no shut
R3(config)# int lo 0
R3(config-if)# ip add 3.3.3.3 255.255.255.255
R3(config-if)# router RIP
R3(config-router)# net 3.3.3.3
R3(config-router)# net 13.0.0.0
```

第5章 距离矢量路由选择协议 RIP

【测试结果】

（1）查看 RIP 路由协议的动态更新过程；验证 R1、R2、R3 之间的互通性和显示各路由表的信息，结果是相互能 ping 通，且 R1、R2、R3 都能学习到彼此的子网信息。

① 用命令 debug ip rip 查看路由更新情况，由于实验的环境和时间不同，此显示效果不具唯一性，大多数情况下是不同的。

```
R1# clear ip route *
R1# debug ip rip
Feb 9 12:43:13.311: RIP: sending request on Serial1/1 to 255.255.255.255
Feb 9 12:43:13.315: RIP: sending request on Loopback0 to 255.255.255.255
Feb 9 12:43:13.323: RIP: received v1 update from 12.0.0.2 on Serial1/1
Feb 9 12:43:13.323:      2.0.0.0 in 1 hops
Feb 9 12:43:13.323:      13.0.0.0 in 1 hops
Feb 9 12:43:13.323:      3.0.0.0 in 2 hops
Feb 9 12:43:15.311: RIP: sending v1 flash update to 255.255.255.255 via
Loopback 0 (1.1.1.1)
Feb 9 12:43:15.311: RIP: build flash update entries
Feb 9 12:43:15.311:      network 2.0.0.0 metric 2
Feb 9 12:43:15.311:      network 12.0.0.0 metric 1
Feb 9 12:43:15.311:      network 13.0.0.0 metric 2
Feb 9 12:43:15.311:      network 3.0.0.0  metric 3
Feb 9 12:43:15.311:RIP: sending v1 flash update to 255.255.255.255 via
Serial1/1 (12.0.0.1)
Feb 9 12:43:15.311: RIP: build flash update entries
Feb 9 12:43:15.311:      network 1.0.0.0 metric 1
```

通过以上输出可以看出，RIPv1 采用广播更新（255.255.255.255），分别向 Loopback 0 和 Serial1/1 发送路由更新；从 Serial1/1 接收了 3 条路由更新，分别是 2.0.0.0，度量值是 1 跳；13.0.0.0，度量值是 1 跳；3.0.0.0，度量值是 2 跳。Flash Update（闪式触发更新）指的是当网络上某个路径的度量值发生变化，路由器立即发出更新信息，而不管是否到达常规路由信息更新的周期。

② R1 ping R3。

```
R1# ping 3.3.3.3
Type escape sequence to abort.
Sending 5, 100-byte ICMP Echos to 3.3.3.3, timeout is 2 seconds:
!!!!!
Success rate is 100 percent (5/5), round-tRIP min/avg/max = 56/66/76 ms
R1# ping 13.0.0.2
Type escape sequence to abort.
Sending 5, 100-byte ICMP Echos to 13.0.0.2, timeout is 2 seconds:
!!!!!
Success rate is 100 percent (5/5), round-tRIP min/avg/max = 52/67/80 ms
```

结果 ping 通，同理其他 R2 也能 ping 通 R1、R3；R3 也能 ping 通 R1、R2。

③ 查看 R1 路由表信息。

```
R1# show ip route
Gateway of last resort is not set
     1.0.0.0/32 is subnetted, 1 subnets
C    1.1.1.1 is directly connected, Loopback0
```

```
R       2.0.0.0/8 [120/1] via 12.0.0.2, 00:00:03, Serial1/1
R       3.0.0.0/8 [120/2] via 12.0.0.2, 00:00:03, Serial1/1
        12.0.0.0/24 is subnetted, 1 subnets
C       12.0.0.0 is directly connected, Serial1/1
R       13.0.0.0/8 [120/1] via 12.0.0.2, 00:00:03, Serial1/1
```

从 R1 的路由表中可以看出，R1 学习到了 R2 中 2.0.0.0、13.0.0.0 和 R3 中 3.0.0.0 子网路由信息。

④ 查看 R2 的路由表信息。

```
R2# show ip route
R       1.0.0.0/8 [120/1] via 12.0.0.1, 00:00:03, Serial1/1
        2.0.0.0/32 is subnetted, 1 subnets
C       2.2.2.2 is directly connected, Loopback0
R       3.0.0.0/8 [120/1] via 13.0.0.2, 00:00:03, Serial1/2
        12.0.0.0/24 is subnetted, 1 subnets
C       12.0.0.0 is directly connected, Serial1/1
        13.0.0.0/24 is subnetted, 1 subnets
C       13.0.0.0 is directly connected, Serial1/2
```

从 R2 的路由表中可以看出，R2 已经学习到了 R1 中的 1.0.0.0/8、R3 中的 3.0.0.0/8 路由信息。

⑤ 查看 R3 的路由表信息。

```
R3# show ip route
R       1.0.0.0/8 [120/2] via 13.0.0.1, 00:00:03, Serial1/2
R       2.0.0.0/8 [120/1] via 13.0.0.1, 00:00:03, Serial1/2
        3.0.0.0/32 is subnetted, 1 subnets
C       3.3.3.3 is directly connected, Loopback0
R       12.0.0.0/8 [120/1] via 13.0.0.1, 00:00:03, Serial1/2
        13.0.0.0/24 is subnetted, 1 subnets
C       13.0.0.0 is directly connected, Serial1/2
```

从 R3 的路由表中可以看出，R3 学习到了 R1 中 1.0.0.0/8、12.0.0.0/8 和 R2 中 2.0.0.0/8 路由信息。

（2）将 R1 的 S1/1 口配置为被动接口，再验证 R1、R2、R3 之间的互通性并显示各路由表的信息，结果是：当 R1 配置了被动接口以后，R1 可以 ping 通 R3 和 R2，但 R2 和 R3 ping 不通 R1。在各路由表中：R1 可以学习到 R2 和 R3 的路由信息，但 R2 和 R3 却不能学习到 R1 的路由信息。

```
R1# conf t
Enter configuration commands, one per line. End with CNTL/Z.
R1(config)# router RIP
R1(config-router)# passive-interface s1/1
```

① 用 debug ip rip 再次查看路由更新情况。

```
R1# clear ip route *
R1# debug ip rip
Feb 9 13:24:41.275: RIP: sending request on Loopback0 to 255.255.255.255
Feb 9 13:24:41.283: RIP: received v1 update from 12.0.0.2 on Serial1/1
Feb 9 13:24:41.283:      2.0.0.0 in 1 hops
Feb 9 13:24:41.283:      13.0.0.0 in 1 hops
Feb 9 13:24:41.283:      3.0.0.0 in 2 hops
```

通过以上输出可以看出 RIPv1 采用广播更新（255.255.255.255），向 Loopback 0 发送路由更新，但不再向 Serial1/1 发送路由更新；从 Serial1/1 接收了 3 条路由更新，分别是 2.0.0.0，度量值是 1 跳；13.0.0.0，度量值是 1 跳；3.0.0.0，度量值是 2 跳。从而验证了 R1 上的被动接口 Serial1/1 只接收路由信息更新而不发送路由信息更新。

② 再次测试 R1，R2，R3 的互通性和路由表信息。对 R1，能 ping 通 R2 中的子网 2.2.2.2，也能 ping 通 R3 中的 3.3.3.3。

```
R1# ping 3.3.3.3
Type escape sequence to abort.
Sending 5, 100-byte ICMP Echos to 3.3.3.3, timeout is 2 seconds:
!!!!!
Success rate is 100 percent (5/5), round-tRIP min/avg/max = 36/69/96 ms
R1# ping 2.2.2.2
Type escape sequence to abort.
Sending 5, 100-byte ICMP Echos to 2.2.2.2, timeout is 2 seconds:
!!!!!
Success rate is 100 percent (5/5), round-tRIP min/avg/max = 8/55/96 ms
```

但对 R2，不能 ping 通 R1 中的子网 1.1.1.1，能 ping 通 R3 中的 3.3.3.3。

```
R2# ping 1.1.1.1
Type escape sequence to abort.
Sending 5, 100-byte ICMP Echos to 1.1.1.1, timeout is 2 seconds:
.....
Success rate is 0 percent (0/5)
R2# ping 3.3.3.3
Type escape sequence to abort.
Sending 5, 100-byte ICMP Echos to 3.3.3.3, timeout is 2 seconds:
!!!!!
Success rate is 100 percent (5/5), round-tRIP min/avg/max = 4/28/48 ms
```

而对 R3，不能 ping 通 R1 中的子网 1.1.1.1，能 ping 通 R2 中的 2.2.2.2。

```
R3# ping 1.1.1.1
Type escape sequence to abort.
Sending 5, 100-byte ICMP Echos to 1.1.1.1, timeout is 2 seconds:
.....
Success rate is 0 percent (0/5)
R3# ping 2.2.2.2
Type escape sequence to abort.
Sending 5, 100-byte ICMP Echos to 2.2.2.2, timeout is 2 seconds:
!!!!!
Success rate is 100 percent (5/5), round-tRIP min/avg/max = 48/53/76 ms
```

③ 再次显示各路由器的路由表。

R1 的路由表如下：

```
R1# show ip route
Gateway of last resort is not set
     1.0.0.0/32 is subnetted, 1 subnets
C       1.1.1.1 is directly connected, Loopback0
R    2.0.0.0/8 [120/1] via 12.0.0.2, 00:00:18, Serial1/1
R    3.0.0.0/8 [120/2] via 12.0.0.2, 00:00:18, Serial1/1
     12.0.0.0/24 is subnetted, 1 subnets
```

```
C    12.0.0.0 is directly connected, Serial1/1
R    13.0.0.0/8 [120/1] via 12.0.0.2, 00:00:18, Serial1/1
```
与前面的路由表相同。

R2 的路由表如下：

```
R2# show ip route
Gateway of last resort is not set
     2.0.0.0/32 is subnetted, 1 subnets
C    2.2.2.2 is directly connected, Loopback0
R    3.0.0.0/8 [120/1] via 13.0.0.2, 00:00:10, Serial1/2
     12.0.0.0/24 is subnetted, 1 subnets
C    12.0.0.0 is directly connected, Serial1/1
     13.0.0.0/24 is subnetted, 1 subnets
C    13.0.0.0 is directly connected, Serial1/2
```

与前面的路由表不同，没有学习到 R1 中的子网 1.0.0.0/8。

R3 的路由表如下：

```
R3# show ip route
Gateway of last resort is not set
R    2.0.0.0/8 [120/1] via 13.0.0.1, 00:00:09, Serial1/2
     3.0.0.0/32 is subnetted, 1 subnets
C    3.3.3.3 is directly connected, Loopback0
     12.0.0.0/8 is vaR1ably subnetted, 2 subnets, 2 masks
S    12.0.0.0/24 [1/0] via 13.0.0.1
R    12.0.0.0/8 [120/1] via 13.0.0.1, 00:00:09, Serial1/2
     13.0.0.0/24 is subnetted, 1 subnets
C    13.0.0.0 is directly connected, Serial1/2
```

与前面 R3 的路由表不同，它没有学习到 R1 中的子网 1.0.0.0/8。

（3）配置单播更新的命令为：

```
R1(config-router)# neighbor A.B.C.D
```

（4）单播更新的应用：

① 当某企业的广域网络是一个 NBMA 网（非广播多路访问，如帧中继），如果网络上配置的路由协议是 RIP，由于 RIP 一般是采用广播或组播方式发送路由更新信息，但在非广播网和非广播多路访问网（NBMA 网）上，默认是不能发送广播或组播包的，此时，网络管理员可以只能采用单播方式向跨地区企业内部的其他子网通告 RIP 路由更新信息。在被动接口的前提下，可以配置单播更新实现非广播多路访问网络中点对点的路由更新信息。

② 由于以太网是一个广播型的网络，为使一台路由器把自己的路由信息发送到某台路由器上，而不是将路由更新发送给以太网上的每一个设备，首先将此路由器的接口配置成被动接口，再采用单播更新，将自己的路由信息发送到以太网上某一路由器上。如图 5-19 所示，路由器 R1 只想把路由更新送到路由器 R3 上，为了防止路由更新发送给以太网上的其他设备如 R2，先把路由器 R1 的 g0/0 口配置成被动接口，并采用单播更新，把路由更新发送给 R3，R2 将不会收到 R1 的路由更新信息。

路由器 R1 具体的配置如下：

```
R1(config)#router rip
R1(config-router)#passive-interface GigabitEthernet0/0
```

```
R1(config-router)#neighbor 172.16.1.3
```

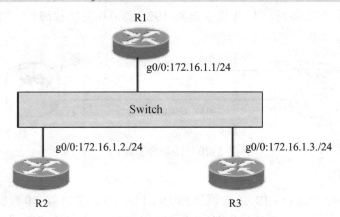

图 5-19　配置单播更新

【实验验证】

在 R1、R2、R3 上分别执行如下命令：

（1）debug ip rip 查看路由更新情况。

（2）show ip route 显示每个路由表。

（3）用 ping 命令检测能否 ping 通另两台路由器。

注意事项：

（1）单播路由不受被动接口的影响。

（2）单播路由不受水平分割的影响。

（3）在配置 NBMA 网时，如果在配置地址映射时使用了关键字 broadcast，则无须使用 neighbor 命令。

5.3.4　浮动静态路由

浮动静态路由是一种定义管理距离的静态路由。当两台路由器之间有两条冗余链路时，为使某一链路作为备份链路，可采用浮动静态路由的方法。

由于静态路由相对于动态路由更能够在路由选择行为上进行控制，可以人为地控制数据的行走路线，因而在冗余链路中进行可控选择时必须使用。

默认静态路由的管理距离最小，为 0。在定义静态路由时，需要给一个管理距离的值。

为使某一静态路由仅作为备份路由，通过配置一个比主路由的管理距离更大的静态路由，以保证网络中主路由失效时能提供一条备份路由。而在主路由存在的情况下，此备份路由不会出现在路由表中。所以不同于其他的静态路由，浮动静态路由不会永久地保留在路由选择表中，它仅仅在一条首选路由发生故障（连接失败）的时候才会出现在路由表中。

【网络拓扑】

如图 5-20 所示，路由器 R1 和路由器 R2 之间有两条链路，主链路 192.168.0.0 上运行 RIP，备份链路 192.168.1.0 定义为静态路由。定义浮动静态路由 192.168.1.0

的管理距离为 130，大于 RIP 的管理距离 120，从而使得路由器选路的时候优先选择 RIP，而静态路由作为备份。只有当主链路 192.168.0.0 发生故障时，才指引流量经过备份链路 192.168.1.0。

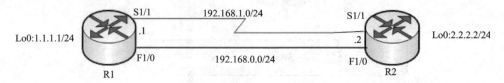

图 5-20 浮动静态路由

【实验环境】

路由器 R1、R2 上运行 RIP，以太网链路 192.168.0.0 为主链路，串行链路 192.168.1.0 为备份链路，路由器 R1、R2 上分别定义了环回接口，代表两个不同的网络。

【实验目的】

通过本实验可以掌握浮动静态路由原理、配置及备份应用。

【实验配置】

（1）配置路由器 R1。

```
R1(config)# ip route 2.2.2.0 255.255.255.0 192.168.1.2 130
/*将静态路由的管理距离设置为 130*/
R1(config)# router rip
R1(config-router)# version 2
R1(config-router)# no auto-summary
R1(config-router)# network 1.0.0.0
R1(config-router)# network 192.168.0.0
```

（2）配置路由器 R2。

```
R2(config)# ip route 1.1.1.0 255.255.255.0 192.168.1.1 130
R2(config)# router rip
R2(config-router)# version 2
R2(config-router)# no auto-summary
R2(config-router)# network 192.168.0.0
R2(config-router)# network 2.0.0.0
```

【测试结果】

（1）在 R1 上查看路由表：

```
R1# show ip route
C    192.168.1.0/24 is directly connected, Serial1/1
     1.0.0.0/24 is subnetted, 1 subnets
C    1.1.1.0 is directly connected, Loopback0
     2.0.0.0/24 is subnetted, 1 subnets
R    2.2.2.0 [120/1] via 192.168.0.2, 00:00:25, FastEthernet1/0
C    192.168.0.0/24 is directly connected, FastEthernet1/0
```

从以上输出可以看出，路由器将 RIP 的路由放入路由表中（R 2.2.2.0 [120/1] via 192.168.0.2），因为 RIP 的管理距离为 120，小于在静态路由中设定的 130，路由表中取管理距离最短的为最佳路由，从而使静态路由 192.168.1.0 处于备份的地位。此时要达到 2.2.2.0 的网络，通过主链路 192.168.0.2。

（2）在 R1 上将 F1/0 接口 shutdown，然后查看路由表：

```
R1(config)# interface f1/0
R1(config-if)# shutdown
R1# show ip route
C    192.168.1.0/24 is directly connected, Serial1/1
     1.0.0.0/24 is subnetted, 1 subnets
C    1.1.1.0 is directly connected, Loopback0
     2.0.0.0/24 is subnetted, 1 subnets
S    2.2.2.0 [130/0] via 192.168.1.2
```

以上输出说明，当主路由 192.168.0.2 中断后，备份的静态路由 192.168.1.0 被放入到路由表中（管理距离 130，成本为 0），而目标网络 2.2.2.0 通过备份路由 192.168.1.0 到达。

（3）在 R1 上将 F1/0 接口启动，然后查看路由表：

```
R1(config)# interface f1/0
R1(config-if)# no shutdown
R1# show ip route
C    192.168.1.0/24 is directly connected, Serial1/1
     1.0.0.0/24 is subnetted, 1 subnets
C    1.1.1.0 is directly connected, Loopback0
     2.0.0.0/24 is subnetted, 1 subnets
R    2.2.2.0 [120/1] via 192.168.0.2, 00:00:25, FastEthernet1/0
C    192.168.0.0/24 is directly connected, FastEthernet1/0
```

以上输出表明当主路由恢复后，浮动静态路由又恢复到备份的地位。

5.3.5 RIPv2 认证和触发更新

随着网络应用的日益广泛和深入，企业对网络安全越来越关心和重视。路由器设备的安全是网络安全的一个重要组成部分，为了防止攻击者利用路由更新对路由器进行攻击和破坏，可以配置 RIPv2 路由邻居认证，以加强网络的安全性。

对于有关认证，有以下说明：

（1）在配置密钥的接收/发送时间前，应该先校正路由器的时钟。
（2）RIPv1 不支持路由认证。
（3）RIPv2 支持两种认证方式：明文认证和 MD5 认证，默认不进行认证。
（4）在认证的过程中，可以配置多个密钥，在不同的时间应用不同的密钥。
（5）如果定义多个 Key ID，明文认证和 MD5 认证的匹配原则是不一样的：

① 明文认证的匹配原则是：

- 发送方发送最小 Key ID 的密钥。
- 不携带 Key ID 号码。
- 接收方会和所有 Key Chain 中的密钥匹配，如果匹配成功，则通过认证。

例如：路由器 R1 有一个 Key ID，key1=cisco；路由器 R2 有两个 Key ID，key1=ccie，key2=cisco。根据上面的原则，R1 认证失败，R2 认证成功，所以在 RIP 中，出现单边路由并不稀奇。

② MD5 认证的匹配原则是：

- 发送方发送最小 Key ID 的密钥。

- 携带 Key ID 号码。
- 接收方首先会查找是否有相同的 Key ID，如果有，只匹配一次，决定认证是否成功。如果没有该 Key ID，只向下查找下一跳，匹配，认证成功；不匹配，认证失败。

例如：路由器 R1 有 3 个 Key ID，key1=cisco，key3=ccie，key5=cisco；路由器 R2 有一个 Key ID，key2=cisco 根据上面的原则，R1 认证失败，R2 认证成功。

有关触发更新，有以下说明：
（1）在以太网接口下，不支持触发更新。
（2）触发更新需要协商，链路的两端都需要配置。

【网络拓扑】
RIP 认证如图 5-21 所示。

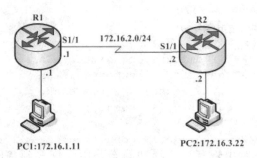

图 5-21 RIP 认证

【实验环境】
以两台 R2632 路由器为例，路由器分别为 R1 和 R2，路由器之间通过串口采用 V35 DCE/DTE 电缆连接。PC1 的 IP 地址和默认网关分别为 172.16.1.11 和 172.16.1.1，PC2 的 IP 地址和默认网关分别为 172.16.3.22 和 172.16.3.2，子网掩码都是 255.255.255.0。

【实验目的】
（1）掌握 RIPv2 的明文认证配置。
（2）掌握 RIPv2 的 MD5 认证配置。
（3）理解 RIPv2 的触发更新。

【实验配置】
假定已配置了两台路由器的接口 IP 地址和 RIP V2 路由协议。
（1）在路由器 R1 定义密钥链和密钥串。

```
R1(config)# key chain test        /*定义一个密钥链 test，进入密钥链配置模式*/
R1(config-keychain)# key 1        /*定义密钥序号 1，进入密钥配置模式*/
R1(config-keychain-key)# key-string sspu /*定义密钥 1 的密钥内容为 sspu*/
R1(config-keychain-key)# accept-lifetime 00:00:00 oct 1 2017 infinite
/*定义密钥 1 的接收存活期从 2017 年 10 月 1 日至无限（infinite）*/
R1(config-keychain-key)# send-lifetime 00:00:00 oct 1 2017 infinite
/*定义密钥 1 的发送存活期为从 2017 年 10 月 1 日至无限*/
```

（2）在接口模式下定义认证模式，指定要引用的密钥链。

```
R1(config)# interface s1/2
R1(config-if)# ip rip authentication mode md5
```
/* 定义认证模式为md5，若用 ip rip authentication mode text 则表示明文认证，若不指明模式则默认用明文认证*/
```
R1(config-if)# ip rip authentication key-chain test     /*在接口上引用密钥链test*/
```

（3）同理配置 R2。在路由器 R2 定义密钥链和密钥串。

```
R2(config)#  key chain test      /*定义一个密钥链test，进入密钥链配置模式*/
R2(config-keychain)#  key 1      /*定义密钥序号1，进入密钥配置模式*/
R2(config-keychain-key)#  key-string sspu /*定义密钥1的密钥内容为sspu*/
R2(config-keychain-key)# accept-lifetime 00:00:00 oct 1 2017 infinite
```
/*定义密钥1的接收存活期为从2017年10月1日至infinite（无限）*/
```
R2(config- keychain-key)# send-lifetime 00:00:00 oct 1 2017 infinite
```
/*定义密钥1的发送存活期为从2017年10月1日至无限*/

（4）在接口模式下定义认证模式，指定要引用的密钥链。

```
R2(config)#  interface s1/2
R2(config-if)# ip rip authentication mode md5
```
/*定义认证模式为md5，若用 ip rip authentication mode text，则表示明文认证*/
```
R2(config-if)#  ip rip authentication key-chain test  /* 引用密钥链test*/
```

【测试结果】

（1）调试路由更新认证，即验证两端的认证是否匹配，是否有无效（invalid）的路由更新。

```
R1# debug ip rip   /*打开RIP调试功能，结果显示接收和发送路由更新都正常*/
RIP protocol debugging is on
RIP: sending v2 update to 224.0.0.9 via FastEthernet1/0 (172.16.1.1)
172.16.2.0/24 -> 0.0.0.0, metric 1, tag 0
172.16.3.0/24 -> 0.0.0.0, metric 2, tag 0
RIP: sending v2 update to 224.0.0.9 via Serial1/1 (172.16.2.1)
172.16.1.0/24 -> 0.0.0.0, metric 1, tag 0
RIP: sending v2 update to 224.0.0.9 via Serial1/1 (172.16.2.1)
172.16.1.0/24 -> 0.0.0.0, metric 1, tag 0
RIP: received packet with MD5 authentication
RIP: received v2 update from 172.16.2.2 on Serial1/1
172.16.3.0/24 -> 0.0.0.0 in 1 hops
RIP: received packet with MD5 authentication
RIP: received v2 update from 172.16.2.2 on Serial1/1
172.16.3.0/24 -> 0.0.0.0 in 1 hops
……
R1# no debug all                    /*调试完后必须关闭调试功能*/
```
同理可以查看 R2 路由更新认证。

（2）显示路由表。

```
R1# show ip route               /*结果显示 R1 具有全网路由*/
C 172.16.1.0 is directly connected, FastEthernet1/0
C 172.16.2.0 is directly connected, Serial1/1
R 172.16.3.0 [120/1] via 172.16.2.2, 00:00:05, Serial1/1
```

同理可以显示 R2 具有全网路由。

（3）在接口上启动触发更新（在以太网接口下，不支持触发更新）。

```
R1(config)#  interface s1/2
R1(config-if)# ip rip triggered      /*在接口上启动触发更新*/
R2(config)#  interface s1/2
R2(config-if)#  ip rip triggered     /*在接口上启动触发更新*/
```

（4）用 show ip protocols 命令验证启动了认证和触发更新。

```
R1# show ip protocols
Routing Protocol is "rip"
Outgoing update filter list for all interfaces is not set
Incoming update filter list for all interfaces is not set
Sending updates every 30 seconds, next due in 4 seconds
Invalid after 180 seconds, hold down 0, flushed after 240
/*由于触发更新，hold down 计时器自动为 0*/
Redistributing: rip
Default version control: send version 2, receive version 2
Interface  Send  Recv  Triggered RIP  Key-chain
Serial1/1  2     2     Yes            test
/*上面一行表明 s1/1 接口启用了认证和触发更新*/
```

（5）debug ip rip。

```
R1#  debug ip rip
R1#  clear ip route *
```

在路由器 R1 上通过 debug ip rip 可以看出，由于启用了触发更新，所以并没有看到每 30 s 更新一次的信息，而是在清除了路由表之后触发了路由更新，并且在所有的更新信息中都有 triggered 的字样，同时在接收的更新中带有 MD5 authentication 的字样，证明接口 S1/1 启用了触发更新和 MD5 认证。

课后练习及实验

1. 选择题

（1）禁止 RIP 协议的路由聚合功能的命令是（   ）。

  A. no route rip   B. auto-summary

  C. no auto-summary   D. no network 10.0.0.0

（2）关于 RIPv1 和 RIPv2，下列说法哪些不正确？（   ）

  A. RIPv1 报文支持子网掩码

  B. RIPv2 报文支持子网掩码

  C. RIPv2 默认使用路由聚合功能

  D. RIPv1 只支持报文的简单密码认证，而 RIPv2 支持 MD5 认证

（3）RIP 协议在收到某一邻居网关发布的路由信息后，下述对度量值的不正确处理是（   ）。

  A. 对本路由表中没有的路由项，只在度量值少于不可达时增加该路由项

  B. 对本路由表中已有的路由项，当发送报文的网关相同时，只在度量值减少时更新该路由项的度量值

C. 对本路由表中已有的路由项，当发送报文的网关不同时，只在度量值减少时更新该路由项的度量值

D. 对本路由表中已有的路由项，当发送报文的网关相同时，只要度量值有改变，一定会更新该路由项的度量值

（4）以下哪个是 RIPv1 和 RIPv2 不具备的共同点？（　　　）

A. 定期通告整个路由表　　　　B. 以跳数来计算路由权

C. 最大跳数为 15　　　　　　　D. 支持协议报文的验证

（5）当使用 RIP 路由协议到达某个目标地址有两条跳数相等，但带宽不等的链路时，默认情况下在路由表中这两条链路会（　　　）。

A. 只出现带宽大的那条链路的路由

B. 只出现带宽小的那条链路的路由

C. 同时出现两条路由，两条链路负载分担

D. 带宽大的链路作为主要链路，带宽小的链路作为备份链路出现

（6）关于 RIP 协议正确的说法是（　　　）。

A. RIP 通过 UDP 数据报交换路由信息

B. RIP 协议适用于小型网络中

C. RIPv1 协议使用广播方式发送报文

D. 以上说法都正确

（7）RIP 的 metric 的含义是什么，最大值为多少，多少为不可达？（　　　）

A. RIP 的 metric 的含义是经过路由器的跳数，最大值为 15，16 为不可达

B. RIP 的 metric 的含义是经过路由的跳数，最大值为 16，17 为不可达

C. RIP 的 metric 的含义是带宽，最大值为 15，16 为不可达

D. RIP 的 metric 的含义是距离，最大值为 100 m，1000 m 为不可达

（8）RIP 路由选择协议采用了（　　　）作为路由协议。

A. 距离向量　　B. 链路状态　　　C. 分散通信量　　D. 固定查表

（9）以下说法哪个正确？（　　　）

A. RIP V2 使用（224.0.0.5）地址（组播地址）来发送路由更新

B. RIP V2 使用（224.0.0.6）地址（组播地址）来发送路由更新

C. RIP V2 使用（224.0.0.9）地址（组播地址）来发送路由更新

D. RIP V2 使用（255.255.255.255）地址（广播地址）来发送路由更新

（10）RIP 协议使用什么协议的什么端口？（　　　）

A. TCP，250　　B. UDP，520　　C. TCP，520　　D. UDP，250

2．问答题

（1）RIP 协议的配置步骤及注意事项是什么？

（2）如何解决路由环路的产生？

（3）RIP 目前有两个版本，RIPv1 和 RIPv2 的区别是什么？

（4）简述 RIP 协议更新的几个计时器作用？

（5）简述 RIP 的工作机制。

3. 实验题

（1）图 5-22 中有两台计算机，分别通过一个三层交换机（S3550）和二层交换机（S2126）连接路由 R1 和 R2，使用 RIP 协议使得计算机之间可以通信。

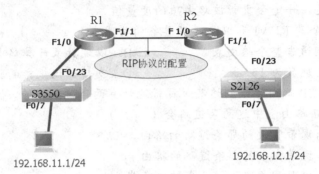

图 5-22　RIP 实验-1

（2）图 5-23 中有 4 台路由器上，启动 RIPv1 路由进程，并启用参与路由协议的接口通告网络，使用 RIP 协议使得计算机之间可以通信。要求理解路由表的含义，查看和调试 RIPv1 路由协议相关信息。

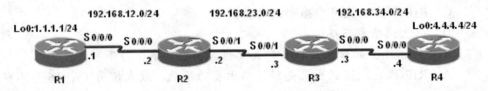

图 5-23　RIP 实验-2

第 6 章 OSPF 路由协议

本章导读:

本章重点介绍 OSPF 的工作流程,根据不同的网络类型介绍单区域 OSPF 的配置,根据不同的区域类型介绍多区域 OSPF 的配置等内容。

学习目标:

- 掌握路由器 ID 的概念。
- 了解 OSPF 工作的各种状态,区分邻居关系和邻接关系的不同。
- 熟悉 OSPF 的三张表:邻居表、拓扑表、路由表。
- 掌握 DR 和 BDR 的选举。
- 掌握单区域 OSPF 的配置。
- 掌握多区域 OSPF 的配置。

6.1 OSPF 基本概念

OSPF 是一种典型的链路状态路由协议,启用 OSPF 协议的路由器彼此交换并保存整个网络的链路信息,从而掌握全网的拓扑结构,再通过 SPF 算法计算出到达每一个网络的最佳路由。

OSPF 作为一种内部网关协议(Interior Gateway Protocol,IGP,其网关和路由器都在同一个自治系统内部),用于在同一个自治域(AS)中的路由器之间发布路由信息。运行 OSPF 的每一台路由器中都维护一个描述自治系统拓扑结构的统一的数据库,该数据库由每一个路由器的链路状态信息(该路由器可用的接口信息、邻居信息等)、路由器相连的网络状态信息(该网络所连接的路由器)、外部状态信息(该自治系统的外部路由信息)等组成。所有的路由器并行运行着同样的算法(最短路径优先算法 SPF),根据该路由器的拓扑数据库,构造出以它自己为根结点的最短路径树,该最短路径树的叶子结点是自治系统内部的其他路由器。当到达同一目的路由器存在多条相同代价的路由时,OSPF 能够在多条路径上分配流量,实现负载均衡。

OSPF 不同于距离矢量协议(RIP),它有如下特性:

(1)支持大型网络,路由收敛快,占用网络资源少。

(2)无路由环路。

(3)支持 VLSM 和 CIDR。

（4）支持等价路由。

（5）支持区域划分、构成结构化的网络、提供路由分级管理。

1. 路由器 ID（Router ID）

（1）通过 router-id 命令指定的路由器 ID 最为优先。

```
router(config-router)# router-id 1.1.1.1
```

（2）选择具有最高 IP 地址的环回接口。

```
router(config)# int loopback 0
router(config)# ip addr 10.1.1.1 255.255.255.255
```

（3）选择具有最高 IP 地址的已激活的物理接口。

2. 邻居（Neighbors）

OSPF 第一步建立毗邻关系。路由器 A 从自己的端口向外组播发送 HELLO 分组，向外通告自己的路由器 ID 等，所有与路由器 A 物理上直连的、且同样运行 OSPF 协议路由器，称为相邻的路由器。如果相邻的路由器 B 收到这个 HELLO 报文，就将这个报文内路由器 A 的 ID 信息加入到自己的 Hello 报文内。当路由器 A 的某端口收到从相邻路由器 B 发送的含有自身 ID 信息的 Hello 报文后，A、B 两台路由器就处于 Two-way 状态，从而建立了邻居关系。

3. 邻接（Adjacency）

两台路由器建立了邻居关系后，再根据该端口所在的网络类型来确定这两台路由器是否需要交换链路状态信息，此时两台路由器处于 FULL 状态，需要交换链路状态信息时称建立了邻接关系。

4. 链路状态（Link-State）

链路的工作状态是正常工作还是发生故障，与此相关的信息称为链路状态。

OSPF 路由器收集其所在网络区域上各路由器的连接状态信息，即链路状态信息（Link-State），生成链路状态数据库（Link-State Database）。路由器掌握了该区域上所有路由器的链路状态信息，也就等于了解了整个网络的拓扑状况。

5. 链路状态通告 LSA（Link-State Advertisement）和链路状态数据库（LSDB）

OSPF 路由器之间使用链路状态通告（LSA）来交换各自的链路状态信息，并把获得的信息存储在链路状态数据库（LSDB）中。

根据路由器的类型不同，定义了 7 种类型的 LSA。LSA 中包括路由器的 RID、邻居的 RID、链路的带宽、路由条目、掩码等信息。

路由器 LSA（第 1 类 LSA）由区域内所有路由器产生，并且只能在本区域内泛洪。这些最基本的 LSA 列出了路由器所有的链路和接口、链路状态及代价。

6. 链路开销

OSPF 路由协议通过计算链路的带宽来选择最佳路径。每条链路根据带宽不同具有不同的度量值，这个度量值在 OSPF 路由协议中称作"开销（Cost）"。Cost 的计算公式是 10^8/带宽（bit/s）通常，环回接口的 Cost 为 1，10 Mbit/s 以太网的链路开销是 10，16 Mbit/s 令牌环网的链路开销是 6，FDDI 或快速以太网的开销是 1，2 Mbit/s 的串行链路的开销是 48。

两台路由器之间路径开销之和的最小值为最佳路径。

7. 邻居表、拓扑表、路由表

OSPF 路由协议维护 3 张表：邻居表、拓扑表、路由表。最基础的就是邻居表。

路由器通过发送 HELLO 包，将与其物理直连的、同样运行 OSPF 路由协议的路由器作为邻居放在邻居表中。

当路由器建立了邻居表之后，运行 OSPF 路由协议的路由器会互相通告自己所了解的网络拓扑，从而建立拓扑表。在一个区域内，一旦收敛，所有的路由器具有相同的拓扑表。

当完整的拓扑表建立起来后，路由器便会按照链路带宽的不同，使用最短路径优先 SPF 算法，从拓扑表中计算出最佳路由，放在路由表中。

8. 指定路由器（Designative Router，DR）

在接口所连接的各毗邻路由器之间具有最高优先级的路由器作为 DR。端口的优先权值从 0～255，在优先级相同的情况下，选最高路由器 ID 作为 DR。

因此，DR 具有接口最高优先级和最高路由器 ID。

9. 备份指定路由器（Backup Designative Router，BDR）

在各毗邻路由器之间由次高优先级的路由器和次高路由器 ID 作为 BDR。

10. OSPF 网络类型

根据路由器所连接的物理网络不同，OSPF 将网络划分为 4 种类型：广播多路访问型、非广播多路访问型、点到点型、点到多点型。

广播多路访问型网络（BMA），如：以太网 Ethernet、令牌环网 Token Ring、FDDI。它选举 DR 和 BDR。涉及 IP 和 MAC，用 ARP 实现二层和三层映射。

非广播多路访问型网络（NBMA），如：帧中继 Frame Relay、X.25、SMDS。它选举 DR 和 BDR。网络中允许存在多台路由器，物理上链路共享，通过二层虚链路（VC）建立逻辑上的连接。广播针对每一条 VC 发送，而不是针对全网发送的广播或组播分组，所以其他路由器收不到广播。

点到点型网络（Point-to-Point）。一个网络里仅有两个接口，使用 HDLC 或 PPP 封装，不需寻址，地址字段固定为 FF。

点到多点型网络（Point-to-Multipoint），又分为点到多点广播式网络和点到多点非广播式网络。

11. 区域

OSPF 引入"分层路由"的概念，将网络分割成一个"主干"连接的一组相互独立的部分，这些相互独立的部分被称为"区域"（Area），"主干"的部分称为"主干区域"。每个区域就如同一个独立的网络，该区域的 OSPF 路由器只保存该区域的链路状态，同一区域的链路状态数据库保持同步，使得每个路由器的链路状态数据库都可以保持合理的大小，路由计算的时间、报文数量都不会过大。

多区域的 OSPF 必须存在一个主干区域（Area0），主干区域负责收集非主干区域发出的汇总路由信息，并将这些信息返还给各区域。

OSPF 区域不能随意划分，应该合理地选择区域边界，使不同区域之间的通信量最小。在实际应用中，区域的划分往往不是根据通信模式而是根据地理或政治因素来完成的。分区域的好处如下：

（1）减少路由更新。
（2）加速收敛。
（3）限制不稳定到一个区域。
（4）提高网络性能。

12．路由器的类型

根据路由器在区域中的位置不同，分为4种类型的路由器，如图6-1所示。

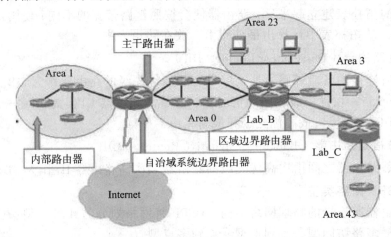

图6-1　路由器的类型

（1）内部路由器（IR）：所有端口都在同一区域的路由器，它们都维护着一个相同的链路状态数据库。

（2）主干路由器：至少有一个连接主干区域端口的路由器。

（3）区域边界路由器（ABR）：具有连接多区域端口的路由器，一般作为一个区域的出口。ABR为每一个所连接的区域单独建立链路状态数据库，负责将所连接区域的路由摘要信息发送到主干区域，而主干区域上的ABR则负责将这些信息发送到所连接的所有其他区域。

（4）自治域系统边界路由器（ASBR）：至少拥有一个连接外部自治网络（如非OSPF的网络）端口的路由器，负责将非OSPF网络信息传入OSPF网络。

6.2　OSPF的工作流程

运行OSPF协议的路由器通过发送HELLO数据包建立邻居关系，并彼此交换链路状态信息，链路状态信息被加载在LSA（Link State Advertisement）中，以LSU（Link State Update Packet）的形式在网络中进行洪泛。OSPF把这些链路状态信息存放在本地链路状态数据库中。在掌握了整个网络区域的所有链路状态后，每一个OSPF路由器以自己为根结点，用dijkstra算法构造到其他结点的最短路径树（SPF），从而构造路由表。图6-2显示了OSPF的工作流程。具体步骤如下：

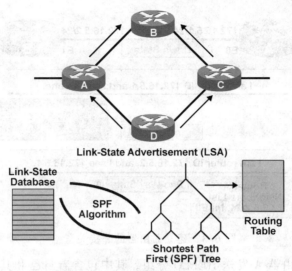

图 6-2　OSPF 的简单工作流程

第 1 步：建立路由器的邻居关系。
第 2 步：进行必要的 DR/BDR 选举。
第 3 步：链路状态数据库的同步。
第 4 步：通过最短路径优先 SPF 算法计算并产生路由表。
第 5 步：维护路由信息。

6.2.1　建立路由器的邻居关系

OSPF 协议通过 HELLO 协议建立路由器的邻居关系，每个 HELLO 数据包都包含以下信息：

（1）始发路由器的路由 ID。
（2）始发路由的接口的区域地址。
（3）始发路由的接口地址掩码。
（4）始发路由的认证信息和类型。
（5）始发路由的 HELLO 时间间隔。
（6）始发路由的无效路由的时间间隔。
（7）路由的优先级。
（8）DR 和 BDR。
（9）标识可选 5 个标记位。
（10）始发路由所有有效邻居的路由 ID。

邻居关系的建立要经过 3 个状态，如图 6-3 所示。

当路由器 A、B 启动时，它们处于 Down 状态。

路由器 A 从其各个接口通过 224.0.0.5 以固定的时间间隔（10 s）向所有邻居（包括 B）发送 HELLO 分组，通告自己路由器的 ID（172.16.5.1），其他路由器收到这个 HELLO 分组后，就会把它加入到自己的邻居表中（路由器 B 把路由器 A 的 ID 加入到 HELLO 分组的邻居 ID 字段），从而进入 Init 状态。

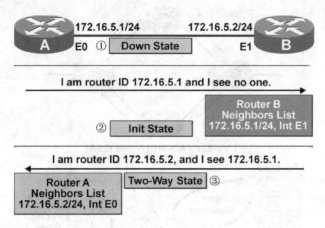

图 6-3 建立路由器的邻接关系

路由器 B 向路由器 A 发送 HELLO 分组，其中包含着自己和其他相邻路由器的信息（路由器 A 的 ID 在路由器 B 邻居表中）；当路由器 A 看到自己出现在另一邻居路由器的 HELLO 分组时，把其中的邻居关系加入到自己的数据库中，进入 Two-Way 状态，路由器 A 和路由器 B 就建立了双向通信，建立了邻居关系。

进入 Two-Way 状态后，路由器 A 将决定和谁建立邻接关系（又称毗邻关系），这是根据各接口所连接的网络类型决定的。即使两台路由器是邻居，但它们不一定建立毗邻关系。如果是点到点（PPP、HDLC）的网络，就与其直连的路由器建立邻接关系；如果是多路访问型，包括广播（以太网、令牌环、FDDI）和非广播（帧中继、X.25）的网络，则进入第②步，进行必要的 DR/BDR 选举。每台路由器只与 DR/BDR 建立邻接关系，其他路由器之间（DROTHER）不建立毗邻关系。如果不需要进行 DR/BDR 的选举，路由器就进入第③步，交换链路状态数据库，使拓扑结构保持一致。

6.2.2 选举 DR 和 BDR

在初始状态下，一个路由器的活动接口设置 DR 和 BDR 为 0.0.0.0，这意味着没有 DR 和 BDR 被选举出来。同时设置 Wait Timer，其值为 router Dead Interval，其作用是如果在这段时间内还没有收到有关 DR 和 BDR 的宣告，那么它就宣告自己为 DR 或 BDR。经过 HELLO 协议交换后，每个路由器获得了希望成为 DR 和 BDR 的那些路由器的信息，按照下列步骤选举 DR 和 BDR：

（1）当路由器同一个或多个路由器建立双向的通信后，检查每个邻居 HELLO 包里的优先级、DR 和 BDR 域。列出所有符合 DR 和 BDR 选举的路由器（优先级大于 0，优先级为 0 时不参加选举），列出所有的 DR 和 BDR。

（2）从这些合格的路由器中建立一个没有宣称自己为 DR 的子集（因为宣称为 DR 的路由器不能选举成为 BDR）。

（3）如果在这个子集里有一个或多个邻居（包括它自己的接口）在 BDR 域宣称自己为 BDR，则选举具有最高优先级的路由器。如果优先级相同，则选择具有最高 Router ID 的那个路由器为 BDR。

（4）如果在这个子集里没有路由器宣称自己为 BDR，则在它的邻居里选择具有最高优先级的路由器为 BDR。如果优先级相同，则选择具有最大 Router ID 的路由器为 BDR。

（5）在宣称自己为 DR 的路由器列表中，如果有一个或多个路由器宣称自己为 DR，则选择具有最高优先级的路由器为 DR。如果优先级相同，则选择具有最大 Router ID 的路由器为 DR。

（6）如果没有路由器宣称为 DR，则将最新选举的 BDR 作为 DR。

（7）如果是第一次选举某个路由器为 DR/BDR 或没有 DR/BDR 被选举，则要重复（2）～（6）步。

（8）将选举出来的路由器的端口状态作相应的改变，DR 的端口状态为 DR，BDR 的端口状态为 BDR，否则为 DR Other。

DR 选举不具有抢占性，选举完成后，将一直保持，直到一台失效为止（或强行关闭 DR 及 BDR 的路由器，或用 clear ip ospf process 命令手工配置重新开始运行 OSPF 路由协议），否则即使新加入更高优先级的路由器也不会改变。

在点到多点的网络中，不选举 DR 和 BDR。

在点到多点非广播多路访问网络（NBMA）中，全互联的邻居属于同一个子网号的，采用人工配置，选举 DR 和 BDR。

在点到多点广播多路访问网络中，属于同一个子网的自动选举 DR 和 BDR。

DR 和 BDR 与该网络内所有其他的路由器建立邻接关系，由 DR（或 BDR）与本区域内所有其他路由器之间交换链路状态信息，进入准启动（Exstart）状态。

在点到点的网络中，不选举 DR 和 BDR。两台路由器之间建立主从关系，路由器 ID 高的作为主路由器，另一台作为从路由器，进入 Exstart 状态。

6.2.3 链路状态数据库的同步

在 OSPF 中，必须保持同一区域范围内所有路由器的链路状态数据库同步。

通过建立并保持邻接关系，OSPF 首先使具有邻接关系的路由器的数据库同步，进而保证同一区域范围内所有路由器的数据库同步。数据库同步过程从建立邻接关系开始，在完全邻接关系已建立时完成。

在点到点的网络中，当路由器的端口状态为 Exstart 时，路由器通过发送一个空的数据库描述包来协商"主从"关系及数据库描述包的序号，Router ID 大的为主，反之为从。主路由器首先将自己的链路状态信息发给从路由器。相互交换链路状态数据库汇总后，进入 Exchange 状态，如图 6-4 所示。

在多路访问网络中，DR 和 BDR 选举好后，进入 Exstart 状态。DR 或 BDR 先将自己的链路状态信息发给其他路由器，其他路由器再将各自的链路状态信息发给 DR 或 BDR，而在其他路由器之间不相互交换链路状态信息。最后链路状态数据库汇总达到一致后，进入 Exchange 状态。

在链路状态数据库同步过程中，有以下几种形式的数据包：

（1）链路状态描述包（DBD），发送路由器的链路状态数据库汇总数据包。

（2）链路状态请求包（LSR），请求链路状态数据库中某一条目的完整信息。

（3）链路状态更新包（LSA），给出链路状态数据库中某一条目的完整信息。
（4）链路状态确认包（LSACK），收到一个链路状态更新包后的确认。

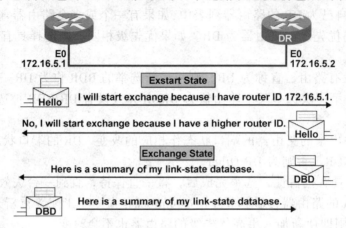

图 6-4　链路状态数据库同步过程 1

以点到点的网络为例，主路由器发送链路状态描述包（数据库描述包），从路由器收到链路状态描述包后，向主路由器发送链路状态确认包。并检查自己的链路状态数据库，如果发现链路状态数据库里没有某些项，则添加它们，并将这些项加入到链路状态请求列表中，向主路由器发送链路状态请求包，如图 6-5 所示。当主路由器收到链路状态请求包时，发出链路状态更新包，进行链路状态的更新。从路由器收到链路状态更新包后发出确认包，进行确认，表示收到该更新包，否则主路由器就在重发定时器的启动下进行重复发送。

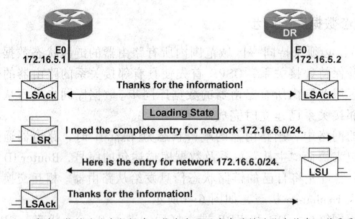

通过比较链路状态数据库，找出自己不存在的链路状态信息。若需要这一条目的完整信息，发出链路状态请求包，将会得到此链路状态更新包。

图 6-5　链路状态数据库同步过程 2

当所有的数据库请求包都已被主路由器处理后，主从路由器也就进入了 Full，邻接完成状态。

同理，在多路访问网络中，当 DR 与整个区域内所有的路由器都完成邻接关系后，整个区域中所有路由器的数据库也就同步了，进入了 Full 状态。

6.2.4 路由表的产生

当链路状态数据库达到同步以后,同一区域内所有的路由器都具有了相同的链路状态数据库(拓扑表),通过最短路径优先 SPF 算法计算并产生路由表。SPF 算法就是从当前路由器到目标网络之间所有链路成本相加求和,并选出一个成本最低的路径作为最佳路径。OSPF 最多允许 4 个等值的路由项以进行负载平衡。

OSPF 协议中的 SPF 计算路由过程如下:

(1)各路由器发送自己的 LSA,其中描述了自己的链路状态信息。
(2)各路由器汇总收到的所有 LSA,生成 LSDB。
(3)各路由器以自己为根结点计算出最小生成树,依据是链路的代价。
(4)各路由器按照自己的最小生成树得出路由条目,并安装到路由表中。

图 6-6 给出了 SPF 算法的基本过程。

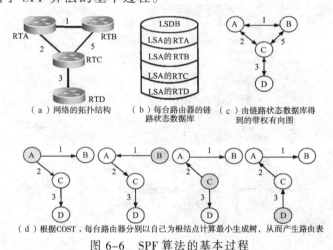

图 6-6 SPF 算法的基本过程

6.2.5 维护路由信息

在 OSPF 路由环境中,所有路由器的拓扑结构数据库必须保持同步。当链路状态发生变化时,路由器通过扩散过程将这一变化通知给网络中的其他路由器。图 6-7 显示了路由器拓扑结构更新过程。

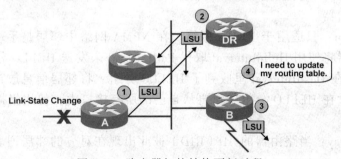

图 6-7 路由器拓扑结构更新过程

(1)路由器对某一条线路的状态更新称为 LSA,对一组链路的状态更新称为 LSU;LSU 更新包里可包含多个 LSA。

（2）当路由器 A 的链路出现故障时，发送链路状态更新 LSU 到 DR 和 BDR（其组播地址为 224.0.0.6）。

（3）DR 和 BDR 利用组播地址 224.0.0.5，把此 LSU 再泛洪到除路由器 A 以外的所有路由器，以通知其他路由器，路由器 A 中链路状态的变化。

（4）路由器 B 收到 DR 或 BDR 发来的链路状态更新 LSU 后再扩散到它的邻居，从而扩散到整个网络。

（5）当整个网络的拓扑结构保持同步时，每台路由器开始利用 SPF 算法，重新计算路由，得到新的路由表。

6.2.6　OSPF 运行状态和协议包

OSPF 路由器在完全邻接之前，要经过以下几个运行状态，各运行状态之间的关系如图 6-8 所示。

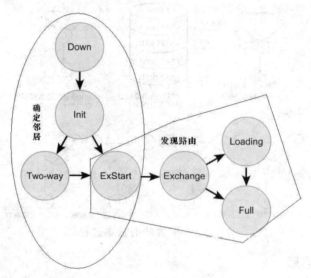

图 6-8　OSPF 中各运行状态之间的关系

（1）Down：此运行状态还没有与其他路由器交换信息。首先从其 OSPF 接口使用组播地址 224.0.0.5 向外发送 HELLO 分组，还并不知道谁是 DR/BDR（若为广播网络）和任何其他路由器。

（2）Attempt：只适用于 NBMA 网络。在 NBMA 网络中邻居是手动指定的，在该状态下，路由器将使用 HelloInterval 取代 PollInterval 来发送 HELLO 分组。

（3）Init：在 DeadInterval 里收到了 HELLO 分组，将邻居信息放在自己的邻居表中，并将其包含在 HELLO 分组中，再从自己的所有接口中，使用组播地址 224.0.0.5 发送出去。

（4）Two-way：当路由器的 ID（RID）彼此出现在对方的邻居列表中时，建立双向会话。

（5）Exstart：信息交换初始状态，在这个状态下，选举了 DR/BDR，路由器和它的邻居将建立 Master/Slave 关系，并确定链路状态描述包（链路状态数据库描述报文，

DBD）的序列号 DD Sequence Number。

（6）Exchange：信息交换状态，路由器和它的邻居交换一个或多个 DBD（链路状态数据库描述报文）。DBD 分组中包含有关 LSDB 中 LSA 条目的摘要信息。

（7）Loading：信息加载状态，收到 DBD 后，使用 LSACK 分组确认已收到 DBD。将收到的信息同 LSDB 中的信息进行比较，如果 DBD 中有更新的链路状态条目，则向对方发送一个 LSR，用于请求新的 LSA。

（8）Full：完全邻接状态。当网络中所有路由器的链路状态数据库（LSDB）同步时，即拓扑表保持一致，进入完全邻接状态。

OSPF 共使用 5 种类型的路由协议包：HELLO 包、链路状态描述包（数据库描述包 DBD）、链路状态请求包（LSR）、链路状态更新包（LSA）、链路状态确认包（LSACK）。路由协议包用于 OSPF 运行过程中不同状态下各个路由器之间交换信息。每种协议包都包含 24 字节的 OSPF 协议包的首部，如表 6-1 所示。

表 6-1 OSPF 协议包的首部字段

版本号	类型	包长度
路由器 ID		
区域 ID		
检验和		AuType
身份验证		
身份验证		

数据库描述包（DBD）是类型号为 2 的 OSPF 包，在形成邻接过程中，路由器之间交换链路状态信息。根据接口数和网络数，可能不止一个数据库描述包来传输整个网络链路状态数据库。在交换的过程中，所涉及的路由器建立主从关系。主路由器发送包，而从路由器通过使用数据库描述（Database Description，DD）序列号认可接收到的包。表 6-2 给出了数据库描述包中的参数字段，其中 Interface MTU 域指示通过该接口可发送的最大 IP 包长度，当通过虚链路发送包时，这个域设置为 0。选项域 Options 包含 3 位，用于显示路由器的能力。I 位是 Init 位，将数据库序列中的第一个包设置为 1。M 位设置为 1，表示在序列中还有更多的数据库描述包。MS 位是主从位，在数据库描述包交换期间，1 表示路由器是主路由器，而 0 表示路由器是从路由器。DD Sequence Number 是 DBD 的序列号。包的其余部分是一个或多个 LSA 的头部。

表 6-2 数据库描述包中的参数字段

Interface MTU	Options	00000	I	M	MS
DD sequence number					
An LSA Header					

链路状态请求包是类型为 3 的 OSPF 包，它包含 LS 类型、链路状态 ID、宣告路由器几个主要字段。当两个路由器完成交换数据库描述包时，路由器可检测链路状态数据库是否过时。当这种情况发生时，路由器可请求更新的数据库描述包。

链路状态更新包是类型为 6～7 的 OSPF 包，它们用于实现 LSA 的传播。链路状态更新包主要包括 LSA 的个数、LSA 字段。每个链路状态更新包中包含一个或多个 LSA，而每个包通过使用链路状态确认包来认可。

链路状态确认包是类型为 5 的 OSPF 包，其格式中除了 OSPF 包首部外，还包括 LAS 的首部。这些包发送到 3 个地址之一：多点传送地址 AllDrouters、多点传送地址 AllSPFrouters、单点传送地址。

图 6-9 给出了 OSPF 运行过程中各状态变化，以及相互交换数据包的过程和序列号的变化情况。

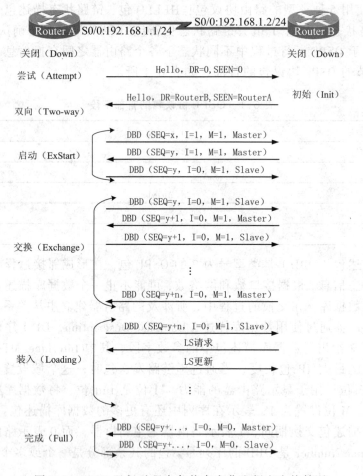

图 6-9　OSPF 运行过程中各状态变化和报文交换情况

6.3　OSPF 中的计时器

OSPF 协议中所涉及的计时器如下：

（1）MaxAge：最大老化时间，默认是 0～3600 s。当泛洪的 LSA 每经过一台路由器时，LSA 的老化时间就会增加一个由 InfTransDelay 设定的时间。

（2）LsRefeshTime：LSA 刷新时间，如果有重要的 LSA 不希望被删除，就可以使用这个计时器。

（3）routerDeadInterval：路由死亡间隔时间。指在宣告邻居路由器无效之前，本地路由器从与一个接口相连的网络上侦听来自于邻居路由器的一个 HELLO 报文所经历的时间。

（4）HelloInterval：HELLO 报文间隔时间，默认是 10 s，指两个 HELLO 报文之间的周期性间隔时间。

（5）WaitTimer：等待时间。在 NBMA 网络中，路由器等待邻居路由器的 HELLO 报文通告 DR 和 BDR 的时间，就是 routerDeadInterval。

（6）InfTransDelay：信息发送延迟时间，即 LSA 从接口发送出去后所经历的时间。

（7）RxmtInterval：重传 LSA 的时间。在没有得到确认的情况下，路由器重传 OSPF 报文将等待的时间，以 retransmit 表示，Cisco 路由器默认是 5 s。

（8）HelloTimer：HELLO 计时器。初始值由 HelloInterval 来设置，为 10 s。

（9）PollInterval：询问间隔，NBMA 专有特性。在 NBMA 网络中，在邻接确立之前，用 PollIterval 周期发送 OSPF 包建立邻接。在邻接确定之后，而改用 HelloInterval 周期发送 HELLO 包给邻居维持邻接。如果邻居路由器是失效的，DR 就会每隔这个时间向它发送一个 LSA 通告，默认是 60 s。

（10）InactivityTimer：失效计时器，就是 routerDeadInterval，默认是 100 s。

（11）Restra：重传计时器，总是 5 s，当没有收到 LSACK 时，启用重传计时器。

在 OSPF 中，不同网络类型的 HELLO、DEAD、WAIT 时间间隔的默认值不同。表 6-3 列出了不同网络计时器的设置。通常，点到多点的网络是 NBMA 网络的一个特殊配置。

表 6-3 不同网络计时器的设置

网络类型	HELLO	DEAD	WAIT	POLL	DR/BDR	更新方式	地址	是否定义邻居	所有路由器是否在同一子网
广播多路	10	40	40	NO	YES	组播	224.0.0.5/224.0.0.6	自动	同一子网
非广播多路	30	120	120	120	YES	单播	单播地址	手工	同一子网
点到点	10	40	40	NO	NO	组播	224.0.0.5	自动	两接口同一子网
点到多点广播	30	120	120	120	NO	组播	224.0.0.5	自动	同一子网
点到多点非广播	30	120	120	120	NO	单播	单播地址	手工	多个子网时定义子接口

6.4 单区域 OSPF 的基本配置

1. 单区域 OSPF 基本配置步骤

（1）定义路由器 ID。通过定义网络中各路由器的逻辑环回接口 IP 地址，得到相应的路由器 ID。

如果一台路由器，在一个接口上是 DR，而另一个接口上不是 DR，则不能将此路由器的 ID 定义太大（使用 router-id 命令），否则，无论哪个接口此路由器均成为 DR。

用路由器 Loopback 口的 IP 地址作为 Router ID。这样做有很多的好处，其中最大的好处就是：Loopback 口是一个虚拟的接口，而并非一个物理接口。只要该接口在路由器使用之初处于开启状态，则该路由器的 Router ID 就不会改变（除非有新的 Loopback 口被用户创建并配置它更大的 IP 地址）。它并不像真正的物理接口，物理接口在线缆被拔出的时候处于 Down 的状态，此时，整个路由器就要重新计算其 Router ID，比较烦琐，也造成不必要的开销。

```
router(config)# interface loopback 0
router(config-if)# ip address 172.16.17.5 255.255.255.255
```

（2）定义路由器的接口优先级别，使其在此接口上成为 DR。

```
router(config)# interface S1/2
router(config-if)# ip ospf priority 200
```

（3）启动路由进程。process-id 为进程号，在锐捷中不需要此项，而是自动产生。它只有本地含义，每台路由器有自己独立的进程。各路由器之间互不影响。

```
router(config)# router ospf [process-id]
如：router(config)# router ospf 1
```

（4）发布接口。用 network 命令发布接口，并将网络指定到特定的区域。address 为路由器的自连接口 IP 地址，inverse-mask 为反码，area-id 为区域号。区域号可以用十进制数表示，也可用 IP 地址表示，如 0 或 0.0.0.0 为主干区域。

```
router(config-router)# network address inverse-mask area [area-id]
```

例如：

```
router(config-router)# network 10.2.1.0   0.0.0.255 area 0
router(config-router)# network 10.64.0.0  0.0.0.255 area 0
```

2. OSPF 邻居关系不能建立的常见原因

当用 show ip ospf neighbor 命令没有找到邻居时，依次检查以下原因：

（1）HELLO 间隔和 DEAD 间隔不同。
（2）区域号码不一致。
（3）特殊区域（如 stub、nssa 等）区域类型不匹配。
（4）认证类型或密码不一致。
（5）路由器 ID 相同。
（6）HELLO 包被 ACL 拒绝。
（7）链路上的 MTU 不匹配。
（8）接口下的 OSPF 网络类型不匹配。

6.4.1 点到点网络的 OSPF 配置

【网络拓扑】

单区域点到点 OSPF 的基本配置如图 6-10 所示。

图 6-10 单区域点到点 OSPF 的基本配置

【实验环境】
（1）将三台 RG-R2632 路由器的串口互联，接口地址如图 6-10 所示。
（2）三台路由器同属 Area 0。
【实验目的】
（1）掌握路由器 ID 的取值。
（2）熟悉 OSPF 协议的启用方法。
（3）掌握指定各网络接口所属区域号的方法。
（4）掌握如何查看 OSPF 协议中各路由信息。
【实验配置】
（1）R1 的配置。

```
R2632(config)# hostname R1
R1(config)# int s1/2
R1(config-if)# ip add 192.168.2.1 255.255.255.0
R1(config-if)# no shut
R1(config-if)# exit
R1(config)# int loopback0
R1(config-if)# ip add 192.168.1.1 255.255.255.255
R1(config-if)# ip ospf network point-to-point
R1(config-if)# exit
R1(config)# router ospf              /*锐捷设备中自动产生路由进程号*/
R1(config-router)# net 192.168.1.0 0.0.0.255 area 0
R1(config-router)# net 192.168.2.0 0.0.0.255 area 0
R1(config-router)# exit
```

（2）R2 的配置。

```
R2632(config)# hostname R2
R2(config)# int s1/2
R2(config-if)# ip add 192.168.2.2 255.255.255.0
R2(config-if)# no shut
R2(config-if)# exit
R2(config)# int s1/3
R2(config-if)# ip add 192.168.3.2 255.255.255.0
R2(config-if)# no shut
R2(config-if)# exit
R2(config)# router ospf
R2(config-router)# net 192.168.2.0 0.0.0.255 area 0
R2(config-router)# net 192.168.3.0 0.0.0.255 area 0
R2(config-router)# exit
```

（3）R3 的配置。

```
R2632(config)# hostname R3
R3(config)# int s1/3
R3(config-if)# ip add 192.168.3.3 255.255.255.0
R3(config-if)# no shut
R3(config-if)# exit
R3(config)# int loopback0
R3(config-if)# ip add 192.168.4.3 255.255.255.0
R3(config-if)# exit
```

```
R3(config)# router ospf
R3(config-router)# net 192.168.3.0 0.0.0.255 area 0
R3(config-router)# net 192.168.4.0 0.0.0.255 area 0
R3(config-router)# exit
```

【实验验证】

（1）show ip ospf interface，此命令可以显示路由器的接口状态，如区域号、路由器的 ID、网络类型、接口成本、HELLO 时间、DEAD 时间等。

```
R1# show ip ospf interface s1/2
Serial 1/2 is up
  Internet address : 192.168.2.1/24      /*接口地址*/
  Area : 0.0.0.0                          /*区域为0*/
  router ID 192.168.1.1                   /*路由器的ID为环回接口的IP地址*/
  Network Type : PointToPoint             /*网络类型：点到点网络*/
  Cost : 1                                /*接口的成本*/
  Transmit Delay : 1                      /*接口的延迟*/
  State : PointToPoint                    /*接口的状态*/
  Authentication : none                   /*是否认证*/
  Hello : 10
  Dead : 40
  Retransmit : 5
  /*以上三个为计时器的值*/
  Hello Due in : 00:00:02                 /*距离下次发送HELLO包的时间*/
  Neighbor Count is : 1                   /*邻居个数*/
  Adjacent neighbor count : 1             /*已经建立邻接关系的邻居个数*/
  Adjacent with neighbor 192.168.3.2      /*已经建立邻接关系的邻居路由器*/
  Passive status : Disabled               /*是否为被动接口*/
  Database-filter all out : Disabled
```

同理，可以用 R2# show ip ospf interface 命令显示 R2 的接口状态，注意其路由器的 ID 为最大的活动物理接口的 IP 地址。

```
R2#show ip int brief
Interface              IP-Address(Pri)      OK?      Status
serial 1/2             192.168.1.1/24       YES      UP
serial 1/3             no address           YES      DOWN
FastEthernet 1/0       no address           YES      UP
FastEthernet 1/1       no address           YES      DOWN
Loopback 0             192.168.1.1/32       YES      UP
```

（2）show ip ospf neighbor，此命令显示 OSPF 中的邻居列表。

```
R1# show ip ospf neighbor
Neighbor ID     Pri State       DeadTime Address         Interface
-----------     --- -----       -------- -------         ---------
192.168.3.2     0   Full/-      00:00:32 192.168.2.2     Serial 1/2
```

以上输出表明，R1 有一个邻居是 R2（其 Neighbor ID 是 R2 的路由器 ID），路由器的接口优先级为 0，当前邻居路由器接口的状态为 Full/–表明没有 DR/BDR；DeadTime 是清除邻居关系前等待的最长时间，Address 为邻居接口的地址，Interface 是自己与邻居的接口。

（3）show ip protocols，此命令显示 OSPF 的各参数配置。

```
R1(config)# show ip protocols
```

```
Routing Protocol is "ospf"
  Outgoing update filter list for all protocols is not set
  Incoming update filter list for all interfaces is not set
  router ID 192.168.1.1           /*路由器的ID*/
  It is a normal router
  Redistributing External Routes from:
  Number of areas in this router is 1. 1 normal  0 stub  0 nssa
  /*本路由器参与的区域数量和类型*/
  Routing for Networks:
    192.168.1.0 0.0.0.255 area 0
    192.168.2.0 0.0.0.255 area 0
  /*以上两行为OSPF通告的网络以及这些网络所在的区域*/
  Routing Information Sources:
    Gateway          Distance       Last Update
    192.168.3.2       110            00:02:51
    192.168.4.3       110            00:02:36
  /* 以上两行表示路由信息源*/
  Distance: (default is 110)
  /* OSPF路由协议默认管理距离为110*/
```

（4）show ip ospf database，此命令在R1上显示区域0的拓扑结构数据库的信息。

```
R1# show ip ospf database
OSPF router with ID(192.168.1.1) (Process ID 1)
              router  Link States(Area 0)
Link ID         ADV router     Age    Seq#          Checksum  Link count
192.168.1.1     192.168.1.1    1381   0x8000010D    0xEF60    2
192.168.3.2     192.168.3.2    1460   0x800002FE    0xEB3D    3
192.168.4.3     192.168.4.3    2027   0x80000090    0x875D    2
```

其中，Link ID代表连接状态号，ADV router通告链路状态信息的路由器ID，Age为老化时间，Seq#为序列号，Checksum为校验和，Link count通告路由器在本区域内的链路数量。

（5）show ip route。

```
R1# show ip route
Gateway of last resort is no set
C    192.168.1.0/24 is directly connected, loopback 0
C    192.168.1.1/32 is local host.
C    192.168.2.0/24 is directly connected, Serial 1/2
C    192.168.2.1/32 is local host.
O    192.168.3.0/24 [110/100] via 192.168.2.1,00:07:26. Serial 1/2
O    192.168.4.0/24 [110/100] via 192.168.2.1,00:19:01. Serial 1/2
/* "O"表示由OSPF协议产生的路由*/
```

6.4.2 广播多路访问链路上的OSPF配置

【网络拓扑】

单区域广播多访问链路上OSPF的基本配置如图6-11所示。

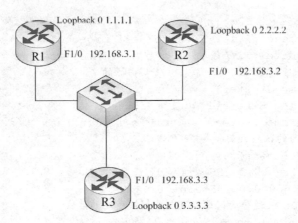

图 6-11 单区域广播多路访问链路上 OSPF 的基本配置

【实验环境】

（1）将三台 RG-R2632 路由器接入为二层交换机，如果中间是三层交换机，也可关闭三层功能。配置各路由器的接口（以太网接口和环回接口），并把直连接口和环回接口都宣告进 OSPF 里，表明环回接口不仅作为路由器 ID，还模拟一个子网。

（2）三台路由器同属 Area 0。

【实验目的】

（1）熟悉 DR 选举的控制。

（2）掌握广播多路访问链路上 OSPF 的配置方法。

（3）掌握广播多路访问链路上 OSPF 的特征。

（4）查看并理解 OSPF 协议中各路由信息。

【实验配置】

（1）R1 上的配置。

```
R1# show run
hostname R1
interface FastEthernet 1/0
ip address 192.168.3.1 255.255.255.0
duplex auto
speed auto
interface Loopback 0
ip address 1.1.1.1 255.255.255.0
router ospf
network 1.1.1.0 0.0.0.255 area 0.0.0.0
network 192.168.3.0 0.0.0.255 area 0.0.0.0
```

（2）R2 上的配置。

```
R2# show run
hostname R2
interface FastEthernet 1/0
ip address 192.168.3.2 255.255.255.0
duplex auto
speed auto
interface Loopback 0
```

```
ip address 2.2.2.2 255.255.255.0
router ospf
network 2.2.2.0 0.0.0.255 area 0.0.0.0
network 192.168.3.0 0.0.0.255 area 0.0.0.0
```

(3) R3 上的配置。

```
R3# show run
interface FastEthernet 1/0
ip address 192.168.3.3 255.255.255.0
duplex auto
speed auto
!
interface Loopback 0
ip address 3.3.3.3 255.255.255.0
!
router ospf
network 3.3.3.0 0.0.0.255 area 0.0.0.0
network 192.168.3.0 0.0.0.255 area 0.0.0.0
```

【实验验证】

(1) 在每台路由器上执行 show ip protocols 命令，记录各路由器的 ID（是什么地址？），更新时间和各计时器的值。

```
R1# show ip protocols
 Routing Protocol is "ospf"
 Outgoing update filter list for all protocols is not set
 Incoming update filter list for all interfaces is not set
 router ID 1.1.1.1       /*路由器的 ID 为环回接口的 IP 地址*/
 It is a normal router
 Redistributing External Routes from:
 Number of areas in this router is 1. 1 normal  0 stub  0 nssa
 Routing for Networks:
 1.1.1.0 0.0.0.255 area 0
 192.168.3.0 0.0.0.255 area 0
 Routing Information Sources:
 Gateway         Distance      Last Update
 2.2.2.2         110           00:02:51
 3.3.3.3         110           00:02:36
 Distance: (default is 110)
```

同理，可查看 R2 和 R3。

(2) 在每台路由器上执行 show ip ospf neighbor 命令，记录有哪些 OSPF 邻居，包括它们的路由器 ID、接口地址、毗邻状态，谁是 DR，谁是 BDR。

```
R1# show ip ospf neighbor
Neighbor    ID   Pri State       DeadTime Address     Interface
----------- ---- ----------- -------- ------------ ----------------
2.2.2.2     1    Full/BDR    00:00:36 192.168.3.2  FastEthernet 1/0
3.3.3.3     1    Full/DR     00:00:35 192.168.3.3  FastEthernet 1/0
R2# show ip ospf neighbor
Neighbor    ID   Pri State       DeadTime Address     Interface
----------- ---- ----------- -------- ------------ ----------------
1.1.1.1     1    Full/DROTHER 00:00:33 192.168.3.1 FastEthernet 1/0
```

```
3.3.3.3         1   Full/DR        00:00:32 192.168.3.3    FastEthernet 1/0
R3# show ip ospf neighbor
Neighbor    ID   Pri State       DeadTime Address        Interface
----------- ---- ----------- -------- ------------- ----------------
1.1.1.1         1   Full/DROTHER 00:00:30 192.168.3.1    FastEthernet 1/0
2.2.2.2         1   Full/BDR     00:00:39 192.168.3.2    FastEthernet 1/0
```

从上述代码可知，对广播多路访问网络，需进行 DR/BDR 的选举。验证得出最高优先级和路由器 ID 的 R3 为 DR，次高的 R2 为 BDR，在优先级相同（为 1）的情况下，由最高路由器的 ID 决定 DR。

（3）调节 OSPF 的计时器，手工修改 R1 的 HELLO 间隔和 DOWN 机间隔（4 倍）。

```
R1(config)# int f1/0
R1(config-if)# ip ospf hello-interval 5
R1(config-if)# ip ospf dead-interval 20
```

（4）再执行 show ip ospf neighbor 命令，R1 还有 OSPF 邻居吗？如果没有，用 debug ip ospf events 命令调试，是否因为 R1 与其他路由器之间建立毗邻时 HELLO 间隔和 DOWN 机间隔不同引起的？

```
R1(config)# int f1/0
R1(config-if)# ip ospf hello-interval 5
R1(config-if)# ip ospf dead-interval 20

R1# show ip ospf neighbor
/*没有邻居显示*/
R1# debug ip ospf events
35683:OSPF(event): FastEthernet 1/0(192.168.3.1) of router(1.1.1.1)
received a error packet(PacketType:hello ErrorType:helloIntervalMismatch)
with sourec IP 192.168.3.3
       35683:OSPF(event): FastEthernet 1/0(192.168.3.1) of router(1.1.1.1)
received a error packet(PacketType:hello ErrorType:helloIntervalMismatch)
with sourec IP 192.168.3.2
/*从 debug 的输出可知，由于 hello 的间隔不匹配所产生的错误。*/
R1# no debug ip ospf events
```

将 3 台路由器全部改为相同的 HELLO 间隔和 DOWN 机间隔后，可以看见邻居关系又得到了恢复：

```
R1(config)# int f1/0
R1(config-if)# ip ospf hello-interval 10
R1(config-if)# ip ospf dead-interval 40
```

或用以下命令恢复到默认值：

```
R1(config)# int f1/0
R1(config-if)# no ip ospf hello-interval
R1(config-if)# no ip ospf dead-interval
```

（5）如果一台路由器有特别高的路由器 ID，使其在多路访问型网络的所有接口上都成为 DR，它将承担多个 DR 的角色，其工作负担加重。可以改变以太网接口的优先级别（0～255），就可使其在一个口上成为 DR，而其他口不是 DR。为使 R1 成为 DR，R2 成为 BDR，按下配置：

```
R1(config)# int f1/0
R1(config-if)# ip ospf priority 200
```

```
R1# show ip ospf neighbor
Neighbor ID    Pri   State         DeadTime    Address         Interface
--------       ---   -----         --------    -------         ---------
2.2.2.2        1     Full/BDR      00:00:36    192.168.3.2     FastEthernet 1/0
3.3.3.3        1     Full/DR       00:00:35    192.168.3.3     FastEthernet 1/0
```

即使改变了优先级别,DR 和 BDR 仍然保持不变,因为 DR 的选举是非抢占性的。必须经过重新选举,如同时关闭 DR 和 BDR 路由器,或在每台路由器上用 clear ip ospf process 重启 OSPF 的进程。

```
R2(config)# int f1/0
R2(config-if)# ip ospf priority 100
R2(config-if)# no shut
R2(config-if)# CTRL/Z
R2#clear ip ospf process    /*在每台路由器上,人为地要求重新选举*/
R2# show ip ospf neighbor
Neighbor ID    Pri   State         DeadTime    Address         Interface
--------       ---   -----         --------    -------         ---------
1.1.1.1        200   2Way/BDR      00:00:32    192.168.3.1     FastEthernet 1/0
3.3.3.3        1     2Way /DR      00:00:32    192.168.3.3     FastEthernet 1/0

R1(config)# clear ip ospf process
R1# show ip ospf neighbor
Neighbor ID    Pri   State         DeadTime    Address         Interface
--------       ---   -----         --------    -------         ---------
2.2.2.2        100   2Way/DROTHER  00:00:36    192.168.3.2     FastEthernet 1/0
3.3.3.3        1     2Way/DROTHER  00:00:35    192.168.3.3     FastEthernet 1/0
```

上面的状态为 2Way,可以看出,重启进程后,选举 DR 的过程还未完成。

(6) 用 clear ip ospf process 命令重置 OSPF,或用 reload 命令重启路由器,并在 R1 上用 debug ip ospf event 命令观察 DR 的选举过程,如图 6-12 所示。在 R1 和 R2 上用 show ip ospf int 命令验证观察 OSPF 的接口信息,包括 Router ID 和优先级。一旦选举完成,在 R1 和 R2 上用 show ip ospf neighbor 命令,显示 ospf 接口信息:

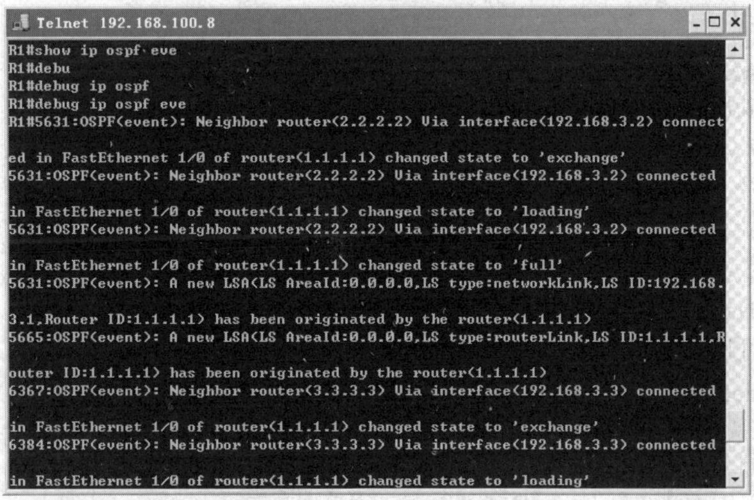

图 6-12 选举过程

```
R1# show ip ospf int
```
注意邻居关系和邻接关系的不同,邻居关系是指达到 2Way 状态的两台路由器,而邻接关系是指达到 FULL 状态的两台路由器。

```
    FastEthernet 1/0 State: Up
    Internet address : 192.168.3.1/24
    Area : 0.0.0.0
    router ID : 1.1.1.1
    Network Type : Broadcast
    Cost : 1
    Transmit Delay : 1
    State : DR
    Priority : 200
    Designated router(ID) : 1.1.1.1  /* R1为DR
    DR's Interface address : 192.168.3.1
    Backup designated router(ID) : 2.2.2.2
    BDR's Interface address : 192.168.3.2
    Authentication : none
    Hello : 10
    Dead : 40
    Retransmit : 5
    Hello Due in : 00:00:04
    Neighbor Count is : 2
    Adjacent Neighbor Count is : 2
    Adjacent with neighbor : 192.168.3.2
    Adjacent with neighbor : 192.168.3.3
    Passive status : Disabled
    Database-filter all out : Disabled

    Loopback 0 State: Up
    Internet address : 1.1.1.1/24
    Area : 0.0.0.0
    router ID : 1.1.1.1
    Network Type : Loopback
    Cost : 1
    Loopback interface is treated as a stub Host
```
选举完成后:
```
R1#show ip ospf neighbor
Neighbor ID    Pri  State         DeadTime  Address       Interface
--------       ---  ------------  --------  ------------  ------------------
2.2.2.2        100  Full/BDR      00:00:32  192.168.3.2   FastEthernet 1/0
3.3.3.3        1    Full/DROTHER  00:00:33  192.168.3.3   FastEthernet 1/0
```
与前面的进行比较,观察其状态为 FULL,与前面不同。

同理,可以显示 R2。

(7)用 debug ip ospf adj 命令显示 OSPF 邻接关系的建立过程,从中找出各状态。
```
R1# debug ip ospf adj
OSPF adjacency events debugging is on
R1(config)#clear ip ospf process  或关机重启
```

6.4.3 基于区域的 OSPF 认证配置

在 OSPF 路由协议中，所有的路由信息交换都必须经过验证。在前文所描述的 OSPF 协议数据包结构中，包含一个验证域及一个 64 位长度的验证数据域，用于特定的验证方式的计算。

如果 OSPF 数据交换的验证是基于每一个区域来定义的，则在该区域的所有路由器上定义相同的协议验证方式。如果 OSPF 数据交换的验证是基于端口来定义的，则只要在此链路上进行认证。基于链路的 OSPF 认证优于基于区域的 OSPF。

OSPF 定义了 3 种认证类型。

（1）0：表示不认证，为默认的配置。在 OSPF 的数据包头内，64 位的验证数据位可以包含任何数据，OSPF 接收到路由数据后，对数据包头内的验证数据位不作任何处理。

（2）1：表示简单密码认证，每一个发送至该网络的数据包的包头内都必须具有相同的 64 位长度的验证数据位。

（3）2：表示 MD5 认证。

【网络拓扑】

基于区域的 OSPF 认证配置如图 6-13 所示。

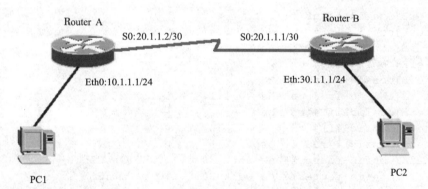

图 6-13　基于区域的 OSPF 认证配置

【实验环境】

如图 6-13 所示。

【实验目的】

（1）认识 OSPF 认证的类型和意义。

（2）基于区域的 OSPF 认证分为简单密码和 MD5 认证。

【实验配置】

（1）Router A 的配置。

```
routerA(config)# int f1/0
routerA(config-if)# ip add 10.1.1.1 255.255.255.0
routerA(config-if)# no shut
routerA(config-if)# exit
routerA(config)# int s1/2
routerA(config-if)# ip add 20.1.1.2 255.255.255.0
```

```
routerA(config-if)# clock rate 64000
routerA(config-if)# no shut
routerA(config-if)# exit
routerA(config)# router ospf
routerA(config-router)# network 10.1.1.0 0.0.0.255 area 0
routerA(config-router)# network 20.1.1.0 0.0.0.255 area 0
!
routerA(config-router)# area 0 authentication
/*配置区域0启用简单密码认证*/
```

或者用以下命令：

```
routerA(config-router)# area 0 authentication message-digest
/*区域0启用加密认证*/
routerA(config-router)# CTRL/Z
!
routerA(config)# int s1/2
routerA(config-if)# ip ospf authentication-key abc
/*配置简单密码认证密码为abc*/
```

或者：

```
routerA(config-if)#ip ospf message-digest-key 1 md5 abc  /* 配置加密认证密码*/
```

（2）Router B 的配置。

```
routerB(config)# int f1/0
routerB(config-if)# ip add 30.1.1.1 255.255.255.0
routerB(config-if)# no shut
routerB(config-if)# exit
routerB(config)# int s1/2
routerB(config-if)# ip add 20.1.1.1 255.255.255.252
routerB(config-if)# no shut
routerB(config-if)# exit
routerB(config)# router ospf
routerB(config-router)# network 30.1.1.0 0.0.0.255 area 0
routerB(config-router)# network 20.1.1.0 0.0.0.255 area 0
!
routerB(config-router)# area 0 authentication  /*配置区域0启用简单密码认证*/
```

或者用以下命令：

```
routerB(config-router)# area 0 authentication message-digest  /*区域0启用加密认证*/
routerB(config-router)# CTRL/Z
!
routerB(config)# int s1/2
routerB(config-if)# ip ospf authentication-key abc
/*配置简单密码认证密码为abc*/
```

或者：

```
routerB(config-if)# ip ospf message-digest-key 1 md5 abc  /*配置加密认证密码*/
```

【实验验证】

分别检查已启用了区域认证的信息：

```
show ip ospf interface
show ip ospf
```

6.4.4 基于链路的 OSPF 认证配置

【网络拓扑】

如图 6-13 所示。

【实验环境】

如图 6-13 所示。

【实验目的】

(1) 认识 OSPF 认证的类型和意义。

(2) 基于链路的 OSPF 认证分为简单密码和 MD5 认证。

(3) 区别基于区域和基于链路的 OSPF 认证的不同。

【实验配置】

(1) Router A 的配置。

```
routerA(config)# int f1/0
routerA(config-if)# ip add 10.1.1.1 255.255.255.0
routerA(config-if)# no shut
routerA(config-if)# exit
routerA(config)# int s1/2
routerA(config-if)# ip add 20.1.1.2 255.255.255.0
routerA(config-if)# clock rate 64000
routerA(config-if)# no shut
routerA(config-if)# exit
routerA(config)# router ospf
routerA(config-router)# network 10.1.1.0 0.0.0.255 area 0
routerA(config-router)# network 20.1.1.0 0.0.0.255 area 0
routerA(config-router)# CTRL/Z
!
routerA(config)# int s1/2
/*以下在链路上启用简单密码认证*/
routerA(config-if)# ip ospf authentication
routerA(config-if)# ip ospf authentication-key abc
```

或者用以下命令：

```
/*以下在链路上启用 MD5 加密认证*/
routerA(config-if)# ip ospf authentication message-digest
routerA(config-if)# ip ospf message-digest-key 1 md5 abc
```

(2) Router B 的配置。

```
routerB(config)# int f1/0
routerB(config-if)# ip add 30.1.1.1 255.255.255.0
routerB(config-if)# no shut
routerB(config-if)# exit
routerB(config)# int s1/2
routerB(config-if)# ip add 20.1.1.1 255.255.255.252
routerB(config-if)# no shut
routerB(config-if)# exit
routerB(config)# router ospf
```

```
routerB(config-router)# network 30.1.1.0 0.0.0.255 area 0
routerB(config-router)# network 20.1.1.0 0.0.0.255 area 0
!
routerB(config)# int s1/2
/*以下在链路上启用简单密码认证*/
routerB(config-if)# ip ospf authentication
routerB(config-if)# ip ospf authentication-key abc
```

或者用以下命令：

```
/*以下在链路上启用MD5加密认证*/
routerB(config-if)# ip ospf authentication message-digest
routerB(config-if)# ip ospf message-digest-key 1 md5 abc
```

【实验验证】

分别检查已启用了区域认证的信息：

```
show ip ospf interface
show ip ospf
```

6.5 多区域 OSPF 基础

6.5.1 多区域 OSPF 概述

1. OSPF 的分区

OSPF 允许在一个自治系统里划分多个区域，相邻的网络和它们相连的路由器组成一个区域（Area）。每一个区域有该区域自己的拓扑数据库，该数据库对于外部区域是不可见的，每个区域内部路由器的链路状态数据库只包含该区域内的链路状态信息。它们也不能详细地知道外部区域的链接情况，在同一个区域内的路由器拥有同样的拓扑数据库，而和多个区域相连的区域边界路由器拥有多个区域的链路状态信息库。划分区域的方法减少了链路状态数据库的大小，并极大地减少了路由器间交换状态信息的数量，如图 6-14 所示。

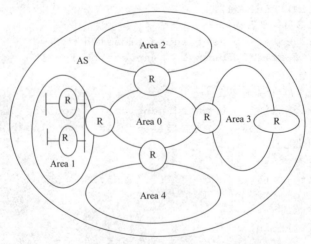

图 6-14　把自治系统分成多个 OSPF 区域

在多区域的自治系统中，OSPF 规定必须有一个主干区（Backbone）：Area 0，骨干区是 OSPF 的中枢区域，它与其他区域通过区域边界路由器（ABR）相连。区域边界路由器通过骨干区进行区域间路由信息的交换。为了使得每个区域都与骨干区域交换链路状态数据库，要求其他区域必须与骨干区域相连，如果物理上不相连，则必须建立虚链路，把其他区域与骨干区域相连。

2. OSPF 区域类型和虚链路

4 种路由器（内部路由器、主干路由器、区域边界路由器 ABR、自治系统边界路由器 ASBR）可以构成 5 种类型的区域。

（1）标准区域：一个标准区域可以接收链路更新信息和路由汇总。

（2）主干区域（传递区域）：主干区域是连接各个区域的中心实体。主干区域始终是 Area0，所有其他区域都要连接到这个区域上交换路由信息。主干区域拥有标准区域的所有性质。

（3）存根区域（末节区域）：存根区域是不接收本自治域以外的路由信息的区域。如果需要自治域以外的路由，只能使用默认路由 0.0.0.0。

（4）完全存根区域（完全末节区域）：它不接收外部自治域的路由及本自治域内其他区域的路由汇总。需要发送到区域外的报文，则使用默认路由 0.0.0.0。完全存根区域是思科自己定义的。

（5）不完全存根区域（NSSA）：它类似于存根区域，但是允许接收以 LSA Type 7 发送的外部路由信息，并且要把 LSA Type 7 转换成 LSA Type 5。

区分不同 OSPF 区域类型的关键在于它们对外部路由的处理方式。外部路由被 ASBR 传入自治域内，ASBR 可以通过 OSPF 或者其他的路由协议学习到这些路由。

与区域相关的通信有三种类型：① 各区域内的通信；② 各区域间的通信；③ OSPF 内部到 OSPF 外部之间的通信。

（6）虚链路（Virtual-link）：由于网络的拓扑结构复杂，有时无法满足每个区域都能和 Area 0 直接相连，因此通过一个中间区域（如 Area x）作为桥梁，使一个非骨干区域 Area y 与 Area 0 进行虚连接。

虚链路（Virtual Link）是指一条通过一个非骨干区域连接到骨干区域的链路，应用虚链路的目的和场合是：

① 把一个远离骨干区域的区域，通过一个能连接到骨干区域的非骨干区域将其与骨干区域相连。

② 通过一个非骨干区域连接一个分段的骨干区域两边的部分区域。

配置虚链路应遵守以下规则：

① 虚链路必须配置在两台 ABR 路由器之间，其中一台是骨干区域的 ABR1，另一台是远离骨干区域的 ABR2，但 ABR1 和 ABR2 两个都在某一个非骨干区域中，这样的区域又被称为传送区域。

② 配置了虚链路的所经过的区域必须拥有全部的路由选择信息。

③ 传送区域不能是一个末梢区域。

虚连接是设置在两个路由器 A 和 B 之间的，假定 A 是 Area 0 与 Area x 边界路由器，B 是 Area x 与 Area y 的边界路由器。在这两个路由器上分别定义：

```
A(config-router)# area x virtual-link 路由器 B 的 ID
```

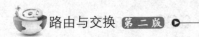

B(config-router)# area x virtual-link 路由器A的ID

3. OSPF链路状态公告的报文类型

OSPF路由器之间交换链路状态公告（LSA）信息，LSA有以下几种不同功能的报文：

（1）TYPE 1（路由器LSA，拓扑表中显示router Link States，路由表中显示O）：由区域内所有的路由器产生，并且只能在本区域内泛洪广播。一个边界路由器ABR可能产生多个LSA TYPE 1。通常是区域内路由器用224.0.0.5发送给本区域的DR或BDR。这些最基本的LSA通告列出了路由器所有的链路和接口，并指明了它们的状态和沿每条链路方向出站的代价。

（2）TYPE 2（网络LSA，拓扑表中显示Net Link States，路由表中显示O）：由区域内的DR或BDR路由器产生，报文包括DR和BDR连接的路由器的链路信息。由DR或BDR路由器用224.0.0.6泛洪广播到区域内的各路由器。

（3）TYPE 3（网络汇总LSA，拓扑表中显示Summary Net Link States，路由表中显示OIA）：由区域边界路由器ABR产生的，可以通知本区域内的路由器通往区域外的路由信息；同时可以发送通往相同自治域不同区域的默认路由（在一个区域外部但是仍然在一个OSPF自治系统内部的默认路由也可以通过这种LSA来通告）；把本区域的路由发送到主干区域，如果有两个到相同目的地的路径，只会把最低代价的路由发送出去（如果一台ABR路由器经过主干区域从其他的ABR路由器收到多条网络汇总LSA，那么这台始发的ABR路由器将会选择这些LSA通告中代价最低的LSA，并且将这个LSA的最低代价通告给与它相连的非主干区域）。区域边界路由器ABR发往本区域内的路由器（告知区域外的其他区域的路由信息）、默认路由、主干区域。

（4）TYPE 4（ASB汇总LSA，拓扑表中显示Summary ASB Link States，路由表中显示OIA）：由ABR产生，它包含了描述到达自治域边界路由器ASBR的路由，通过主干区域的边界路由器ABR发送给其他区域的边界路由器ABR。它是一条主机路由，指向ASBR路由器地址的路由。即由主干区域边界路由器ABR向同一自治域系统内所有其他边界路由器ABR告知到达其他OSPF自治域ASBR的路由信息，即自治域的出口。

（5）TYPE 5（外部LSA，拓扑表中显示Type-5 AS External Link States，路由表中显示OE1或E2）：由ASBR产生，含有关于自治域外的链路信息，描述到自治域外部目的地的路由。它告诉内部自治区的路由器通往外自治区的路径。TYPE 5在整个网络中发送。自治域系统边界路由器（ASBR）发往自治域内的主干ABR路由器，以告知OSPF自治域外的路由信息。

（6）TYPE 6（多播OSPF，路由表中显示MOSF）：MOSF可以让路由器利用链路状态数据库的信息构造用于多播报文的多播发布树。

（7）TYPE 7（NSSA外部LSA，路由表中显示ON1或N2）：由ASBR产生的关于NSSA的信息。在不完全存根区域NSSA区域中，当有一个路由器是ASBR时，不得不产生LSA 5报文，但是NSSA中不能有LSA 5报文，因此ASBR产生LSA 7报文，发给本区域的路由器。

表6-4所示为LSA类型及始发的路由及其作用。

第6章 OSPF 路由协议

表 6-4 LSA 类型及始发的路由及其作用

类型代码	描述	始发的路由	作用
1	路由器 LSA	域内的所有路由器	列出路由器所有的链路或接口
2	网络 LSA	DR	列出与之相连的所有路由器，在产生这条网络 LSA 的区域内部进行泛洪
3	网络汇总	ABR	将发送网络一个区域，用来通告该区域外部的目的地址
4	ASBR 汇总 LSA	ABR	通告汇总 LSA 的目的地是一个 ASBR 路由器
5	自治系统外部 LSA	ABR	用来通告到达 OSPF AS 外部的目的地或者是到 OSPF AS 外部的默认路由的 LSA
7	NSSA 外部 LSA	ASBR	通告仅在始发这个 NSSA 非纯末梢区域内部进行泛洪

表 6-5 所示为每种区域内允许泛洪的 LSA 类型。

表 6-5 每种区域内允许泛洪的 LSA 类型

区域类型	LSA 1&2	LSA 3	LSA 4&5	LSA 7
骨干区域	允许	允许	允许	不允许
非骨干区域、非末梢区域	允许	允许	允许	不允许
末梢区域	允许	允许	不允许	不允许
完全末梢区域	允许	不允许	不允许	不允许
NSSA	允许	允许	不允许	允许

4．报文在 OSPF 多区域网络中发送的过程

首先，DR（BDR）向本区域内部的路由器发送 LSA TYPE 2，而区域内部的路由器再向本区域的 DR（BDR）发送 LSA TYPE 1。对本区域内的路径信息进行交换并计算出相应的路由表项。

其次，当在区域内部路由器的链路信息达到统一后，区域 ABR 才能发送 LSA TYPE 3 给主干区域和区域内部路由器。主干区域发送 LSA TYPE 4 到其他各区域边界路由器。其他区域路由器可以根据这些汇总信息，计算相应到达主干区域的路由表项。

最后，除了存根区域，所有路由器根据 ASBR 所发送的 LSA TYPE 5 计算出到达自治域外的路由表项。

当两个非主干区域间路由 IP 包的时，必须通过主干区。IP 包经过的路径分为 3 个部分：源区域内路径（从源端到 ABR）、主干路径（源和目的区域间的主干区路径）、目的端区域内路径（目的区域的 ABR 到目的路由器的路径）。从另一个观点来看，一个自治系统就像一个以主干区作为 Hub，各个非主干区域连到 Hub 上的星状结构图。各个区域边界路由器在主干区上进行路由信息的交换，发布本区域的路由信息，同时收到其他区域边界路由器发布的信息，传到本区域，进行链路状态的更新以形成最新的路由表。

6.5.2 多区域 OSPF 的基本配置

【网络拓扑】

多区域 OSPF 实验拓扑图如图 6-15 所示。

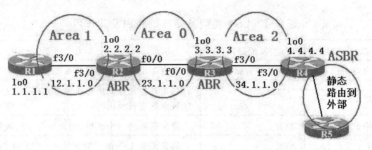

图 6-15 多区域 OSPF 实验拓扑图

【实验环境】

本实验在思科模拟器 Packet Tracer 5.3 上完成。

（1）将 4 台路由器 R1、R2、R3、R4 相连构成 3 个区域，R4 连接外部区域。

（2）R2、R3 是区域边界路由器，R4 是自治系统边界路由器。

（3）R4、R5 之间运行 RIP 协议。

（4）网络接口及地址配置如图 6-15 所示。

【实验目的】

（1）熟悉 OSPF 协议多区域的启用方法。

（2）掌握不同路由器类型的功能。

（3）熟悉 LSA 的类型和特征。

（4）掌握如何查看 OSPF 路由信息。

【实验配置】

（1）R1 的配置清单。

```
interface Loopback0
 ip address 1.1.1.1 255.255.255.0
!
interface FastEthernet3/0
ip address 12.1.1.1 255.255.255.0
duplex half
!
router ospf 100
router-id 1.1.1.1
log-adjacency-changes
network 1.1.1.0 0.0.0.255 area 1
network 12.1.1.0 0.0.0.255 area 1
```

（2）R2 的配置清单。

```
interface Loopback0
 ip address 2.2.2.2 255.255.255.0
!
interface FastEthernet0/0
 ip address 23.1.1.2 255.255.255.0
 duplex full
interface FastEthernet3/0
 ip address 12.1.1.2 255.255.255.0
 duplex half
```

```
!
router ospf 100
 router-id 2.2.2.2
 log-adjacency-changes
 network 2.2.2.0 0.0.0.255 area 0
 network 12.1.1.0 0.0.0.255 area 1
 network 23.1.1.0 0.0.0.255 area 0
```

（3）R3 的配置清单。

```
interface Loopback0
 ip address 3.3.3.3 255.255.255.0
!
interface FastEthernet0/0
 ip address 23.1.1.3 255.255.255.0
 duplex full
interface FastEthernet3/0
 ip address 34.1.1.3 255.255.255.0
 duplex half
!
router ospf 100
 router-id 3.3.3.3
 log-adjacency-changes
 network 3.3.3.0 0.0.0.255 area 0
 network 23.1.1.0 0.0.0.255 area 0
 network 34.1.1.0 0.0.0.255 area 2
```

（4）R4 的配置清单。

```
interface Loopback0
ip address 4.4.4.4 255.255.255.0
!
interface FastEthernet3/0
 ip address 34.1.1.4 255.255.255.0
 duplex half
!
router ospf 100
 router-id 4.4.4.4
 log-adjacency-changes
 redistribute static metric-type 1 subnets   /*路由重分布，R4 为自治域边界
路由器，把后面通往外部的静态路由重分布到 OSPF 中*/
 network 34.1.1.0 0.0.0.255 area 2
!
ip route 202.121.241.0 255.255.255.0 Loopback0
```

【实验验证】

```
R1# sh ip route
Gateway of last resort is not set
    34.0.0.0/24 is subnetted, 1 subnets
O IA   34.1.1.0 [110/3] via 12.1.1.2, 00:11:14, FastEthernet3/0
    1.0.0.0/24 is subnetted, 1 subnets
C    1.1.1.0 is directly connected, Loopback0
    2.0.0.0/32 is subnetted, 1 subnets
O IA   2.2.2.2 [110/2] via 12.1.1.2, 00:11:42, FastEthernet3/0
```

```
              3.0.0.0/32 is subnetted, 1 subnets
O IA     3.3.3.3 [110/3] via 12.1.1.2, 00:11:24, FastEthernet3/0
              23.0.0.0/24 is subnetted, 1 subnets
O IA     23.1.1.0 [110/2] via 12.1.1.2, 00:11:42, FastEthernet3/0
O E1 202.121.241.0/24 [110/23] via 12.1.1.2, 00:09:46, FastEthernet3/0
              12.0.0.0/24 is subnetted, 1 subnets
C     12.1.1.0 is directly connected, FastEthernet3/0
```
/*O 为域内路由，O IA 为域间路由，O E1 为外部路由类型 1，O E2 为外部路由类型 2。外部路由类型 1 和 2 的区别在于路由开销的计算方法不同。类型 1 的路由开销等于外部开销+内部开销之和，类型 2 的路由只是计算外部开销，无论它穿越多少内部链路，都不计算内部开销*/

R3# sh ip os database
/*输出显示，R3 路由器同时维护了 area 0 和 area 2 的 OSPF 数据库*/

```
          OSPF router with ID (3.3.3.3) (Process ID 100)
             router Link States (Area 0)   /*类型 1 的 LSA*/
Link ID         ADV router       Age       Seq#        Checksum Link count
2.2.2.2         2.2.2.2          884       0x80000003 0x009C34 2
3.3.3.3         3.3.3.3          878       0x80000004 0x009032 2

             Net Link States (Area 0)      /*类型 2 的 LSA*/
Link ID         ADV router       Age       Seq#        Checksum
23.1.1.2        2.2.2.2          883       0x80000001 0x00E61C

             Summary Net Link States (Area 0)  /*类型 3 的 LSA*/
Link ID         ADV router       Age       Seq#        Checksum
1.1.1.1         2.2.2.2          897       0x80000001 0x0033FB
12.1.1.0        2.2.2.2          934       0x80000001 0x00A382
34.1.1.0        3.3.3.3          877       0x80000001 0x0066A5
```
/*以上部分列出了区域 0 中的 LSA3。输出显示 R2、R3 两个 ABR 分别将左边区域 1、右边区域 2 的路由信息概括后通告给主干区域 0，用目标网络号代表 link ID*/

```
             Summary ASB Link States (Area 0)  /*类型 4 的 LSA*/
Link ID         ADV router       Age       Seq#        Checksum
4.4.4.4         3.3.3.3          785       0x80000001 0x0072AC
```
/*以上部分列出了区域 0 中的 LSA4。输出显示，区域边界路由器 R3 向区域 0 中通告了到达自治系统外的出口路由器是 R4 (Link ID=4.4.4.4)*/

```
             router Link States (Area 2)   /*类型 1 的 LSA*/
Link ID         ADV router       Age       Seq#        Checksum Link count
3.3.3.3         3.3.3.3          819       0x80000002 0x00EADE 1
4.4.4.4         4.4.4.4          792       0x80000003 0x00AD11 1

             Net Link States (Area 2)      /*类型 2 的 LSA*/
Link ID         ADV router       Age       Seq#        Checksum
34.1.1.4        4.4.4.4          820       0x80000001 0x004B9A

             Summary Net Link States (Area 2)  /*类型 3 的 LSA*/
Link ID         ADV router       Age       Seq#        Checksum
1.1.1.1         3.3.3.3          883       0x80000001 0x001F0B
2.2.2.2         3.3.3.3          883       0x80000001 0x00E640
3.3.3.3         3.3.3.3          883       0x80000001 0x00AE75
12.1.1.0        3.3.3.3          883       0x80000001 0x008F91
23.1.1.0        3.3.3.3          883       0x80000001 0x00F521
```

```
                Type-5 AS External Link States  /*类型 5 的 LSA*/
Link ID          ADV router       Age          Seq#        Checksum Tag
202.121.241.0    4.4.4.4          791          0x80000001  0x008852 0
```
/*以上部分列出的是 LSA5,输出显示,是由路由器 R4 通告的,用外部目标网络号作为 Link ID,它被传播到各个区域,下面这条命令更详细地报告了外部路由信息*/
```
R3# sh ip ospf database external
            OSPF router with ID (3.3.3.3) (Process ID 100)
               Type-5 AS External Link States
  Routing Bit Set on this LSA
  LS age: 1262
  Options: (No TOS-capability, DC)
  LS Type: AS External Link
  Link State ID: 202.121.241.0 (External Network Number )
  Advertising router: 4.4.4.4
  LS Seq Number: 80000001
  Checksum: 0x8852
  Length: 36
  Network Mask: /24
  Metric Type: 1 (Comparable directly to link state metric)
  TOS: 0
  Metric: 20
  Forward Address: 0.0.0.0
  External Route Tag: 0
```

6.5.3 远离区域 0 的 OSPF 的虚链路

【网络拓扑】

OSPF 的虚链路配置实验拓扑图如图 6-16 所示。

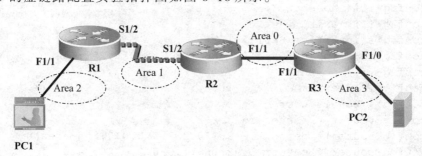

图 6-16 OSPF 的虚链路配置实验拓扑图

【实验环境】

（1）将 3 台 RG-R2632 路由器相连,其中 R1 与 R2 的串口 S1/2 相连 S1/2,路由器 R1 为 DCE,路由器 R2 为 DTE,形成的子网工作在 Area 1。

（2）路由器 R2 与 R3 通过以太口相连,它们工作在 OSPF 的区域 Area 0,即为主干路由器。

（3）两台计算机分别用一根 RJ-45 网线将计算机网卡与路由器 R1 与 R2 的以太口相连,形成的两个子网分别工作在 Area 2 和 Area 3。

【实验目的】
（1）熟悉 OSPF 协议的启用方法。
（2）掌握指定各网络接口所属区域号的方法。
（3）掌握非主干区域通过虚链路与主干区域（Area 0）相连接。
（4）熟悉 OSPF 路由信息的查看与调试。

【实验配置】
（1）R1 配置。

```
R2632(config)# host R1
R1(config)# interface fastethernet 1/1
R1(config-if)# ip address 192.168.0.1 255.255.255.0
R1(config-if)# no shut
R1(config-if)# exit
R1(config)# interface Serial 1/2
R1(config-if)# ip address 192.168.1.1 255.255.255.252
R1(config-if)# clock rate 64000
R1(config-if)# no shut
R1(config-if)# exit
R1(config)# router ospf
R1(config-router)# router-id 1.1.1.1
R1(config-router)# network 192.168.0.0 0.0.0.255 area 2
R1(config-router)# network 192.168.1.0 0.0.0.255 area 1
R1(config-router)# end
```

（2）R2 配置。

```
R2632(config)# host R2
R2(config)# interface fastethernet 1/1
R2(config-if)# ip address 219.220.237.1 255.255.255.0
R2(config-if)# no shut
R2(config-if)# exit
R2(config)# interface Serial 1/2
R2(config-if)# ip address 192.168.1.2 255.255.255.252
R2(config-if)# no shut
R2(config-if)# exit
R2(config)# router ospf
R2(config-router)# router-id 2.2.2.2
R2(config-router)# network 219.220.237.0 0.0.0.255 area 0
R2(config-router)# network 192.168.1.0 0.0.0.255 area 1
R2(config-router)# end
```

（3）R3 配置。

```
R2632>en 14
Password: 123456
R2632# config terminal
R2632(config)# host R3
R3(config)# interface fastethernet 1/0
R3(config-if)# ip address 219.220.236.1 255.255.255.0
R3(config-if)# no shut
R3(config-if)# exit
R3(config)# interface f 1/1
```

```
R3(config-if)# ip address 219.220.237.2 255.255.255.0
R3(config-if)# no shut
R3(config-if)# exit
R3(config)# router ospf
R3(config-router)# network 219.220.236.0 0.0.0.255 area 3
R3(config-router)# network 219.220.237.0 0.0.0.255 area 0
R3(config-router)# end
```

【实验验证】

（1）在加虚链路前分别在 R1、R2、R3 上显示路由表。

（2）分别在 R1 和 R2 上加以下虚链路的命令，virtual-link 后面一定要互指对方的路由器 ID；再分别在 R1、R2、R3 上显示路由表。比较两者的区别。

```
R1(config-router)# area 1 virtual-link 2.2.2.2
R2(config-router)# area 1 virtual-link 1.1.1.1
```

（3）用 show ip ospf virtual-link 命令显示虚链路的信息。

6.5.4 验证 OSPF 在不同区域间的路由选路

【网络拓扑】

验证 OSPF 在不同区域间的路由选路如图 6-17 所示。

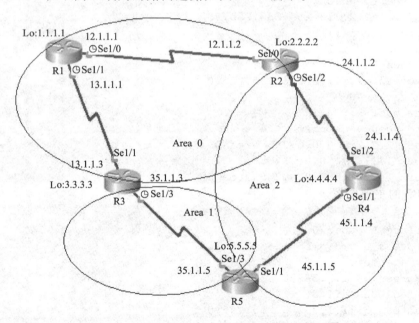

图 6-17　验证 OSPF 在不同区域间的路由选路

【实验环境】

如图 6-17 所示。

【实验目的】

（1）验证 OSPF 非主干区域间的路由选路必须经过主干区域 Area 0。

（2）验证 OSPF 非主干区域到主干区域 Area 0 的路由选路按最优路径。

（3）验证当非主干区域与主干区域 Area 0 不连续时必须建立虚链路。

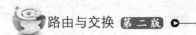

【实验配置】
（1）R1 的主要配置。

```
hostname R1
interface Loopback0
ip address 1.1.1.1 255.255.255.255
interface Serial1/0
ip address 12.1.1.1 255.255.255.0
clock rate 64000
interface Serial1/1
ip address 13.1.1.1 255.255.255.0
clock rate 64000
!
router ospf 1
log-adjacency-changes
network 1.1.1.0 0.0.0.255 area 0
network 12.1.1.0 0.0.0.255 area 0
network 13.1.1.0 0.0.0.255 area 0
```

（2）R2 的主要配置。

```
hostname R2
interface Loopback0
ip address 2.2.2.2 255.255.255.255
interface Serial1/0
ip address 12.1.1.2 255.255.255.0
interface Serial1/2
ip address 24.1.1.2 255.255.255.0
clock rate 64000
router ospf 1
log-adjacency-changes
network 2.2.2.0 0.0.0.255 area 0
network 12.1.1.0 0.0.0.255 area 0
network 24.1.1.0 0.0.0.255 area 2
```

（3）R3 的主要配置。

```
hostname R3
interface Loopback0
ip address 3.3.3.3 255.255.255.255
interface Serial1/1
ip address 13.1.1.3 255.255.255.0
interface Serial1/3
ip address 35.1.1.3 255.255.255.0
clock rate 64000
router ospf 1
log-adjacency-changes
network 13.1.1.0 0.0.0.255 area 0
network 3.3.3.0 0.0.0.255 area 0
network 35.1.1.0 0.0.0.255 area 1
```

（4）R4 的主要配置。

```
hostname R4
interface Loopback0
ip address 4.4.4.4 255.255.255.255
```

```
interface Serial1/1
ip address 45.1.1.4 255.255.255.0
clock rate 64000
interface Serial1/2
ip address 24.1.1.4 255.255.255.0
router ospf 1
log-adjacency-changes
network 24.1.1.0 0.0.0.255 area 2
network 4.4.4.0 0.0.0.255 area 2
network 45.1.1.0 0.0.0.255 area 2
```

（5）R5 的主要配置。

```
hostname R5
interface Loopback0
ip address 5.5.5.5 255.255.255.255
interface Serial1/1
ip address 45.1.1.5 255.255.255.0
interface Serial1/3
ip address 35.1.1.5 255.255.255.0
router ospf 1
log-adjacency-changes
network 45.1.1.0 0.0.0.255 area 2
network 35.1.1.0 0.0.0.255 area 1
network 5.5.5.0 0.0.0.255 area 1
```

【实验验证】

（1）非骨干区域间的路由选路。

在 Area 2 中的 R4 上，对区域 1 中的 R5 进行路由跟踪。

```
R4#traceroute 35.1.1.5
Type escape sequence to abort.
Tracing the route to 35.1.1.5
  1   24.1.1.2        31 msec    31 msec    31 msec
  2   12.1.1.1        62 msec    62 msec    62 msec
  3   13.1.1.3        94 msec    65 msec    94 msec
  4   35.1.1.5        62 msec    79 msec    64 msec
```

虽然 R4 与 R5 物理链路上相邻，但分属不同的区域，且都为非骨干区域，虽然 Area 1、Area 2 也相邻，R5 作为区域边界路由器，但从上述路由跟踪（从 R4→R2→ R1→R3→R5）可以看出，两者的选路不能从 45.1.1.5 路径，而必须通过 Area 0 转发。

（2）非骨干区域到骨干区域的路由选路。

在区域边界路由器 R5 上，对区域 0 上的 R1 和 R2 进行路由跟踪。

```
R5#traceroute 1.1.1.1
Type escape sequence to abort.
Tracing the route to 1.1.1.1
  1   35.1.1.3        31 msec    19 msec    32 msec
  2   13.1.1.1        47 msec    31 msec    62 msec
```

从上可知，路由跟踪从 R5→R3→R1，此时的路由是根据最优路径的区域进行选路的。

```
R5#traceroute 2.2.2.2
Type escape sequence to abort.
```

```
Tracing the route to 2.2.2.2
  1  45.1.1.4      32 msec   31 msec   18 msec
  2  24.1.1.2      62 msec   56 msec   62 msec
```

从上可知，路由跟踪从 R5→R4→R2，此时的路由是根据最优路径的区域进行选路的。

（3）未经区域 0 的跨区域路由选路。

① 显示 R4 上的路由表：

```
R4#show ip rout
Gateway of last resort is not set
     1.0.0.0/32 is subnetted, 1 subnets
O IA    1.1.1.1 [110/1563] via 24.1.1.2, 00:12:30, Serial1/2
     2.0.0.0/32 is subnetted, 1 subnets
O IA    2.2.2.2 [110/782] via 24.1.1.2, 00:12:30, Serial1/2
     3.0.0.0/32 is subnetted, 1 subnets
O IA    3.3.3.3 [110/2344] via 24.1.1.2, 00:12:30, Serial1/2
     4.0.0.0/32 is subnetted, 1 subnets
C       4.4.4.4 is directly connected, Loopback0
     5.0.0.0/32 is subnetted, 1 subnets
O IA    5.5.5.5 [110/3125] via 24.1.1.2, 00:08:36, Serial1/2
     12.0.0.0/24 is subnetted, 1 subnets
O IA    12.1.1.0 [110/1562] via 24.1.1.2, 00:12:30, Serial1/2
     13.0.0.0/24 is subnetted, 1 subnets
O IA    13.1.1.0 [110/2343] via 24.1.1.2, 00:12:30, Serial1/2
     24.0.0.0/24 is subnetted, 1 subnets
C       24.1.1.0 is directly connected, Serial1/2
     35.0.0.0/24 is subnetted, 1 subnets
O IA    35.1.1.0 [110/3124] via 24.1.1.2, 00:12:30, Serial1/2
     45.0.0.0/24 is subnetted, 1 subnets
C       45.1.1.0 is directly connected, Serial1/1
```

② 强行关闭 R2 上的 S1/2 端口：

```
R2(config)#int s1/2
R2(config-if)#shut
```

③ 在 R4 上显示路由表：

```
R4#show ip rout
Gateway of last resort is not set
     4.0.0.0/32 is subnetted, 1 subnets
C       4.4.4.4 is directly connected, Loopback0
     45.0.0.0/24 is subnetted, 1 subnets
C       45.1.1.0 is directly connected, Serial1/1
```

从以上可以看出，R4 只有直连路由，而失去了所有其他路由信息。

④ 通过 Area 1 建立 Area 2 到区域 0 的虚链路：

```
R3(config)#router ospf 1
R3(config-router)#area 1 virtual 5.5.5.5

R5(config)#router ospf 1
R5(config-router)#area 1 virtual-link 3.3.3.3
```

⑤ 在 R4 上显示路由表：

```
R4#show ip rout
```

```
Gateway of last resort is not set
    1.0.0.0/32 is subnetted, 1 subnets
O IA    1.1.1.1 [110/2344] via 45.1.1.5, 00:01:06, Serial1/1
    2.0.0.0/32 is subnetted, 1 subnets
O IA    2.2.2.2 [110/3125] via 45.1.1.5, 00:01:06, Serial1/1
    3.0.0.0/32 is subnetted, 1 subnets
O IA    3.3.3.3 [110/1563] via 45.1.1.5, 00:01:06, Serial1/1
    4.0.0.0/32 is subnetted, 1 subnets
C       4.4.4.4 is directly connected, Loopback0
    5.0.0.0/32 is subnetted, 1 subnets
O IA    5.5.5.5 [110/782] via 45.1.1.5, 00:01:26, Serial1/1
    12.0.0.0/24 is subnetted, 1 subnets
O IA    12.1.1.0 [110/3124] via 45.1.1.5, 00:01:06, Serial1/1
    13.0.0.0/24 is subnetted, 1 subnets
O IA    13.1.1.0 [110/2343] via 45.1.1.5, 00:01:06, Serial1/1
    35.0.0.0/24 is subnetted, 1 subnets
O IA    35.1.1.0 [110/1562] via 45.1.1.5, 00:01:26, Serial1/1
    45.0.0.0/24 is subnetted, 1 subnets
C       45.1.1.0 is directly connected, Serial1/1
```

从上可以看出，R4 已经通过虚链路学会了所有的路由信息。并且，R4 对 R3 的选路，已经由原来的（从 R4→R2→R1→R3 路径，通过路由表中显示 R2 的接口 24.1.1.2）：

```
    35.0.0.0/24 is subnetted, 1 subnets
O IA    35.1.1.0 [110/3124] via 24.1.1.2, 00:12:30, Serial1/2
```

变成了（从 R4→R5→R3 路径，通过路由表中显示 R5 的接口 45.1.1.5）：

```
    35.0.0.0/24 is subnetted, 1 subnets
O IA    35.1.1.0 [110/1562] via 45.1.1.5, 00:01:26, Serial1/1
```

备注：在 Packet Tracer 中如果在 R4 的路由表中看不到 35.0.0.0 的路由，在建立虚链路的同时，R4 作为末结点，在 R4 上加一条默认路由到 R5，即 ip route 0.0.0.0 0.0.0.0 45.1.1.15，类似于图 6-16 中 PC1 的默认网关配置。

⑥ 通过 traceroute 也验证了 R4 对 R3 的选路：

```
R4#traceroute 35.1.1.3
Type escape sequence to abort.
Tracing the route to 35.1.1.3
  1   45.1.1.5        31 msec    31 msec    32 msec
  2   35.1.1.3        62 msec    62 msec    62 msec
```

6.6 多区域 OSPF 的高级配置

OSPF 多区域的配置思路：

（1）区域内路由器的配置。
（2）配置各边界路由器 ABR。
（3）配置外部边界路由器 ASBR，因为 ASBR 处于 OSPF 系统和非 OSPF 系统中，所以要使用重分布路由信息。
（4）配置一些特殊的区域，如 Stub Area 和 Totally Stubby，而这些配置和单区域相同，不同之处在于区域宣告不同。

6.6.1 OSPF 末节区域

【网络拓扑】

OSPF 的末节区域如图 6-18 所示。

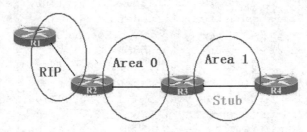

图 6-18　OSPF 的末节区域

【实验环境】

如图 6-18 所示。

【实验目的】

（1）验证 Stub 区域不接收外部路由。

（2）从 ABR 向 Stub 区域内通告一条默认路由。

【实验配置】

（1）R1 的配置。

```
interface Loopback0
ip address 1.1.1.1 255.255.255.0
interface FastEthernet3/0
ip address 12.1.1.1 255.255.255.0
!
router rip
version 2
network 1.0.0.0
network 12.0.0.0
```

（2）R2 的配置。

```
interface Loopback0
ip address 2.2.2.2 255.255.255.0
interface FastEthernet0/0
ip address 23.1.1.2 255.255.255.0
interface FastEthernet3/0
ip address 12.1.1.2 255.255.255.0
!
router ospf 100
router-id 2.2.2.2
log-adjacency-changes
redistribute rip subnets
network 2.2.2.0 0.0.0.255 area 0
network 23.1.1.0 0.0.0.255 area 0
!
```

```
router rip
redistribute ospf 100 match internal external 1 external 2
network 1.0.0.0
network 12.0.0.0
no auto-summary
```

（3）R3 的配置。

```
interface Loopback0
ip address 3.3.3.3 255.255.255.0
interface FastEthernet0/0
ip address 23.1.1.3 255.255.255.0
interface FastEthernet3/0
ip address 34.1.1.3 255.255.255.0
!
router ospf 100
router-id 3.3.3.3
log-adjacency-changes
area 1 stub
network 3.3.3.0 0.0.0.255 area 0
network 23.1.1.0 0.0.0.255 area 0
network 34.1.1.0 0.0.0.255 area 1
```

（4）R4 的配置。

```
interface Loopback0
ip address 4.4.4.4 255.255.255.0
interface FastEthernet3/0
ip address 34.1.1.4 255.255.255.0
duplex half
!
router ospf 100
router-id 4.4.4.4
log-adjacency-changes
area 1 stub
network 34.1.1.0 0.0.0.255 area 1
```

【实验验证】

```
R3# sh ip route
Codes: C - connected, S - static, R - RIP, M - mobile, B - BGP
       D - EIGRP, EX - EIGRP external, O - OSPF, IA - OSPF inter area
       N1 - OSPF NSSA external type 1, N2 - OSPF NSSA external type 2
       E1 - OSPF external type 1, E2 - OSPF external type 2
       i - IS-IS, su - IS-IS summary, L1 - IS-IS level-1, L2 - IS-IS level-2
       ia - IS-IS inter area, * - candidate default, U - per-user static route
       o - ODR, P - periodic downloaded static route
Gateway of last resort is not set
     34.0.0.0/24 is subnetted, 1 subnets
C       34.1.1.0 is directly connected, FastEthernet3/0
O E2 1.0.0.0/8 [110/20] via 23.1.1.2, 00:30:20, FastEthernet0/0
     2.0.0.0/32 is subnetted, 1 subnets
O       2.2.2.2 [110/2] via 23.1.1.2, 00:32:02, FastEthernet0/0
     3.0.0.0/24 is subnetted, 1 subnets
C       3.3.3.0 is directly connected, Loopback0
```

```
         23.0.0.0/24 is subnetted, 1 subnets
C        23.1.1.0 is directly connected, FastEthernet0/0
         12.0.0.0/24 is subnetted, 1 subnets
O E2     12.1.1.0 [110/20] via 23.1.1.2, 00:30:20, FastEthernet0/0
R4# sh ip route
Codes: C - connected, S - static, R - RIP, M - mobile, B - BGP
       D - EIGRP, EX - EIGRP external, O - OSPF, IA - OSPF inter area
       N1 - OSPF NSSA external type 1, N2 - OSPF NSSA external type 2
       E1 - OSPF external type 1, E2 - OSPF external type 2
       i - IS-IS, su - IS-IS summary, L1 - IS-IS level-1, L2 - IS-IS level-2
       ia - IS-IS inter area, * - candidate default, U - per-user static route
       o - ODR, P - periodic downloaded static route
Gateway of last resort is 34.1.1.3 to network 0.0.0.0
         34.0.0.0/24 is subnetted, 1 subnets
C        34.1.1.0 is directly connected, FastEthernet3/0
         2.0.0.0/32 is subnetted, 1 subnets
O IA     2.2.2.2 [110/3] via 34.1.1.3, 00:30:24, FastEthernet3/0
         3.0.0.0/32 is subnetted, 1 subnets
O IA     3.3.3.3 [110/2] via 34.1.1.3, 00:30:24, FastEthernet3/0
         4.0.0.0/24 is subnetted, 1 subnets
C        4.4.4.0 is directly connected, Loopback0
         23.0.0.0/24 is subnetted, 1 subnets
O IA     23.1.1.0 [110/2] via 34.1.1.3, 00:30:24, FastEthernet3/0
O*IA 0.0.0.0/0 [110/2] via 34.1.1.3, 00:30:24, FastEthernet3/0
/*输出显示:Stub区域内被注入一条默认路由,而且学习不到外部路由,无O E2条目*/
R4# sh ip ospf database
            OSPF router with ID (4.4.4.4) (Process ID 100)
              router Link States (Area 1)
Link ID         ADV router       Age          Seq#         Checksum Link count
3.3.3.3         3.3.3.3          35           0x80000003   0x00FCCE 1
4.4.4.4         4.4.4.4          1870         0x80000002   0x00BD07 1

              Net Link States (Area 1)
Link ID         ADV router       Age          Seq#         Checksum
34.1.1.3        3.3.3.3          35           0x80000002   0x009F4C

              Summary Net Link States (Area 1)
Link ID         ADV router       Age          Seq#         Checksum
0.0.0.0         3.3.3.3          35           0x80000002   0x0055DB
/*输出显示:R3向STUB区域内注入一条默认路由*/
2.2.2.2         3.3.3.3          35           0x80000003   0x000126
3.3.3.3         3.3.3.3          35           0x80000003   0x00C85B
23.1.1.0        3.3.3.3          35           0x80000003   0x001007
```

6.6.2 完全末节区域

【网络拓扑】

完全末节区域如图6-19所示。

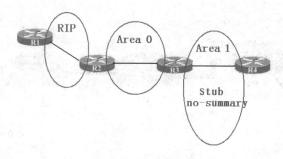

图 6-19 完全末节区域

【实验环境】

如图 6-19 所示。

【实验目的】

（1）Stub no-summary 不接收外部路由，也不接收其他区域的汇总路由。

（2）从 ABR 向 Stub 区域内通告一条默认路由。

【实验配置】

在 R3 和 R4 的 OSPF 进程中使用 Area 1 stub no-summary 命令，其他命令与上面类似。

【实验验证】

```
R4# sh ip route
Gateway of last resort is 34.1.1.3 to network 0.0.0.0
    34.0.0.0/24 is subnetted, 1 subnets
C     34.1.1.0 is directly connected, FastEthernet3/0
    4.0.0.0/24 is subnetted, 1 subnets
C     4.4.4.0 is directly connected, Loopback0
O*IA 0.0.0.0/0 [110/2] via 34.1.1.3, 00:00:15, FastEthernet3/0
/*输出显示：不接收外部路由，同时也不接收其他区域的汇总路由*/
R4# sh ip ospf database
          OSPF router with ID (4.4.4.4) (Process ID 100)
             router Link States (Area 1)
Link ID         ADV router      Age       Seq#        Checksum Link count
3.3.3.3         3.3.3.3         40        0x80000005  0x00F8D0 1
4.4.4.4         4.4.4.4         146       0x80000003  0x00BB08 1

             Net Link States (Area 1)
Link ID         ADV router      Age       Seq#        Checksum
34.1.1.3        3.3.3.3         35        0x80000004  0x009B4E

             Summary Net Link States (Area 1)
Link ID         ADV router      Age       Seq#        Checksum
0.0.0.0         3.3.3.3         35        0x80000003  0x0053DC
```

6.6.3 OSPF NSSA 区域

【网络拓扑】

OSPF NSSA 如图 6-20 所示。

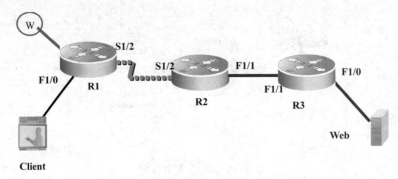

图 6-20　OSPF NSSA

【实验环境】

本实验主要描述一个 OSPF 自治系统中 ABR 的配置情况。在这个例子中，R1，R2 运行在 Area 0；R2，R3 运行在 Area 1，且 Area 1 为 Stub 区域，R2 为 ABR。

【实验目的】

（1）NSSA 不接收外部路由，但自身可以向 OSPF 区域内重分布外部路由，ABR 不会向 NSSA 区域内通告默认路由。

（2）NSSA no-summary 不接收外部路由和区域间的汇总路由，ABR 会向 NSSA 区域内通告默认路由。

【实验配置】

（1）R1 配置。

```
RG-2632(config)#hostname R1
R1(config)# interface fastethernet 1/0
R1(config-if)# ip address 10.1.1.1 255.255.255.0
R1(config-if)# no shut
R1(config-if)# exit
R1(config)# interface Serial 1/2
R1(config-if)# encapsulation ppp
R1(config-if)# ip address 20.1.1.2 255.255.255.252
R1(config-if)# no shut
R1(config-if)# exit
R1(config)# router ospf 100
R1(config-router)# network 10.1.1.0 255.255.255.0 area 0
R1(config-router)# network 20.1.1.0 255.255.255.252 area 0
R1(config-router)# end
R1#
```

（2）R2 配置。

```
RG-2632(config)# hostname R2
R2(config)# interface Serial 1/2
R2(config-if)# encapsulation ppp
R2(config-if)# ip address 20.1.1.1 255.255.255.0
R2(config-if)# bandwidth 2000000
R2(config-if)# clock rate 64000
R2(config-if)# no shut
R2(config-if)# exit
```

```
R2(config)# interface fastethernet 1/1
R2(config-if)# ip address 30.1.1.1 255.255.255.252
R2(config-if)# no shut
R2(config-if)# exit
R2(config)# router ospf 100
R2(config-router)# network 30.1.1.0 255.255.255.252 area 1
R2(config-router)# network 20.1.1.0 255.255.255.252 area 0
R2(config-router)# area 1 stub
```

(3) R3 配置。

```
RG-2632(config)# hostname R3
R3(config)# interface fastethernet 1/0
R3(config-if)# ip address 40.1.1.1 255.255.255.0
R3(config-if)# no shut
R3(config-if)# exit
R3(config)# interface fastethernet 1/1
R3(config-if)# ip address 30.1.1.2 255.255.255.252
R3(config-if)# no shut
R3(config-if)# exit
R3(config)# router ospf 100
R3(config-router)# network 30.1.1.0 255.255.255.0 area 1
R3(config-router)# network 40.1.1.0 255.255.255.0 area 1
R3(config-router)# area 1 stub
```

【实验验证】

```
show ip ospf
show ip ospf interface
show ip ospf neighbor
show ip route
```

课后练习及实验

1. 选择题

（1）哪个命令显示了 OSPF 的链路状态数据库？（　　）
    A. show ip ospf lsa database　　　　B. show ip ospf link-state
    C. show ip ospf neighbors　　　　　D. show ip ospf database

（2）OSPF 将不同的网络拓扑抽象为好几种类型，下面 4 个选项中，哪一个不属于其中？（　　）
    A. stub networks　B. point-to-point　C. point-to-multipoint　D. NBMA

（3）OSPF 有 5 种区域，以下哪个不是？（　　）
    A. 主干区域（Area 0）　　　　　　B. 末梢区域（Stub）
    C. 完全末梢区域（Totally Stubby）　D. 非标准区域

（4）OSPF 的报文中，（　　）可用于选举 DR、BDR。
    A. HELLO　　　B. DD　　　C. LSR　　　D. LSU　E. LSAck

（5）下面哪个不是分层路由的优势？（　　）
    A. 降低了 SPF 运算的频率　　　　　B. 减小了路由表

C. 减小了链路状态更新报文　　D. 改变了链路间的成本

（6）以下选项中，哪个不是要成为 Stub 或者 Totally Stubby 区域要满足的条件？（　　）

    A. 只有一个默认路由作为其区域的出口

    B. 区域不能作为虚链路的穿越区域

    C. Stub 区域里无自治系统边界路由器 ASBR

    D. 其中一台路由器可以在骨干区域 Area 0 中

（7）哪个不是配置虚链路要遵守的规则？（　　）

    A. 虚链路必须配置在两台 ABR 路由器之间

    B. 配置了虚链路的所经过的区域被称为传送区域，此区域中必须一台路由器连接到主干区域，另一台路由器连接到远离的区域

    C. 传送区域不能是一个末梢区域

    D. 只要在一台主干区域的路由器与末梢区域的路由器之间配置就可以了

（8）OSPF 地址汇总是什么？（　　）

    A. 区域间路由汇总和外部路由汇总

    B. 内部路由汇总

    C. 手工汇总

    D. 自动汇总

（9）OSPF 中 router-id 能标识一台设备的身份，下面说法正确的是（　　）。

    A. 先选举手工配置，然后选择设备 Loopback 地址大的，再选运行了宣告进 OSPF 最大的物理接口地址

    B. 先选择设备 Loopback 地址大的，然后选举手工配置，再选运行了宣告进 OSPF 最大的物理接口地址

    C. 先选举手工配置，然后选择设备 Loopback 地址大的，再选设备的物理接口 UP 最大的地址

    D. 选择设备 Loopback 地址大的，再选运行了宣告进 OSPF 最大的物理接口

（10）OSPF 协议将报文直接封装在（　　）报文中。

    A. TCP　　　　B. UDP　　　　C. IP　　　　D. PPP

2．问答题

（1）距离矢量协议和链路状态协议有什么区别？

（2）什么是最短路径优先算法？

（3）如何定义路由器的 ID？什么是 DR 和 BDR，其作用是什么？

（4）简述 OSPF 的基本工作过程。

（5）简述 OSPF 中的 LSA 类型，以及每种 LSA 的传播范围。

（6）ABR、ASBR 的作用是什么？

（7）每一条到达一个网络目的地的路由都可以被归类到 4 种类型中的一种，写出这 4 种类型。

（8）E1 与 E2 的区别是什么？

3. 实验题

（1）实验：图 6-21 中有两台计算机，分别通过一个三层交换机（S3550）和二层交换机（S2126）连接路由 R1 和 R2，使用 OSPF 协议使得计算机之间可以通信。

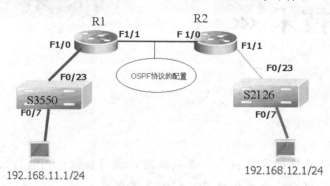

图 6-21　OSPF 实验-1

（2）按图 6-22 的拓扑及 IP 地址做多区域的 OSPF 配置，接口号可根据拓扑改变。并保持 R1 与 SW1、SW2 之间用不同的 VLAN 连接；SW1 与 SW2 之间用 Trunk 聚合链路；出口路由器 R1 通过 S 口上连 ISP 路由器，ISP 路由器的 Loopback 0 用来模拟 Internet，或再接一台 PC 或路由以模拟 Internet。

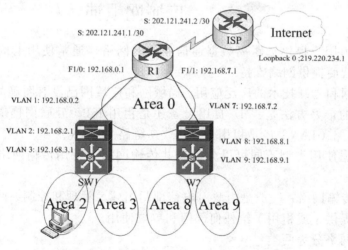

图 6-22　OSPF 实验-2

第 7 章 广域网技术

本章导读：

本章介绍了广域网的基本概念，重点介绍广域网协议：PPP 协议、PPPoE 协议、帧中继协议的工作过程，并举例说明它们的主要配置。

学习目标：

- 熟练掌握 PPP 的配置和应用。
- 了解帧中继的基本配置。
- 了解 PPPoE 的配置。

7.1 广域网概述

广域网是为用户提供远距离数据通信业务的网络，通常使用电信部门的传输设备，由电信运营商提供网络支持。

由于以太网和光纤技术的广泛应用，局域网和广域网已没有明确的界限。区分局域网和广域网的最好方法是：① 自用设备还是租用 ISP（互联网提供商）的设备；② 内部数据链路（LAN）还是租用 ISP 的数据链路（WAN）。

广域网根据使用类型不同可以分为公共传输网络、专用传输网络和无线传输网络。

（1）公共传输网络：一般是由政府电信部门组建、管理和控制，网络内的传输和交换装置可以提供（或租用）给任何部门和单位使用。

公共传输网络分为两类：

① 电路交换网络：使用公用电话网和有线电视网传输数据，用户终端从连接到切断，要占用一条线路，其收费按照用户占用线路的时间来决定。主要包括公共交换电话网（PSTN）、综合业务数字网（ISDN）、xDSL 和 HFC。

② 分组交换网络：将信息分"组"，按规定路径由发送者将分组的信息传送给接收者，数据分组的工作可在发送终端进行，也可在交换机进行。每一组信息都含有信息目的"地址"。可采取不同的路径传输，以便最有效地使用通信网络。在接收点上，对各类数据组进行重新组装。主要包括 X.25 分组交换网、帧中继和交换式多兆位数据服务（SMDS）、ATM。

（2）专用传输网络：是由一个组织或团体自己建立、使用、控制和维护的私有通信网络。一个专用网络拥有自己的通信和交换设备，建立自己的专线服务，也可以向公用网络或其他专用网络进行租用。

专用传输网络主要是数字数据网（DDN）利用光纤（或数字微波和卫星）数字电路和数字交叉连接设备组成的数字数据网。DDN 可以在两个端点之间建立一条永久的、半永久型、专用的数字通道。它的特点是在租用该专用线路期间，用户独占该线路的带宽，传输质量高。

（3）无线传输网络：主要是移动无线网。无线通信（Wireless Communication）是利用电磁波信号可以在自由空间中传播的特性进行信息交换的一种通信方式。无线通信主要包括微波通信和卫星通信。微波是一种无线电波，它传送的距离一般只有几十千米。但微波的频带很宽，通信容量很大。微波通信每隔几十千米要建一个微波中继站。卫星通信是利用通信卫星作为中继站在地面上两个或多个地球站之间或移动体之间建立微波通信联系。

无线广域网的通信中常用 GPS、CDMA、2G（GSM、GPRS）、3G、4G 和 5G 等通信技术。

由 ISP 组建和维护的广域网（主干网），包括公用电话交换网（PSTN）、数字数据网（DDN）、分组交换网（X.25）、帧中继（FR）、交换式多兆位数据服务（SMDS）、异步传输模式（ATM）和多协议标签交换 MPLS。

（1）数字数据网（Digital Data Network，DDN）是一种利用数字信道提供数据通信的传输网，它主要提供点到点及点到多点的数字专线或专网。由数字通道、DDN 结点、网管系统和用户环路组成。DDN 传输介质主要有光纤、数字微波、卫星信道等。采用了计算机管理的数字交叉连接技术，为用户提供半永久性连接电路，即 DDN 提供的信道是非交换、用户独占的永久虚电路（PVC）。一旦用户提出申请，网络管理员便可以通过软件命令改变用户专线的路由或专网结构，而无须经过物理线路的改造扩建工程，因此，DDN 极易根据用户的需要，在约定的时间内接通所需带宽的线路。

（2）X.25 是在 20 世纪 70 年代由国际电报电话咨询委员会 CCITT 制定的"在公用数据网上以分组方式工作的数据终端设备 DTE 和数据电路设备 DCE 之间的接口"。X.25 是一个分组交换网，具有 3 层协议（物理层、数据链路层、网络层），用呼叫建立临时虚电路。X.25 具有协议转换、速度匹配等功能，适合于不同通信规程、不同速率的用户设备之间的相互通信。

X.25 网络的突出优点是可以在一条物理电路上同时开放多条虚电路供多个用户同时使用；网络具有动态路由功能和复杂完备的误码纠错功能。可以满足不同速率和不同型号的终端与计算机、计算机与计算机间以及局域网 LAN 之间的数据通信。X.25 网络提供的数据传输率一般为 64 kbit/s。

（3）帧中继（Frame Relay，FR）技术是由 X.25 分组交换技术演变而来。可以把帧中继看作一条虚拟专线。用户可以在两结点之间租用一条永久虚电路并通过该虚电路发送数据帧，用户也可以在多个结点之间通过租用多条永久虚电路进行通信。帧中继和 X.25 网都采用虚电路复用技术，以便充分利用网络带宽资源，降低用户通信费用。

帧中继技术只提供最简单的通信处理功能，如帧开始和帧结束的确定以及帧传输差错检查。当帧中继交换机接收到一个损坏帧时只是将其丢弃，它不提供确认和流量控制机制。因此，帧中继交换机处理数据帧所需的时间大大缩短，端到端用户信息传输时延低于 X.25 网，而帧中继网的吞吐率也高于 X.25 网。帧中继网还提供一套完备的带宽管理和拥塞控制机制，在带宽动态分配上比 X.25 网更具优势。帧中继网可以提供从 2 Mbit/s 到 45 Mbit/s 速率范围的虚拟专线。

（4）交换式多兆位数据服务（Switched Multimegabit Data Service，SMDS），SMDS 是由 Bell 通信开发的，在 1990 年作为连接 FDDI 网络到 MAN（城域网）的一种基于电信的系统。SMDS 是一种基于信元的数据传输技术，其传输速率在 T 载波线路上可以高达 155 Mbit/s，在欧洲有广泛的应用。SMDS 被设计用来连接多个局域网，用于企业间在广域网上交换数据使用。将 SMDS 当作 LAN 之间的高速主干网，允许某个 LAN 通过 SMDS 向其他 LAN 发送报文。SMDS 支持的数据传输率要高于帧中继，且是无连接的。

（5）ATM 是异步传输模式（Asynchronous Transfer Mode，ATM），是以信元为基础的一种分组交换和复用技术。ATM 采用面向连接的传输方式，将数据分割成固定长度的信元，通过虚连接进行交换。ATM 集交换、复用、传输为一体，在复用上采用的是异步时分复用方式，通过信息的首部或标头来区分不同信道。

ATM 网络由相互连接的 ATM 交换机构成，存在交换机与终端、交换机与交换机之间的两种连接。交换机支持两类接口：用户与网络的接口 UNI（通用网络接口）和网络结点间的接口 NNI。对应两类接口，ATM 信元有两种不同的信元头。VP（虚通道）和 VC（虚通路）用来描述 ATM 信元单向传输的路由。一条物理链路可以复用多条 VP，每条 VP 又可以复用多条 VC，它们独立编号产生 VPI 和 VCI，VPI 和 VCI 一起才能唯一地标识一条虚通路。相邻两个交换结点间信元的 VPI/VCI 值不变，两结点之间形成一个 VP 链和 VC 链。当信元经过交换结点时，VPI 和 VCI 作相应的改变。一个单独的 VPI 和 VCI 是没有意义的，只有进行链接之后，形成一个 VP 链和 VC 链，才形成一个有意义的链接。在 ATM 交换机中，有一个虚连接表，每一部分都包含物理端口、VPI、VCI 值，该表是在建立虚电路的过程中生成的。

ATM 协议在带宽上被设计成可扩展的，并能支持实时的多媒体应用。标准正好能执行 1 级光学载体（OC-1）(51.84 Mbit/s) 到 OC-48（2.488 Gbit/s）的传输率。

（6）多协议标签交换 MPLS 是 IP 和 ATM 融合的技术，它在 IP 中引入了 ATM 的技术和概念，同时拥有 IP 和 ATM 的优点和技术特征。MPLS 最初是为了提高转发速度而提出的，致力于解决 Internet 主干网的路由器瓶颈，QOS 支持 Traffic Engineering，VPN 等问题。

MPLS 属于第三代网络架构，是新一代的 IP 高速骨干网络交换标准。MPLS 发展迅猛，很多网络运营商将其 Internet 主干网逐步演进到 MPLS 网络，将来所有公司内部的业务也将由基于 MPLS 的 VPN 来承担。

MPLS 的价值在于其能够在一个无连接的网络中引入连接模式的特性。即先把选路和转发分开，生成一个标记交换表，由标记来规定一个分组通过网络的路径。分组在转发至后面多跳之前被贴上标记，所有转发都按标记进行。

与传统 IP 路由方式相比，它在数据转发时，只在网络边缘分析 IP 报文头，而不用在每一跳都分析 IP 报文头，从而节约了处理时间。MPLS 提供更好的端到端服务，特别是它可以根据网络的流量特性（如拥塞或服务质量要求）来规定转发路径。因此，MPLS 能减小网络复杂性，使网络成本降低 50%。

7.2　HDLC 协议

　　HDLC（High level Data Link Control，高级数据链路控制）是一个在同步网上传输数据、面向位的数据链路层协议。HDLC 在开始建立数据链路时，允许选用特定的操作方式（主站方式、从站方式、二者兼备），HDLC 是串行线路上的默认封装协议，所以在串行链路上不要做任何配置，就自动以 HDLC 做二层数据链路的封装。也可以用 Router(config-if)# encapsulation hdlc 命令进行封装。

7.2.1　HDLC 的数据帧

　　数据帧中包括以下字段：Flag 标志、Address 地址、Control 控制、Data、FCS、Flag 标志。在标准 HDLC 协议中，没有包含标识所承载的上层协议信息的字段，所以在 HDLC 协议的单一链路上只能承载单一的网络层协议。

　　（1）Flag 标志字段。HDLC/SDLC 协议规定，所有信息传输必须以一个标志字段开始，且以同一个字段结束。这个标志字段是 01111110。从开始标志到结束标志之间构成一个完整的数据帧（Frame）。所有的数据以帧的形式传输，而标志字段提供了每一帧的边界。接收端可以通过搜索 01111110 来得知帧的开头和结束，以此建立帧的同步。

　　（2）地址字段和控制字段。在标志字段之后，有一个地址字段 A（Address）和一个控制字段 C（Control）。地址字段用来规定与之通信的下一站的地址。控制字段可规定若干个命令。SDLC 规定地址字段和控制字段的宽度为 8 位。HDLC 则允许地址字段可为任意长度，控制字段为 8 位或 16 位。接收方必须检查每个地址字节的第 1 位，如果为 0，则后边跟着另一个地址字节；若为 1，则该字节就是最后一个地址字节。同理，如果控制字段第 1 个字节的第一位为 0，则还有第 2 个控制字段字节，否则就只有 1 个字节。

　　（3）数据字段。跟在控制字段之后的是数据字段 Data。它包含要传送的数据。并不是每一帧都必须有数据字段，即数据字段可以为 0，当它为 0 时，则此帧主要是控制命令。

　　（4）帧校验字段。紧跟在数据字段之后的是两字节的帧校验字段 FCS。HDLC/SDLC 均采用 16 位循环冗余校验码 CRC，生成多项式为 CCITT 多项式 $X^{16}+X^{12}+X^5+1$。除了 Flag 标志字段和自动插入的 0 位外，所有的帧内容都参加 CRC 计算。

7.2.2　实际应用中的两个技术问题

　　（1）"0" 位插入/删除技术。如上所述，HDLC/SDLC 协议规定以 01111110 为标志字节，但在数据中有可能有同样的字符。为了把它与标志字节区分开来，采取了 0 位插入和删除技术。具体作法是发送端在发送数据（除标志字节外）时，只要遇到连续 5 个 1，就自动插入一个 0。接收数据时（除标志字节），如果连续接收到 5 个 1，就自动将其后的一个 0 删除，以恢复数据的原有形式。这种 0 位的插入和删除过程是由硬件自动完成的。

（2）HDLC/SDLC 异常结束。若在发送过程中出现错误，则 HDLC/SDLC 协议用异常结束（abort）字符，或称失效序列使本帧作废。在 HDLC 中，7 个连续的 1 被作为失效字符；而在 SDLC 中，失效字符是 8 个连续的 1。当然，在失效序列中，不使用 0 位插入/删除技术。

HDLC/SDLC 协议规定，在一帧之内不允许出现数据间隔。在两帧之间，发送器可以连续输出标志字符序列，也可以输出连续的高电平，它被称为空闲（Idle）信号。

7.2.3　HDLC 配置实例

【网络拓扑】

HDLC 配置如图 7-1 所示。

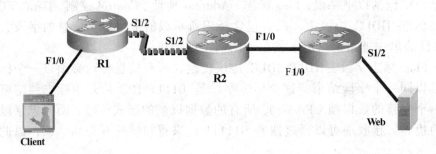

图 7-1　HDLC 配置

【实验环境】

（1）将两台 RG-R2632 路由器 R1 和 R2 的串口 S1/2 相连。

（2）用 V35 串口线通过 HDLC 链路把路由器相连，其中路由器 R1 为 DTE，路由器 R2 为 DCE。

【实验目的】

（1）熟悉串口线 V35 的连接方法。

（2）掌握 HDLC 的封装方法。

（3）熟悉链路状态的查看与调试命令。

【实验配置】

本实验主要描述两个路由器 R1 和 R2 通过一条 HDLC 串口线相连的配置过程，在这个例子中，两个路由器 R1、R2 的 S1 口 IP 分别为 192.168.1.1/30 和 192.168.1.2/30，R1 连接在电缆的 DTE 端，R2 为 DCE 端。

（1）Router 1 配置。

```
RG-2632>en 14
Password:******
RG-2632# config terminal
```

```
RG-2632(config)# hostname R1
R1(config)# interface Serial0
R1(config-if)# encapsulation hdlc
R1(config-if)# ip address 192.168.1.1 255.255.255.252
R1(config-if)# no shut
R1(config-if)# end
```
（2）Router 2 配置。
```
RG-2632>en 14
Password:******
RG-2632# config terminal
RG-2632(config)# hostname R2
R2(config)# interface Serial0
R2(config-if)# encapsulation hdlc
R2(config-if)# ip address 192.168.1.2 255.255.255.0
R2(config-if)# clock rate 64000      /*R2 作为 DCE 端设备*/
R2(config-if)# no shut
R2(config-if)# exit
R2(config)# exit
```
（3）测试。
```
R1# ping 192.168.1.1       /*测试本机接接口工作是否正常*/
R1# ping 192.168.1.2
R2# ping 192.168.1.2
R2# ping 192.168.1.1       /*测试 HDLC 链路的连通性*/
```

7.3 PPP 协 议

7.3.1 PPP 协议概述

PPP 协议是目前使用最广泛的广域网协议，是点对点数据链路层协议。和 HDLC 一样，PPP 也是串行线路（同步电路或者异步电路）上的一种帧封装格式，但是 PPP 可以提供对多种网络层协议的支持。PPP 支持认证、多链路捆绑、回拨、压缩等功能。

PPP 具有以下特性：

（1）能够控制数据链路的建立。

（2）能够对 IP 地址进行分配和使用。

（3）允许同时采用多种网络层协议。

（4）能够配置和测试数据链路。

（5）能够进行错误检测。

目前 PPP 主要应用技术有两种，一种是 PPP over Ethernet，即 PPPoE；另一种是 PPP over ATM，即 PPPoA。

（1）PPPoE 是 ADSL、有线通、FTTB 等宽带拨号采用的协议，大部分家庭拨号上网就是通过 PPP 在用户端和运营商的接入服务器之间建立通信链路。PPPoE 即保护了用户方的以太网资源，又完成了宽带的接入要求，是家庭宽带接入方式中应用广泛的技术标准。

（2）PPPoA 则是在 ATM 网络上运行 PPP 协议的技术，它与 PPPoE 的原理和作用都相同，不同的是它运行在 ATM 网络上而不是以太网上。

PPP 的体系结构如下：

图 7-2 中，第 2 部分由 3 部分组成：① HDLC（高速数据链路控制），PPP 用 HDLC 作为点到点链路上基本的封装方法；② LCP（链路控制协议），建立、配置和测试数据链路的连接，PPP 用 LCP 进行链路的建立与控制；③ NCP（网络控制协议），建立和配置不同的网络层协议，PPP 用 NCP 进行多种协议的封装。

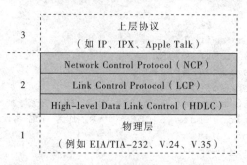

图 7-2　PPP 体系结构

PPP 的数据帧结构，包括 Flag 标志、Address 地址、Control 控制、Protocol 协议、Data 数据、FCS 校验、Flag 标志。

PPP 经过 4 个过程在一个点到点的链路上建立通信连接，如图 7-3 所示。

（1）链路的建立和配置协调：通信的发起方发送 LCP 帧来配置和检测数据链路。

（2）链路质量检测：在链路已经建立、协调之后进行验证，这一阶段是可选的。

（3）网络层协议配置协调：通信的发起方发送 NCP 帧以选择并配置网络层协议。

（4）关闭链路：通信链路将一直保持到 LCP 或 NCP 帧关闭链路或发生一些外部事件。

PPP 有两种认证方式：PAP 和 CHAP。可以同时选用两种认证方式。使用 ppp authentication chap pap 开启 CHAP 封装，同时用 PAP 作为后备。

1. PAP 认证

PAP（Password Authentication Protocol）在 PPP 链路建立完毕后，源结点不停地在链路上反复发送用户名和密码，直到验证通过。PAP 采用两次握手方式，其认证密码在链路上是明文传输的；一旦连接建立后，客户端路由器需要不停地在链路上发送用户名和密码进行认证，因此受到远程服务器端路由器对其进行登录尝试的频率和定时的限制。由于是源结点控制验证重试频率和次数，因此 PAP 不能防范再生攻击和重复的尝试攻击。

PAP 验证的特点是：两次握手协议和明文方式进行验证。

首先，服务器端定义好用户名和密码（Username SSPU Password Rapass），并指出采用 PPP 封装和 PAP 认证（Encapsulation PPP, PPP Authentication pap）。

其次，客户端向服务器端提供用户名和密码（PPP Pap Sent-username SSPU Password Rapass）（第 1 次握手）。

最后，由服务器端进行验证（用户名和密码），并通告成功或失败（第 2 次握手）。

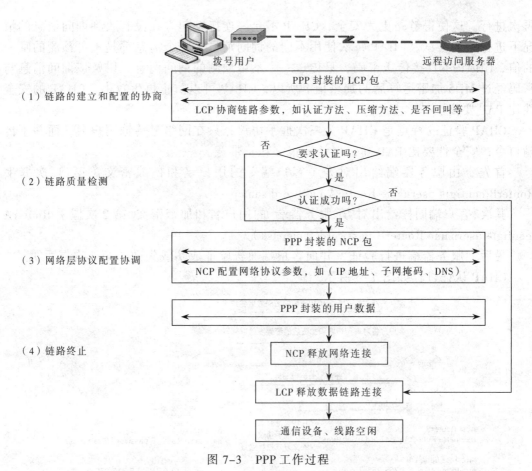

图 7-3 PPP 工作过程

PAP 认证过程如图 7-4 所示。

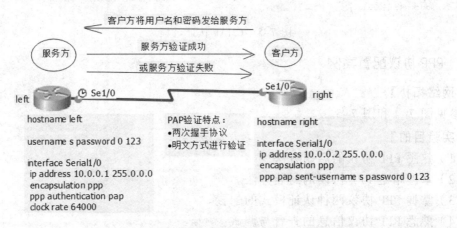

图 7-4 PAP 认证过程

2．CHAP 认证

CHAP（Challenge Handshake Authentication Protocol）利用 3 次握手周期地验证源端结点的身份。CHAP 验证过程在链路建立之后进行，而且在以后的任何时候都可以再次进行。这使得链路更为安全，CHAP 不允许连接发起方在没有收到询问消息的情况下进行验证尝试。CHAP 每次使用不同的询问消息，每个消息都是不可预测的唯一的值，CHAP 不直接传送密码，只传送一个不可预测的询问消息，以及该询问消息与密码经过 MD5 加密运算后的加密值。所以，CHAP 可以防止再生攻击，CHAP 的安全性比 PAP 要高。

CHAP 验证的特点是 CHAP 为三次握手协议；只在网络上传输用户名，而并不传输口令；安全性要比 PAP 高，但认证报文耗费带宽。

首先，由服务器端给出对方（客户端）的用户名和挑战密文（第 1 次握手 RouterB(config)# username RouterA password samepass ）。

其次，客户端同样给出对方(服务器端)的用户名和加密密文(第 2 次握手 RouterA(config)# username RouterB password samepass)。

最后，服务器端进行验证，并向客户端通告验证成功或失败（第 3 次握手）。
CHAP 认证过程如图 7-5 所示。

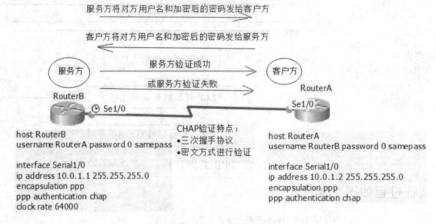

图 7-5　CHAP 认证过程

7.3.2　PPP 协议配置案例

【网络拓扑】

参见图 7-4 和图 7-5。

【实验目的】

（1）熟悉 PPP 协议的启用方法。

（2）掌握指定 PPP 协议的封装方法。

（3）掌握 PPP 协议两种认证模式的配置。

（4）熟悉 PPP 协议信息的查看与调试。

【实验配置】

（1）PAP 认证配置。

① 被验证端（客户端）的配置：

```
Router(config)# hostname Right
Right(config)# interface serial 1/0
```

```
Right(config-if)# ip address 10.0.0.2 255.0.0.0
Right(config-if)# encapsulation PPP
Right(config-if)# ppp pap sent-username S password 0 123
Right(config-if)# no shut
```

② 验证端（服务器）的配置：

```
Router(config)# hostname Left
Left(config)# username S password 0 123
Left(config)# interface serial 1/0
Left(config-if)# ip address 10.0.0.1 255.0.0.0
Left(config-if)# clock rate 64000
Left(config-if)# encapsulation PPP
Left(config-if)# ppp authentication pap
Left(config-if)# no shut
```

（2）CHAP 认证配置。

① 服务端的配置：

```
Router(config)# hostname RouterB
RouterB(config)# username RouterA password samepass
/*互为对方的用户名和密码*/
RouterB(config)# interface serial 1/0
RouterB(config-if)# ip address 10.0.0.1 255.0.0.0
RouterB(config-if)# clock rate 64000
RouterB(config-if)# encapsulation PPP
RouterB(config-if)# ppp authentication CHAP
RouterB (config-if)# no shut
```

② 客户端的配置：

```
Router(config)# hostname RouterA
RouterA(config)# username RouterB password samepass
 /*互为对方的用户名和密码*/
RouterA(config)# interface serial 1/2
RouterA(config-if)# ip address 10.0.0.2 255.0.0.0
RouterA(config-if)# encapsulation PPP
RouterA(config-if)# ppp authentication CHAP
RouterA(config-if)# no shut
```

（3）检测结果及说明。

```
RouterA# ping 10.0.0.1
RouterB# show interfaces serial 1/2
RouterB# debug ppp authentication
```

7.3.3　PPPoE 协议概述

PPPoE（Point to Point Protocol over Ethernet）：以太网上的 PPP，工作在 OSI 的数据链路层，在共享介质的以太网上提供一条逻辑上的点对点链路。就是在以太网数据帧中承载 PPP 的数据。

家用局域网通过 ADSL 共享上网。ADSL Modem（作为 PPPoE 的服务器）拨号上 Internet，使用的是 PPP 协议。家用局域网内部使用的是以太网协议，以太网内部每台主机（作为 PPPoE 客户机），通过寻找发现 PPPoE 服务器，得到一个唯一的"会话 ID"，确保 PPPoE 客户机与外网能够建立点对点逻辑链路。

PPP over Ethernet（PPPoE）协议是在以太网络中转播 PPP 帧信息的技术。

1. PPPoE 工作过程

PPPoE 工作过程分为 PPPoE Discovery（发现）阶段、PPPoE Session（会话）阶段、PPPoE 结束阶段。如图 7-6 所示。

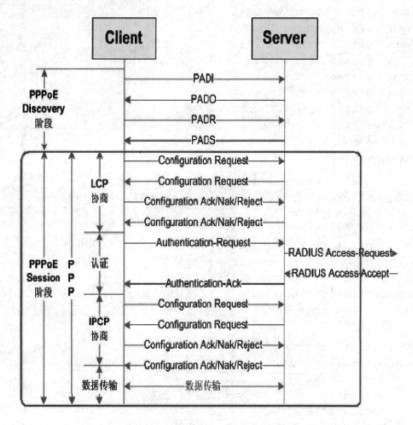

图 7-6　PPPoE 工作过程图解

（1）PPPoE Discovery（发现）阶段。

主要任务是寻找可用的 PPPoE 服务器，以及得到会话 ID，以便建立 PPP 点对点的链路。它通过发送 4 种类型的 PPPoE 包（PADI、PADO、PADR、PADS）来实现，共分为 4 步（类似 DHCP 工作过程）：

① PPPoE 客户端发起一个 PPPoE 发现服务报文（PPPoE Active Discovery Initiation，PADI），以广播的形成（目标 MAC 全为 F）向网络中所有结点发送，只有 PPPoE 服务器才会应答这个报文。

② 所有 PPPoE 服务器都收到这个广播的报文，PPPoE 服务器提取报文中的信息与自己所能提供的服务进行比较，一旦满足要求，便向 PPPoE 客户端发送 PPPoE 发现提供报文（PPPoE Active Discovery Offer，PADO），告诉 PPPoE 客户端自己能满足要求。这是一个源为 PPPoE 服务器的 MAC、目标为 PPPoE 客户端的 MAC 的单播传输。

③ PPPoE 客户端可能收到多个 PPPoE 服务器发送过来的这种报文，但只选择第一个到达的报文进行应答。PPPoE 客户端以一个 PPPoE 发现请求报文（PPPoE Active

Discovery Request，PADR）来向选定的 PPPoE 服务器发送请求服务。

④ PPPoE 服务器收到了来自 PPPoE 客户端的 PPPoE 发现请求报文后，产生唯一的"会话（Session）ID"，发送 PPPoE 发现会话报文（PPPoE Active Discovery Session-confirmation，PADS）给 PPPoE 客户端，一旦 PPPoE 客户端确认无误，PPPoE 会话阶段开始。

（2）PPPoE Session（会话）阶段。

开始 PPP 的协商过程，分三步：LCP、认证、NCP。协商完毕，开始数据传输。

① LCP（链路控制协议）完成建立、配置和检测控制链路的连接。

② LCP 完成后，进入认证阶段，由远处服务器端验证客户端的合法性，认证方式有 chap 和 pap 等两种，由 LCP 协商完成。

③ 认证完成后进入了 NCP 阶段，NCP 是一个协议族，适用于不同的网络类型。PPPoE 使用的是 IPCP 协议，负责为 PPPoE 客户机提供 IP 地址和 DNS 服务器等，以完成三层配置。

④ 数据传输。PPPoE 客户机数据封装过程：应用层数据封装于传输层，再被网络层封装，再被 PPP 协议头部封装，接着被 PPPoE 协议头部封装，最后是以太网封装。

（3）PPPoE 结束阶段。

PPPoE 客户端发出一个 PPPoE 终止请求报文给 PPPoE 服务器，请求断开连接。PPPoE 服务器给出回复。PPPoE 客户端和服务器端发终止报文（PPPOE Active Discovery Terminate，PADT），如图 7-7 所示。

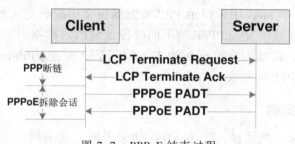

图 7-7 PPPoE 结束过程

PPPoE 的协议过程没有出现 ARP 协议，不能通过 ARP 表查看 MAC 和 IP 的绑定关系。从而避免了 ARP 病毒攻击。

2．ADSL 拨号过程简述

客户机启动拨号程序，发送 PADI 包，ADSL MODEM 回应 PADO 包，客户机再发送 PADR 包，ADSL MODEM 回应 PADS 包后，客户机得到了"会话 ID"，建立了 PPPoE 通道。随后客户机开始普通的 PPP 协议拨号过程，不过 PPP 数据包都是包装在以太网数据帧中的，拨号成功后客户机和远端的服务器之间建立了 PPP 通道，ADSL MODEM 起到将以太帧转换为 PPP 包的作用。通信结束后，客户机发送 PADT 断开 PPPoE 通道。

PPPoE 协议的工作流程包含发现和会话两个阶段，发现阶段是无状态的，目的是获得 PPPoE 服务器（家用的 ADSL Modem 设备）的以太网 MAC 地址，并建立一个唯一的 PPPoE Session-ID（会话 ID）。发现阶段结束后，进入标准的 PPP 会话阶段，此时客户机（作为 PPP 的客户端）向自己的 Internet 目标（作为 PPP 的服务端）开始 PPP 连接。

3．PPPoE 的数据报文格式

PPPoE 的数据报文是被封装在以太网帧的数据域内的。分成两大块：一块是 PPPoE 的数据报头，另一块是 PPPoE 的净载荷（数据域），对于 PPPoE 报文数据域中的内容会随着会话过程的进行而不断改变。表 7-1 列出了 PPPoE 数据报文格式。

表 7-1　PPPoE 数据报文格式

版本	类型	代码	会话 ID
长度域			净载荷（或数据域）

- 版本：占 4bit，填 0x1。
- 类型：占 4bit，填 0x1。
- 代码：占 8bit，代表 PPPoE 包的类型，共有 5 种类型的包。对 PPPoE 的不同阶段，其值不同。0x09：PADI 包，0x07：PADO 包，0x019：PADR 包，0x65：PADS 包，0xa7：PADT 包。
- 会话 ID：占 16bit，当 PPPoE 服务器还未分配唯一的会话 ID 给 PPPoE 客户主机的话，该域内的内容填 0x0000，一旦获取了会话 ID 后，后续的所有报文中该域填充那个唯一的会话 ID 值。
- 长度：占 16 个 bit，用来指示 PPPoE 数据报文中净载荷（数据域）的长度。
- 净载荷（数据域）：在 PPPoE 的不同阶段该域内的数据内容不同。在 PPPoE 的发现阶段时，该域内会填充一些 Tag（标记）；而在 PPPoE 的会话阶段，该域则携带的是 PPP 的报文。

7.3.4　PPPoE 配置案例

项目背景：小区 1 的居民，采用 ADSL 拨号上网方式上网，而附近的小区 2 的居民，采用 Cable Modem 的方式上网。附近的电信局（ISP），为附近拨号接入的用户配置了一个 PPPoE Server，以管理这些拨号用户上网。

【实验目的】

（1）掌握 PPPoE 协议中 Server 端的配置方法。
（2）掌握 Packet Tracer 中广域网云 Cloud 的配置方法。
（3）掌握 ADSL 和 Cable Modem 的配置方法。
（4）掌握终端 PPPoE 拨号使用方法。

【网络拓扑】

PPPoE 配置案例网络拓扑如图 7-8 所示，在 Packet Tracer 中实现。

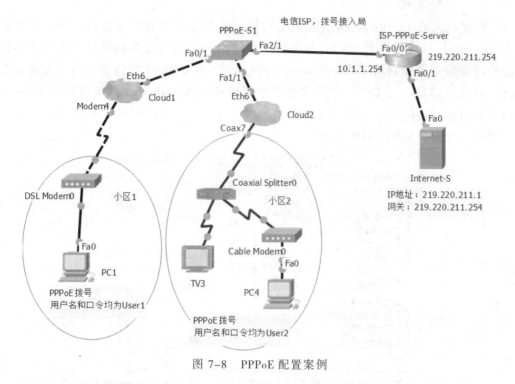

图 7-8 PPPoE 配置案例

【实验的设备清单】

（1）4 台终端：1 台服务器，2 台 PC，一台电视。

（2）2 个网云 Cloud1 和 Cloud2，网云中含 4 个串口（S0～S3），2 个 Modem 口（Modem4 和 Modem 5 口），1 个以太网 RJ-45 口 Ethernet6，1 个同轴电缆 Coaxial7 口。其中 Cloud1 代表采用 ADSL 拨号上网的小区 1，Cloud2 代表采用 Cable Modem 拨号上网的小区 2。

（3）1 台二层交换机 PPPoE-S1，1 台 2811 型路由器 ISP-PPPoE-Server，代表 ISP 的 PPPoE 服务器。

（4）另有 1 台 DSL Modem0、1 台 Cable Modem0、1 个 Coaxial Splitter0（在集线器中的同轴分离器）。

（5）线缆分别有电话线、直通线、交叉线、同轴线。

【拓扑结构连接说明】

（1）Cloud1 连接说明（模拟电话线接入）。DSL-Modem0 有两个接口（Port0 和 Port1），Port0 为 RJ-11 接口，Port1 为 RJ-45 接口，用 Phone 连接线（黑色之字线）将 DSL Modem0 的 Port0 接口和 Cloud1 的 Modem4 接口相连，然后再用直通线将 Cloud1 的 Ethernet6 接口与交换机 PPPoE-S1 的 F0/1 接口相连。单击云图 Cloud1，进入 Config（配置）页面，在左边栏中单击 DSL 项，设置为 Modem4 和 Ethernet6 相连，单击"增加"按钮载入即可。

（2）Cloud2 连接说明（同轴电缆接入）。Cable-Modem0 也有两个接口（Port0 和 Port1），port0 为 Coaxial（同轴）接口，Port1 为 RJ-45 接口。Coaxial Splitter0 有 3 个

接口，都是 Coaxial（同轴）接口。添上同轴分离器主要是为了更接近实际，可以将一个 Coaxial 接口接电视机 TV3。与模拟电话线接入不同的是在同轴分离器两个接口都需使用同轴电缆分别与 Cable-Modem0 和 Cloud2 的 Coaxial 口连接。由于配置云图 Cloud2 时默认启动的是 DSL，所以先在左边栏中单击 Ethernet6，改变选择为 Cable，如图 7-9 所示。再回到左边栏单击"电缆"项，选择 Coaxial7 对应 Ethernet6，然后单击"增加"按钮，如图 7-10 所示。

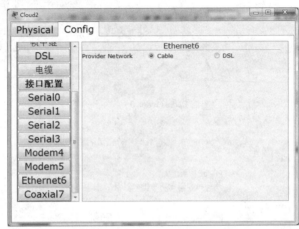

图 7-9　指定广域网 Cloud 的拨号类型为 Cable（设置 Ethernet6 为 Cable）

图 7-10　Cloud 中 Cable 的设置

（3）必须注意的是，在 Cloud1 和 Cloud2 上的 Ethernet6 口与二层交换机 PPPoE-S1 的连接线必须是交叉线，路由器 ISP-PPPoE-Server 与服务器 Internet-S 之间的连接线必须是交叉线，否则在 Packet Tracer 中不通。

（4）服务器 Internet-S 的配置，IP 地址：219.220.211.1，网关：219.220.211.254。

（5）配置路由器为 PPPoE Server 的实验步骤：

```
Router(config)# hostname ISP-PPPOE-SERVER
/*为路由器设置唯一的主机名：ISP-PPPOE-SERVER*/
ISP-PPPOE-SERVER (config)# username user1 password 0 user1
ISP-PPPOE-SERVER (config)# username user2 password 0 user2
```

ISP-PPPOE-SERVER (config)# username user3 password 0 user3
/*设置 PPPoE 终端用户接入的用户名和密码，设置三个*/
ISP-PPPOE-SERVER (config)# no cdp run /*关闭 CDP 协议*/
ISP-PPPOE-SERVER(config)# ip local pool pppoe-1 10.1.1.10 10.1.1.250
/*对 PPPoe 拨号进入且通过认证的用户，为其分配的 IP 地址池的范围，按先后拨入顺序分配，池名为 pppoe，由用户自定义，在配置虚拟模板接口时用到该地址池名*/
ISP-PPPOE-SERVER(config)# int f0/0 /*进入 f0/0 接口*/
ISP-PPPOE-SERVER(config-if)# no shut /*激活接口*/
ISP-PPPOE-SERVER(config-if)# ip add 10.1.1.254 255.255.255.0
/*给 f0/0 接口分配 IP 地址*/
ISP-PPPOE-SERVER(config-if)# pppoe enable /*在接口启用 PPPoE*/
ISP-PPPOE-SERVER(config-if)# int f0/1 /*进入 f0/1 接口*/
ISP-PPPOE-SERVER(config-if)# no shut /*激活接口*/
ISP-PPPOE-SERVER(config-if)# ip add 219.220.211.254 255.255.255.0
/*为连接 Internet-S 终端服务器的接口设置 IP 地址，是 Internet-S 的网关*/
ISP-PPPOE-SERVER(config-if)# exit /*退出接口配置模式*/
ISP-PPPOE-SERVER(config)# vpdn enable /*启用路由器的虚拟专用拨号网络 vpdn*/
ISP-PPPOE-SERVER(config)# vpdn-group pppoe-g
/*建立一个 vpdn 组 pppoe-g，进入 vpdn 配置模式*/
ISP-PPPOE-SERVER(config-vpdn)# accept-dialin
/*初始化一个 vpdn tunnel，建立一个接收拨入的 VPDN 子组*/
/*这里作为 PPPOE server，定义的是接收拨入。若将路由器当 PPPoE 服务器（PPPoE Server）用，使用命令 accept-dialin，以允许客户端拨入；若是将路由器当 PPPoE 客户端（PPPoE Client），用 request-dialin 向服务器发出请求接入信息。在 PPPoe 的路由器配置中，除此命令外，其他命令配置服务端和客户端都相同。而 Packet Tracer 中 request-dialin 命令不能使用，即在路由器上不能配置 PPPoE 客户端*/
ISP-PPPOE-SERVER(config-vpdn-acc-in)# protocol pppoe
/*设置拨入协议为 PPPOE，vpdn 子组使用 PPPoE 建立会话隧道，Packet Tracer 只允许一个 PPPoE VPDN 组可以配置*/
ISP-PPPOE-SERVER(config-vpdn-acc-in)# bba-group pppoe global
ISP-PPPOE-SERVER(config-vpdn-acc-in)# virtual-template 1
/*创建虚拟模板接口 1，Packet Tracer 中可以建立 1-200 个*/
ISP-PPPOE-SERVER(config-vpdn-acc-in)# <Ctrl+Z>
ISP-PPPOE-SERVER(config)# int virtual-template 1
/*进入虚拟模板接口 1*/
ISP-PPPOE-SERVER(config-if)# peer default ip address pool pppoe-1
/*为 ppp 链路的终端分配默认的 ip 地址，使用前面定义的本地址池 pppoe-1*/
ISP-PPPOE-SERVER(config-if)# ppp authentication chap
/*在 PPP 链路上启用 chap 验证*/
ISP-PPPOE-SERVER(config-if)# ip unnumbered f0/0
/*虚拟模板接口上没有配置 IP 地址，此命令向 f0/0 接口借一个 IP 地址*/

（6）检测结果及说明。

单击拓扑图上的 PC1 图标，选择 Desktop 选项卡，单击 PPPoE Dialer 按钮，弹出对话框，在"用户名"文本框中输入 user1，"密码"文本框中输入 user1，单击"连接"按钮，弹出"成功"对话框，表示连接成功，如图 7-11 所示。

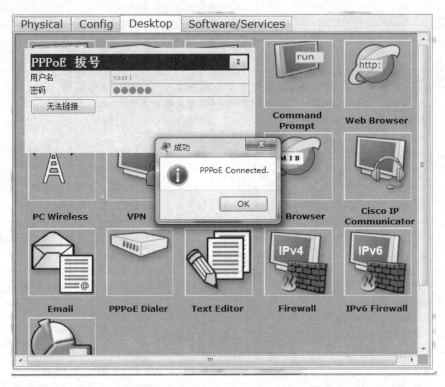

图 7-11 终端 PPPoE Dialer 连接拨号

连接成功后，在 Packet Tracer 中把光标放在 PC1 上，可以看出已为 PC1 分配了 PPPoE 的 IP 地址为 10.1.1.11，如图 7-12 所示。然后在 PC1 上 ping 服务器 Internet-S 的 IP 地址 219.220.211.1，成功连通，如图 7-13 所示。

```
端口              链路        IP地址                    IPv6地址
FastEthernet0     Up          169.254.133.96/16         <not set>

PPPoE IP: 10.1.1.11/32
网关:255.255.255.255
DNS服务器: <not set>
Line Number:    <not set>
```

图 7-12 为 PC 机分配一个 PPPoE IP

```
PC>ping 219.220.211.1

Pinging 219.220.211.1 with 32 bytes of data:

Reply from 219.220.211.1: bytes=32 time=27ms TTL=127
Reply from 219.220.211.1: bytes=32 time=2ms TTL=127
Reply from 219.220.211.1: bytes=32 time=15ms TTL=127
Reply from 219.220.211.1: bytes=32 time=14ms TTL=127

Ping statistics for 219.220.211.1:
    Packets: Sent = 4, Received = 4, Lost = 0 (0% loss),
Approximate round trip times in milli-seconds:
    Minimum = 2ms, Maximum = 27ms, Average = 14ms
```

图 7-13 PPPoE 拨号成功后终端访问外网服务

7.4 帧中继

7.4.1 帧中继概述

帧中继（Frame Relay，FR）是面向连接的第二层传输协议，它是典型的包交换技术。帧中续的通信费用比 DDN 专线低，允许用户在帧中继交换网络比较空闲的时候以高于 ISP 所承诺的速率进行传输。过去它是中小企业常用的广域网线路，目前渐渐被 MPLS 所取代。

帧中继网络提供的业务有两种：永久虚电路（PVC）和交换虚电路（SVC）。目前已建成的帧中继网络大多只提供永久虚电路（PVC）业务。

帧中继术语：

1. 永久虚电路

永久虚电路（PVC）是永久建立的链路，由 ISP 在其帧中继交换机静态配置交换表实现。不管电路两端的设备是否连接上，总是为它保留相应的带宽。

2. 数据链路连接标识符

数据链路连接标识符（DLCI）是一个在路由器和帧中继交换机之间标识 PVC 或者 SVC 的数值。实际上就是帧中继网络中的第 2 层地址。

3. 本地管理接口

本地管理接口（LMI）是路由器和帧中继交换机之间的一种信令标准，负责管理设备之间的连接及维护其连接状态。

LMI 提供了一个帧中继交换机和路由器之间的简单信令。在帧中继交换机和路由器之间必须采用相同的 LMI 类型。配置接口 LMI 类型的命令为 encapsulation frame-relay [cisco | ietf]。路由器从帧中继交换机收到 LMI 信息后，可以得知 PVC 状态。三种 PVC 状态是：

（1）激活状态（Active）：本地路由器与帧中继交换机的连接是启动且激活的。可以与帧中继交换机交换数据。

（2）非激活状态（Inactive）：本地路由器与帧中继交换机的连接是启动且激活的，但 PVC 另一端的路由器未能与它的帧中继交换机通信。

（3）删除状态（Deleted）：本地路由器没有从帧中继交换机上收到任何 LMI，可能线路或网络有问题，或者配置了不存在的 PVC。

4. 承诺信息速率

承诺信息速率（Committed Information Rate，CIR）也叫保证速率，是服务提供商承诺将要提供的有保证的速率，一般为一段时间内（承诺速率测量间隔 T）的平均值，其单位为 bit/s。

5. 超量突发

超量突发（Excess Brust，EB）在承诺信息速率之外，帧中继交换机试图发送而未被准许的最大额外数据量，单位为 bit。超量突发依赖于服务提供商提供的服务状况，但它通常受到本地接入环路端口速率的限制。

6. 子接口

子接口实际上是一个逻辑的接口，并不存在真正物理上的子接口。子接口有两种类型：点到点、点到多点。采用点到点子接口时，每一个子接口用来连接一条 PVC，每条 PVC 的另一端连接到另一路由器的一个子接口或物理接口。这种子接口的连接与通过物理接口连接的点对点连接效果是一样的。每一对点对点的连接都是在不同的子网。

一个点到多点子接口被用来建立多条 PVC，这些 PVC 连接到远端路由器的多个子接口或物理接口。这时，所有加入连接的接口（不管是物理接口还是子接口）都应该在同一个子网上。点到多点子接口和一个没有配置子接口的物理主接口相同，路由更新要受到水平分割的限制。默认时多点子接口水平分割是开启的。

7. 帧中继映射

DLCI 是帧中继网络中的第二层地址。路由器要通过帧中继网络把 IP 数据包发到下一跳路由器时，它必须知道 IP 和 DLCI 的映射才能进行帧的封装。有两种方法可以获得该映射：一种是静态映射；另一种是动态映射。默认时，路由器帧中继接口是开启动态映射的。

管理员手工输入的映射为静态映射，其命令为：

```
frame-relay map ip protocol address dlci [ broadcast ]
```

其中，protocol 为协议类型，address 为网络地址，dlci 为所需要交换逆向 ARP 信息的本地接口的 DLCI 号，broadcast 参数表示允许在帧中继线路上传送路由广播或组播信息。

例如：

```
R1(config-if)# frame map ip 192.168.123.2 102 broadcast
```

IARP（Inverse ARP，逆向 ARP）允许路由器自动建立帧中继映射，其工作原理如图 7-14 所示。

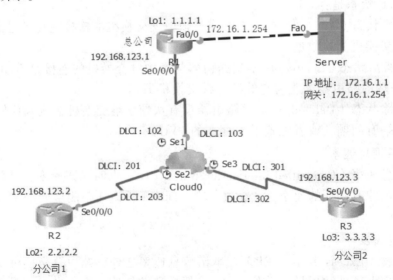

图 7-14 帧中继配置

（1）R1 路由器从 DLCI=102 的 PVC 上发送 IARP 包，IARP 包中有 R1 的 IP 地址 192.168.123.1。

（2）帧中继云对数据包进行交换，最终把 IARP 包通过 DLCI=201 的 PVC 发送给 R2。

（3）由于 R2 是从 201 的 PVC 上接收到该 IARP 包，R2 就自动建立一个映射：192.168.123.1→201。

（4）同样 R2 也发送 IARP 数据包，R1 收到该 IARP 包，也会自动建立一个映射：192.168.123.2→102。

8．帧中继工作过程

如图 7-14 所示，当路由器 R1 要把数据发向路由器 R2（IP 为 192.168.123.2）时，路由器 R1 可以用 DLCI=102 来对 IP 数据包进行第二层的封装。数据帧到了帧中继交换机 R4，帧中继交换机 R4 根据帧中继交换表进行交换：从 S1/2 接口收到一个 DLCI 为 102 的帧时，交换机将把该帧从 S1/3 接口发送出去，并且发送出去的帧的 DLCI 改为 201。这样路由器 R2 就会接收到 R1 发来的数据包。而当路由器 R2 要发送数据给 R1（IP 为 192.168.123.1）时，路由器 R2 可以用 DLCI=201 来对 IP 数据包进行第二层的封装，数据帧到了帧中继交换机 R4，帧中继交换机同样根据帧中继交换表进行交换：从 S1/3 接口收到一个 DLCI 为 201 的帧时，交换机将把帧从 S1/2 接口发送出去，并且发送出去的帧的 DLCI 改为 102。这样路由器 R1 就会接收到 R2 发来的数据包。

图 7-14 各路由器中的第三层地址（IP 地址）和第二层地址（DLCI）映射如下：

```
R1:   192.168.123.2→102
      192.168.123.3→103
R2:   192.168.123.1→201
      192.168.123.3→203
R3:   192.168.123.1→301
      192.168.123.2→302
```

帧中继的一个非常重要特性是 NBMA（非广播多路访问）。在图 7-14 中，如果路由器在 DLCI 为 102 的 PVC 上发送一个广播，R2 路由器可以收到，然而 R3 是无法收到的。如果 R1 想发送的广播让 R2 和 R3 都收到，必须分别在 DLCI 为 102 和 103 的 PVC 上各发送一次，这就是非广播的含义。

7.4.2 配置帧中继交换机

【项目背景】

某公司是一个集团公司，总公司在北京，有两个分公司，分别在上海和深圳。为节省成本和提高转发效率，公司通过帧中继网络互联。

【实验目的】

（1）掌握帧中继交换机的配置，深刻理解帧中继交换机的交换原理。

（2）掌握帧中继网络中路由器与帧中继交换机之间互连配置。

（3）熟悉帧中继网络中路由器静态映射和动态映射。

【实验拓扑】

如图 7-14 所示，在 Packet Tracer 中实现。

(1) 双击 Cloud0，选择 Config 选项卡，左边选 Serial1，在 DLCI 下输入 102，Name 下输入"1-2"（名字自定义，便于记忆），如图 7-15 所示，单击"增加"按钮。同理输入"103""1-3"。

图 7-15 帧中继云的接口配置

在 Serial2 上，同理输入"203""2-3"和"201""2-1"。在 Serial3 上，同理输入"301""3-1"和"302""3-2"。

在左边"帧中继"下，左侧端口选择"Serial1"，子链路选择"1-2"，右侧端口选择"Serial2"，子链路选择"2-1"，单击"增加"按钮，增加了第 1 行。如图 7-16 所示，同理可增加第 2 和 3 行。这个交换矩阵指定了帧中继交换机接口与 DLCI 之间的对应，从而决定哪些接口间进行交换。

(2) 按图中所示，配置 3 台路由器的接口地址和环回口地址。

(3) 按图中所示，配置服务器的 IP 地址和网关。

图 7-16 帧中继云中交换矩阵的配置

【实验设备】

（1）3 台 2811 路由器，每台路由器上加配 1 块 The HWIC-2T 模块（a Cisco 2-Port Serial High-Speed WAN Interface Card, providing 2 serial ports），均使用串行线把 S0/0/0 接口与帧中继的 S1、S2、S3 相连，且 DCE 在帧中继端（时钟）。

（2）添加一个 Cloud0，其中有 4 个 PT-CLOUD-NM-1S 模块（有 S0、S1、S2、S3 四个串口）。

（3）一台代表总公司的服务器。

【实验配置】

（1）首先配置二层协议，帧中继协议。

在 R1 上输入如下代码：

```
R1(config)# int s0/0/0
R1(config-if)# ip add 192.168.123.1 255.255.255.0
R1(config-if)# no shut
R1(config-if)# encapsulation frame-relay ietf  /*封装帧中继格式为ietf
R1(config-if)# frame-relay lmi-type Cisco      /*定义帧中继本地接口管理类型为Cisco*/
R1(config-if)# frame-relay inverse-arp         /*开启反向ARP,可以动态学习地址和DLCI之间的映射*/
```

在 R2,R3 类似配置完成后，并用 show frame-relay map、show frame pvc、show frame lmi 及 ping 等命令进行验证测试。

```
R1# show frame-relay map
Serial0/0/0 (up): ip 192.168.123.2 dlci 102, dynamic,
          broadcast,
          IETF, status defined, active
Serial0/0/0 (up): ip 192.168.123.3 dlci 103, dynamic,
          broadcast,
          IETF, status defined, active
R1# ping 192.168.123.2
Type escape sequence to abort.
Sending 5, 100-byte ICMP Echos to 192.168.123.2, timeout is 2 seconds:
!!!!!
Success rate is 100 percent (5/5), round-trip min/avg/max = 2/15/29 ms
```

（2）配置三层协议，路由协议。这里采用静态路由的配置方式。虽然路由器与帧中继交换机之间采用的是串行链路，但是属于 NBMA（非广播多路访问网络）。不能在每台路由器上用 ip route 0.0.0.0 0.0.0.0 s0/0/0 来定义默认路由，路由器无法判断该转发给 R2 还是 R3。配置如下：

在 R1 上：

```
R1(config)# ip route 2.2.2.0 255.255.255.0 192.168.123.2
R1(config)# ip route 3.3.3.0 255.255.255.0 192.168.123.3
```

在 R2 上：

```
R2(config)# ip route 0.0.0.0 0.0.0.0 192.168.123.1
R2(config)# ip route 3.3.3.0 255.255.255.0 192.168.123.3
```

在 R3 上：

```
R3(config)# ip route 0.0.0.0 0.0.0.0 192.168.123.1
```

```
R3(config)# ip route 2.2.2.0 255.255.255.0 192.168.123.2
```

【检测结果】

（1）在路由器 R1 上，ping 2.2.2.2 通；ping 3.3.3.3 通；

（2）在路由器 R2 上，ping 172.16.1.1 通；ping 3.3.3.3 通；

（3）在路由器 R3 上，ping 172.16.1.1 通；ping 2.2.2.2 通。

课后练习及实验

1. 选择题

（1）在路由器上进行广域网连接时，必须设置的参数是（　　）。

  A. 在 DTE 端设置 CLOCK RATE　　B. 在 DCE 端设置 CLOCK　RATE

  C. 在路由器上配置远程登录　　　　D. 添加静态路由

（2）下列关于 HDLC 的说法错误的是（　　）。

  A. HDLC 运行于同步串行线路

  B. 链路层封装标准 HDLC 协议的单一链路，只能承载单一的网络层协议

  C. HDLC 是面向字符的链路层协议，其传输的数据必须是规定字符集

  D. HDLC 是面向比特的链路层协议，其传输的数据必须是规定字符集

（3）下列关于 PPP 协议的说法哪个是正确的？（　　）

  A. PPP 协议是一种 NCP 协议

  B. PPP 协议与 HDLC 同属于广域网协议

  C. PPP 协议只能工作在同步串行链路上

  D. PPP 协议是三层协议

（4）以下封装协议使用 CHAP 或者 PAP 验证方式的是（　　）。

  A. HDLC　　　　B. PPP　　　　C. SDLC　　　　D. SLIP

（5）（　　）为两次握手协议，它通过在网络上以明文的方式传递用户名及密码来对用用户进行验证。

  A. HDLC　　　　B. PPP PAP　　　　C. SDLC　　　　D. LIP

（6）在一个串行链路上，哪个命令使用在开启 CHAP 封装，同时用 PAP 作为后备？（　　）

  A. (config-if)#authentication ppp chap fallback ppp

  B. (config-if)#authentication ppp chap pap

  C. (config-if)#ppp authentication chap pap

  D. (config-if)#ppp authentication chap fallback ppp

（7）下列关于在 PPP 链路中使用 CHAP 封装机制的描述，哪两项是正确的？（　　）

  A. CHAP 使用双向握手协商

  B. CHAP 封装在发生在链路创建链接之后

  C. CHAP 没有攻击防范保护

  D. CHAP 封装协议只在链路建立之上执行

　　　　E．CHAP 使用三次握手协商

　　　　F．CHAP 封装使用明文发送密码

（8）帧中继网是一种（　　　）。

　　　　A．广域网　　　　B．局域网　　　　C．ATM 网　　　　D．以太网

（9）帧中继的网络结点要完成的工作是（　　　）。

　　　　A．帧的转发　　　　　　　　　　　B．转发帧并差错控制

　　　　C．转发帧并进行接收确认　　　　　D．差错控制并请求重发

（10）帧中继在（　　）实现链路的复用和转发。

　　　　A．物理层　　　　B．链路层　　　　C．网络层　　　　D．传输层

2．问答题

（1）广域网协议中 PPP 协议具有什么特点？

（2）PAP 和 CHAP 各自的特点是什么？

（3）简述 CHAP 的验证过程？

（4）什么是帧中继？它有什么优点？

3．实验题

图 7-17 中有两台计算机，分别通过一个三层交换机（S3550）和路由器 R3 连接路由器 R1 和 R2，使用 PPP 协议，PAP 和 CHAP 两种验证方式配置。

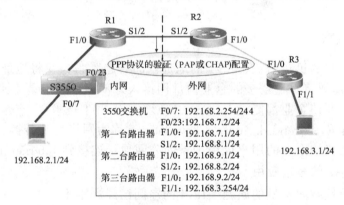

图 7-17　广域网实验

NAT 技术

本章导读：
本章重点介绍 NAT 的基本概念、配置步骤、基本应用等内容。
学习目标：
- 掌握静态 NAT、动态 NAT、NAPT 的配置步骤。
- 掌握 3 种 NAT 的不同应用。
- 熟悉 NAT 的排错。

8.1 NAT 基础

8.1.1 NAT 的概念

随着网络用户的迅猛增长，IPv4 的地址空间日趋紧张，在将地址空间从 IPv4 转到 IPv6 之前，需要将日益增多的企业内部网接入外部网。在申请不到足够的公网 IP 地址的情况下，要使企业都能上 Internet，必须使用 NAT 技术。

NAT 英文全称是 Network Address Translation，称为网络地址转换，它是一个 IETF 标准，允许一个机构众多的用户仅用少量的公网地址连接到 Internet 上。

1. 企业 NAT 的基本应用

（1）解决地址空间不足的问题（IPv4 的空间已经严重不足）。

（2）私有 IP 地址网络与公网互联（企业内部经常采用私有 IP 地址空间 10.0.0.0/8、172.16.0.0/12、192.168.0.0/16）。

（3）非注册的公有 IP 地址网络与公网互联（企业建网时就使用了公网 IP 地址空间，但此公网 IP 并没有注册。为避免更改地址带来的风险和成本，在网络改造中，仍保持原有的地址空间）。

2. NAT 术语

（1）Inside Local Address：内部私有地址。指定给内部主机使用的地址，局域网内部地址可为私有地址。该地址将作为被转换的地址列表（后面将定义为访问控制列表 List）。

（2）Inside Global Address：内部公有地址。从 ISP 或 NIC 注册的地址，为合法的公网的地址，即内部主机地址被 NAT 转换的外部地址。该地址将作为转换后的地址池（后面将定义为公网地址池 Pool）。

（3）Address Pool：NIC 或 ISP 分配的多个公网地址。

（4）Outside Local Address：外部网络中的内部主机地址，是另一个局域网的内部地址。

（5）Outside Global Address：外部网络的公网地址。

图 8-1 显示了在 NAT 转换拓扑结构中各地址的情况。

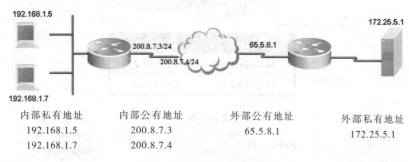

图 8-1　NAT 中各类地址

3．NAT 的优点

（1）局域网内保持私有 IP，无须改变，只需改变路由器，进行 NAT 转换，就可上外网。

（2）NAT 节省了大量的地址空间。

（3）NAT 隐藏了内部网络拓扑结构。

4．NAT 的缺点

（1）NAT 增加了延迟。

（2）NAT 隐藏了端到端的地址，丢失了 IP 地址的跟踪，不能支持一些特定的应用程序。

（3）需要更多的资源如内存、CPU 来处理 NAT。

5．NAT 设备

具有 NAT 功能的设备有路由器、防火墙、核心三层交换机，以及各种软件代理服务器 proxy、ISA、ICS、wingate、sysgate 等，Windows Server 2003 及其他网络操作系统等都能作为 NAT 设备。因软件耗时太长、转换效果较低，只适合小型企业。有的也可将 NAT 功能配置在防火墙上，以减少一台路由器的成本。但随着硬件成本的下降，大多数企业都选用路由器。即使家用的路由器中，也有 NAT 功能。

通常 NAT 是本地网络与 Internet 的边界，工作在存根网络的边缘，由边界路由器执行 NAT 功能，将内部私有地址转换成公网可路由的地址。

8.1.2　NAT 的分类

NAT 有 3 种类型：静态 NAT（Static NAT）、动态地址池 NAT（Pooled NAT）、网络地址端口转换 NAPT（PAT）。其中，静态 NAT 设置起来最为简单和最容易实现，内部网络中的每个主机都被永久映射成外部网络中的某个合法的地址，多用于服务器的永久映射。动态地址 NAT 则是在外部网络中定义了一系列的合法地址，采用动态分配的方法映射到内部网络，多用于网络中的工作站的转换。PAT 则是把内部地址映射到外部网络的一个 IP 地址的不同端口上。

静态 NAT 转换过程如图 8-2 所示。如内部本地地址 192.168.1.5 与内部全局地址 200.8.7.4 对应，而内部本地地址 192.168.1.7 与内部全局地址 200.8.7.3 对应。

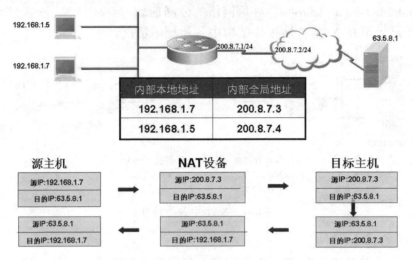

图 8-2　静态 NAT 转换过程

动态地址池 NAT 指的是一个内部全局地址池，如 200.8.7.1 到 200.8.7.10，可将内部网络中内部本地地址动态地映射到这个地址池内。这样，从 192.168.1.5 发出的前后两个包，可能分别映射到不同的内部全局地址上，如第 1 个包是 192.168.1.5 到 200.8.7.3，第 2 个包是 192.168.1.5 到 200.8.7.4，如图 8-3 所示。

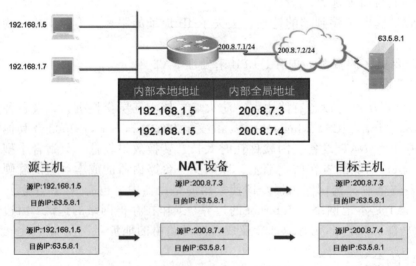

图 8-3　动态地址池 NAT 转换过程

无论是动态还是静态 NAT，其主要作用如下：
（1）改变传出包的源地址。
（2）改变传入包的目的地址。

网络端口地址转换 NAPT 是动态建立内部网络中内部本地地址与端口之间的对应

关系。就是将多个内部地址映射为一个合法公网地址，但以不同的协议端口号与不同的内部地址相对应，也就是<内部地址+内部端口>与<外部地址+外部端口>之间的转换。如 <192.168.1.7>+<1024> 与 <200.8.7.3>+<1024>、<192.168.1.5>+<1136> 与 <200.8.7.3>+<1136>的对应，如图8-4所示。

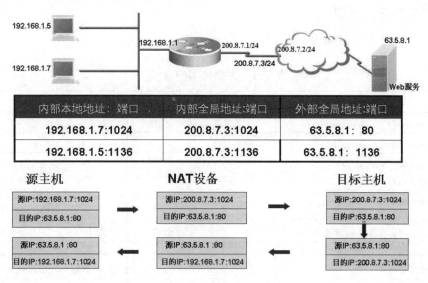

图 8-4　网络地址端口转换

端口地址转换 PAT 的主要特点为：

（1）缺乏全局 IP 地址，甚至没有专门申请的全局 IP 地址，只有一个连接 ISP 的全局 IP 地址。

（2）内部网要求上网的主机数很多。

（3）提高内网的安全性。

根据不同的需要，3 种 NAT 各有所用。其中静态 NAT 设置起来最为简单，内部网络中的每个主机都被永久映射成外部网络中的某个合法的地址，多用于服务器。而 NAT 池则是在外部网络中定义了一系列的合法地址，采用动态分配的方法映射到内部网络，多用于网络中的工作站。PAT 则是把内部地址映射到外部网络中一个 IP 地址的不同端口上。

8.1.3　NAT 的工作过程

（1）接收数据并且拆帧。

（2）根据目标 IP 查找路由出口。

（3）根据 NAT 进行地址转换。

（4）保存转换列表。

（5）再次封装转发。

（6）对于返回的数据拆帧。

（7）根据前面保存的转换表进行 NAT 转换。

（8）再根据目标 IP 查找路由。

(9)再封装转发。

8.2 NAT 的配置

8.2.1 NAT 的配置步骤

表 8-1 列出了主要的 NAT 命令。

表 8-1 主要的 NAT 命令

命 令 行	作 用	注 释
router(config-if)# ip nat outside	定义出口	只有一个出口
router(config-if)# ip nat inside	定义入口	可以有多个入口
router(config)#ip nat inside source static 内部私有地址 内部公有地址	建立私有地址与公有地址之间一对一的静态映射	用 router(config)#no ip nat inside source static 删除静态映射
router(config)# ip nat pool 池名 开始内部公有地址 结束内部公有地址 [netmask 子网掩码 | prefix-length 前缀长度]	建立一个公有地址池	用 router(config)# no ip nat pool 删除公有地址池
router(config)# access-list 号码 permit 内部私有地址 反码	创建内网访问地址列表	用 router(config)# no access-list 号码 删除内网访问地址列表
router(config)#ip nat inside source list 号码 pool 池名	配置基于源地址的动态 NAT	用 router(config)#no ip nat inside source 删除动态映射
router(config)#ip nat inside source list 号码 pool 池名 overload	配置基于源地址的动态 PAT	用 router(config)#no ip nat inside source 删除动态 PAT 映射
show ip nat translations	显示 NAT 转换情况,包括 Pro、Inside global、Inside local、Outside local、Outside lobal 项	
debug ip nat	显示 NAT 转换情况。s=a.b.c.d 表示源地址,->w.x.y.z 源地址转换的地址,d=e.f.g.h 表示目的地址,[n]方括号中的数字表示 IP 标识号	

结合图 8-2~图 8-4,说明 NAT 的配置步骤。

1. 静态 NAT 的配置

静态 NAT 的特征是内部私有主机地址与公网主机地址作一对一映射。如果内网主机地址需要被外网访问,这种转换非常有用。

配置步骤如下:

(1)定义内网接口和外网接口。

```
router(config)# interface fastethernet 1/0
router(config-if)# ip addr  200.8.7.1  255.255.255.0
router(config-if)# ip nat outside
router(config)# interface fastethernet 1/1
router(config-if)# ip addr  192.168.1.1 255.255.255.0
router(config-if)# ip nat inside
```

(2)建立静态的一对一的映射关系。

```
router(config)#ip nat inside source static 192.168.1.7 200.8.7.3
router(config)#ip nat inside source static 192.168.1.5 200.8.7.4
```

(3) 设置默认路由。

```
router(config)# ip route 0.0.0.0 0.0.0.0 200.8.7.2
```

2．动态 NAT 配置步骤

动态 NAT 的特征是内部主机使用地址池中的公网地址来映射，同一内部地址两次映射后的公网地址可能不一样。

配置步骤如下：

（1）定义内网接口和外网接口。

```
router(config)# interface fastethernet 1/0
router(config-if)# ip addr 200.8.7.1 255.255.255.0
router(config-if)# ip nat outside
router(config)# interface fastethernet 1/1
router(config-if)# ip addr 192.168.1.1 255.255.255.0
router(config-if)# ip nat inside
```

（2）定义访问控制列表（内部本地地址范围）。

```
router(config)# access-list 10 permit 192.168.1.0 0.0.0.255
```

（3）定义转换的外网地址池（ISP 提供的全局地址池）。

```
router(config)# ip nat pool abc 200.8.7.1 200.8.7.10 netmask 255.255.255.0
```

（4）建立映射关系。

```
router(config)# ip nat inside source list 10 pool abc
```

（5）设置默认路由。

```
router(config)# ip route 0.0.0.0 0.0.0.0 200.8.7.2
```

3．端口复用

端口复用（Overloading）的特征是内部多个私有地址映射到一个公网地址的不同端口上，理想状况下，一个单一的 IP 地址可以使用的端口数为 4000 个。

（1）静态 PAT 配置步骤如下：

① 定义内网接口和外网接口。

```
router(config)# interface fastethernet 1/0
router(config-if)# ip addr 200.8.7.1 255.255.255.0
router(config-if)# ip nat outside
router(config)# interface fastethernet 1/1
router(config-if)# ip addr 192.168.1.1 255.255.255.0
router(config-if)# ip nat inside
```

② 建立静态的映射关系。

```
router(config)# ip nat inside source static tcp
    192.168.1.7 1024 200.8.7.3 1024
router(config)# ip nat inside source static udp
    192.168.1.7 1024 200.8.7.3 1024
```

③ 设置默认路由。

```
router(config)# ip route 0.0.0.0 0.0.0.0 200.8.7.2
```

（2）动态 PAT 配置步骤如下：

① 定义内网接口和外网接口。

```
router(config)# interface fastethernet 1/0
router(config-if)# ip addr 200.8.7.1 255.255.255.0
```

```
router(config-if)# ip nat outside
router(config)# interface fastethernet 1/1
router(config-if)# ip addr 192.168.1.1 255.255.255.0
router(config-if)# ip nat inside
```
② 定义内部本地地址范围。
```
access-list 10 permit 192.168.1.0 0.0.0.255
```
③ 定义内部全局地址池。
```
router(config)# ip nat pool abc 200.8.7.3 200.8.7.3 netmask 255.255.255.0
```
④ 建立映射关系。
```
router(config)# ip nat inside source list 10 pool abc overload
```
⑤ 设置默认路由。
```
router(config)# ip route 0.0.0.0 0.0.0.0 200.8.7.2
```

4．删除 NAT

（1）删除静态 NAT 转换。
```
router(config)# no ip nat inside source static
```
（2）从 NAT 转换表中清除所有动态表项。
```
router(config)# Clear ip nat translation *
```
（3）从 NAT 转换表中清除扩展动态转换表项。
```
router(config)# Clear ip nat translation protocol
```

5．NAT 的验证

（1）显示当前 NAT 转换情况。
```
router# show ip nat translate
R1# show ip nat translations
Pro   Inside global      Inside local        Outside local        Outside lobal
tcp   200.8.7.4:4626     192.168.1.5:4626    63.5.8.1:10403       63.5.8.1:10403
tcp   200.8.7.4:4616     192.168.1.5:4616    63.5.8.1:10403       63.5.8.1:10403
```
注意端口的变化和对应关系。

（2）显示转换统计信息。
```
router# show ip nat statistics
```
（3）诊断 NAT 转换。

通过在内网 PC 上不同发 ping 包，在路由器上检测 NAT 转换情况。
```
router# debug ip nat
00:35:51: NAT: i: icmp (192.168.1.2, 12) -> (219.220.234.1, 12) [58]
00:35:51: NAT: s=192.168.1.2->202.121.241.1, d=219.220.234.1 [58]
00:35:51: NAT*: o: icmp (219.220.234.1, 12) -> (202.121.241.3, 12) [58]
00:35:51: NAT*: s=219.220.234.1, d=202.121.241.1->192.168.1.2 [58]
```
（4）取消 debug。
```
router# no debug ip nat
```

8.2.2 静态 NAT 配置实例

【网络拓扑】

静态 NAT 配置网络拓扑如图 8-5 所示。

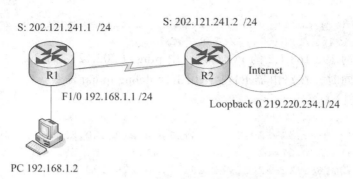

图 8-5 静态 NAT 配置

【实验环境】

R1（内部网络出口路由器）和 R2（上级提供商或 ISP 路由器）各端口地址如图 8-5 所示，并用 R2 的环回口用来模拟 Internet。

【实验目的】

（1）学会静态 NAT 的配置方法。
（2）将外部地址到内部地址的静态转换（192.168.1.2 的地址转换到 202.10.1.3）。
（3）学会查看 NAT 有关信息。

【实验配置】

（1）路由器 R1 的主要配置命令。

```
R1(config)# int f1/0
R1(config-if)# ip add 192.168.1.1 255.255.255.0
R1(config-if)# ip nat  inside
R1(config-if)# no sh
R1(config-if)# exi
R1(config)# int s1/1
R1(config-if)# ip add 202.121.241.1 255.255.255.0
R1(config-if)# ip nat outside
R1(config-if)# no sh
R1(config-if)# exi
R1(config)# ip nat   inside    source    static   192.168.1.2 202.121.241.1
R1(config)# ip route 0.0.0.0  0.0.0.0  202.121.241.2
```

（2）路由器 R2 的主要配置命令。

```
R2(config)# int s1/1
R2(config-if)# ip add 202.121.241.2 255.255.255.0
R2(config-if)# clock  rate  64000
R2(config-if)# no sh
R2(config-if)# exi
R2(config)# int loopback 0
R2(config-if)# ip add 219.220.234.1 255.255.255.0
R2(config-if)# no sh
R2(config-if)# exi
```

【测试结果】

（1）显示当前 NAT 转换情况。

```
R1# show ip nat translate
```

```
Pro    Inside global        Inside local         Outside local        Outside global
---    202.121.241.1        192.168.1.2          ---                  ---
```

(2)在内网 192.168.1.2 的 PC 上,使用 ping –t 202.121.241.2 命令。

(3)与此同时,在路由器 R1 上使用 R1# debug ip nat 命令。

```
IP NAT debugging is on
R1#
NAT: s=192.168.1.2->202.121.241.1, d=219.220.234.1[ 0]
NAT*: s=219.220.234.1, d=202.121.241.1->192.168.1.2[ 0]
NAT: s=192.168.1.2->202.121.241.1, d=219.220.234.1[ 0]
NAT*: s=219.220.234.1, d=202.121.241.1->192.168.1.2[ 0]
NAT: s=192.168.1.2->202.121.241.1, d=219.220.234.1[ 0]
NAT*: s=219.220.234.1, d=202.121.241.1->192.168.1.2[ 0]
NAT: s=192.168.1.2->202.121.241.1, d=219.220.234.1[ 0]
NAT*: s=219.220.234.1, d=202.121.241.1->192.168.1.2[ 0]
```

(4)检查效果后,用 R1# no debug ip nat 命令取消 debug。

```
IP NAT debugging is off
```

(5)删除静态 NAT 转换。

```
No ip nat inside source
```

(6)清除动态表项。

```
Clear ip nat transtation *
```

8.2.3 动态 NAT 配置实例

【网络拓扑】

动态 NAT 网络拓扑图见图 8-5。

【实验环境】

(1)内网为 192.168.1.0/24。

(2)外网地址池为 202.121.241.3~202.121.241.10。

【实验目的】

(1)学会动态 NAT 地址转换的配置方法。

(2)熟悉内部地址池和外部地址池的配置方法。

(3)学会查看 NAT 有关信息。

【实验配置】

(1)路由器 R1 的主要配置命令。

```
R1(config)# int f1/0
R1(config-if)# ip add 192.168.1.1 255.255.255.0
R1(config-if)# ip nat inside
R1(config-if)# no sh
R1(config-if)# exi
R1(config)# int s1/1
R1(config-if)# ip add 202.121.241.1 255.255.255.0
R1(config-if)# ip nat outside
R1(config-if)# no sh
```

```
R1(config-if)# exi
R1(config)# ip nat pool dynat 202.121.241.3 202.121.241.10 netmask
255.255.255.0        /*定义转换地址池*/
R1(config)# access-list 1 permit 192.168.1.0  0.0.0.255
R1(config)# ip nat inside source list 1 pool dynat overload
/*定义内部本地地址列表与外部地址池之间映射，增加 overload 选项，表明端口地址复用
（PAT）*/
R1(config)# ip route 0.0.0.0  0.0.0.0  202.121.241.2
```

（2）路由器 R2 的主要配置命令。

```
R2(config)# int s1/1
R2(config-if)# ip add 202.121.241.2 255.255.255.0
R2(config-if)# clock rate  64000
R2(config-if)# no sh
R2(config-if)# exi
R2(config)# int loopback  0
R2(config-if)# ip add 219.220.234.1 255.255.255.0
R2(config-if)# no sh
R2(config-if)# exi
```

【测试结果】

（1）显示当前 NAT 转换情况，使用 R1# show ip nat translate 命令。

（2）在内网 192.168.1.2 的 PC 上，使用 ping –t 202.10.2.2 命令。

（3）与此同时在路由器 R1 上，使用 R1# debug ip nat 命令。

（4）检查效果后，使用 R1# no debug ip nat 取消 debug 命令。

8.2.4 园区网中的 NAT 配置举例

【网络拓扑】

园区网中的 NAT 配置如图 8-6 所示。

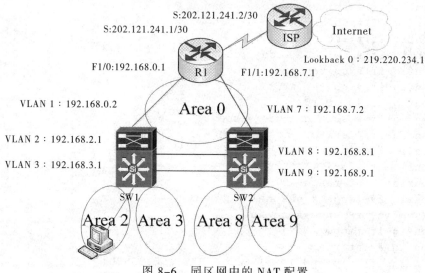

图 8-6 园区网中的 NAT 配置

【实验目的】

（1）掌握小型园区网 OSPF、NAT 的综合配置。

（2）掌握 NAT 的检测与排错。

【实验说明】

（1）清除 SW1、SW2、R1、ISP 设备上的配置。

（2）按图 8-6 实验拓扑，R1 与 SW1，R1 与 SW2 之间用 VLAN；SW1 与 SW2 之间做三层链路聚合（路由口）；ISP 路由器的 Loopback 0 用来模拟 Internet，s 口与 R1 直连。按图 8-6 配置各地址。

（3）在 SW1、SW2 上都启用 SVI。

（4）VLAN 2、VLAN 3、VLAN 8、VLAN 9 分别属于 Area 2、Area 3、Area 8、Area 9。Area 2、Area 3、Area 8、Area 9 分别与主干区域相连。配置 OSPF，使内网互联互通。

（5）在出口路由器 R1 上配置一条默认路由，用来转发内网中发往 Internet 的数据，并将默认路由重分发到内网的 OSPF 中。

（6）在 R1 上配置动态 NAT，使内网均能访问外网。

（7）从内网 PC 上 ping 通 Internet，并在 R1 上分别使用 show ip nat translations 和 debug ip nat 命令观察配置结果。

（8）在 ISP 路由器上能否 ping 通内网 PC？得出结论，并说明原因。

【实验配置】

以下配置在 Cisco 官方交换路由模拟器 PacketTracer 上完成。

（1）在三层交换机 SW1 及 SW2 上进行以下配置。

以 SW1 为例，SW2 这里省略。

① 定义 VLAN1、VLAN2、VLAN3、VLAN7、VLAN8、VLAN9，给出 SVI。

```
Sw1(config)# int f0/1
Sw1(config-if)# switch mode access
Sw1(config-if)# switch access vlan 2
Sw1(config-if)# no sh
Sw1(config-if)# int f0/2
Sw1(config-if)# switch mode access
Sw1(config-if)# switch access vlan 3
Sw1(config-if)# no sh
Sw1(config-if)# int f0/5
Sw1(config-if)# switch mode access
Sw1(config-if)# switch access vlan 1
Sw1(config-if)# no sh
Sw1(config-if)# exi
Sw1(config)# int range f0/3 - 4
Sw1(config-if-range)# channel-g 1 m o
upSw1(config-if-range)# no sh
Sw1(config-if-range)# exi
Sw1(config)# int vlan 2
Sw1(config-if)# ip add 192.168.2.1 255.255.255.0
Sw1(config-if)# no sh
Sw1(config-if)# int vlan 3
Sw1(config-if)# ip add 192.168.3.1 255.255.255.0
Sw1(config-if)# no sh
```

```
Sw1(config-if)# int vlan 1
Sw1(config-if)# ip add 192.168.0.2 255.255.255.0
Sw1(config-if)# no sh
```

② 定义三层聚合口，给出 IP 地址。

```
Sw1# conf t
Enter configuration commands, one per line.  End with CNTL/Z.
Sw1(config)# int range f0/3 - 4
Sw1(config-if-range)# channel-group 1  mode  on
/*此命令是思科官方交换路由模拟器 PacketTracer 中的聚合命令，相当于锐捷中的
port-group 1*/
Sw1(config-if-range)# no switch
Sw1(config)# int port-channel  1
/*此命令是思科官方交换路由模拟器 PacketTracer 中的进入聚合口配置模式，相当于锐
捷中的 int aggr 1*/
Sw1(config-if)# no switchport
Sw1(config-if)# ip add 192.168.10.1 255.255.255.0
Sw1(config-if)# exi
```

③ 指定一条默认路由到路由器 R1 的接口。

```
Sw1(config)# ip route 0.0.0.0  0.0.0.0  192.168.0.1
```

④ 启动 OSPF，宣告各个 VLAN 网络及聚合口对应的网络，注意各个不同的区域。

```
Sw1(config)# router ospf 100
Sw1(config-router)# net 192.168.2.0  0.0.0.255 area 2
Sw1(config-router)# net 192.168.3.0  0.0.0.255 area 3
Sw1(config-router)# net 192.168.0.0  0.0.0.255 area 0
Sw1(config-router)# net 192.168.10.0  0.0.0.255 a rea 0
Sw1(config-router)# exi
```

（2）对 R1 进行配置。

① 定义接口。

```
R1>en
R1# conf t
R1(config)# int f1/0
R1(config-if)# ip add 192.168.0.1 255.255.255.0
R1(config-if)# no sh
R1(config-if)# int f1/1
R1(config-if)# ip add 192.168.7.1 255.255.255.0
R1(config-if)# no sh
R1(config-if)# int s1/0
R1(config-if)# clock  rate 64000
R1(config-if)# ip add 202.121.241.1 255.255.255.252
R1(config-if)# no sh
```

② 启动 OSPF，宣告内网接口的每个网络，为 area 0。

```
R1(config)# router ospf 100
R1(config-router)# net 192.168.0.0 0.0.0.255 area 0
R1(config-router)# net 192.168.7.0 0.0.0.255 area 0
R1(config-router)# net 192.168.7.0 0.0.0.255 area 0
R1(config-router)# exi
router#
```

③ 指定默认路由并重分布到内网中。

```
R1(config)# ip rout 0.0.0.0 0.0.0.0 202.121.241.2
R1(config)# router ospf 100
R1(config-router)# redi stat subnets    /*将静态路由重分布到内网OSPF中
R1(config-router)# exi
```

(3) 检测局域网内部全网互通。

① 在 Sw1 上显示路由表。

```
Sw1# sh ip route
C    192.168.0.0/24 is directly connected, Vlan1
C    192.168.2.0/24 is directly connected, Vlan2
C    192.168.3.0/24 is directly connected, Vlan3
O    192.168.7.0/24 [110/2] via 192.168.0.1, 00:16:57, Vlan1
O IA 192.168.8.0/24 [110/2] via 192.168.10.2, 00:21:38, Port-channel 1
O IA 192.168.9.0/24 [110/2] via 192.168.10.2, 00:21:38, Port-channel 1
C    192.168.10.0/24 is directly connected, Port-channel 1
S*   0.0.0.0/0 is directly connected, Vlan1
```

② 在 Sw2 上显示路由表。

```
S2# sh ip route
O    192.168.0.0/24 [110/2] via 192.168.10.1, 00:22:43, Port-channel 1
O IA 192.168.2.0/24 [110/2] via 192.168.10.1, 00:22:43, Port-channel 1
O IA 192.168.3.0/24 [110/2] via 192.168.10.1, 00:22:43, Port-channel 1
O    192.168.7.0/24 [110/3] via 192.168.10.1, 00:17:58, Port-channel 1
C    192.168.8.0/24 is directly connected, Vlan8
C    192.168.9.0/24 is directly connected, Vlan9
C    192.168.10.0/24 is directly connected, Port-channel 1
C    192.178.7.0/24 is directly connected, Vlan7
S*   0.0.0.0/0 is directly connected, Vlan7
```

③ 在 R1 上显示路由表。

```
R1# sh ip route
C    192.168.0.0/24 is directly connected, FastEthernet0/0
O IA 192.168.2.0/24 [110/2] via 192.168.0.2, 00:00:27, FastEthernet0/0
O IA 192.168.3.0/24 [110/2] via 192.168.0.2, 00:00:27, FastEthernet0/0
C    192.168.7.0/24 is directly connected, FastEthernet0/1
O IA 192.168.8.0/24 [110/3] via 192.168.0.2, 00:00:27, FastEthernet0/0
O IA 192.168.9.0/24 [110/3] via 192.168.0.2, 00:00:27, FastEthernet0/0
O    192.168.10.0/24 [110/2] via 192.168.0.2, 00:00:27, FastEthernet0/0
```

④ 测试局域网的连通性。在 PC 上，分别使用以下命令：

```
PC> ping 192.168.3.1
PC> ping 192.168.0.2
PC> ping 192.168.0.1
PC> ping 192.168.7.1
PC> ping 192.168.7.2
PC> ping 192.168.8.1
PC> ping 192.168.9.1
PC> ping 192.168.10.1
PC> ping 192.168.10.2
```

(4) 在 R1 上配置动态 NAT。

在局域网内部互通的前提下，在 R1 上配置动态 NAT，使得所有内网均包括在列表中。

```
R1#  conf t
R1(config)# acc 1 permit 192.168.0.0 0.0.255.255
/*定义所有192.168.0.0/16 的内网地址在访问列表中*/
/*有两个内网口 f1/0、f1/1是 inside 口，s1/0为外网口*/
R1(config)# int f1/0
R1(config-if)# ip nat inside
R1(config-if)# exi
R1(config)# int f1/1
R1(config-if)# ip nat inside
R1(config-if)# exi
R1(config)# int s1/0
R1(config-if)# ip nat outside
R1(config-if)# exi
```
做动态转换：
```
R1(config)#
R1(config)#  ip nat pool  lf  202.121.241.3  202.121.241.5  net 255.255.255.248
R1(config)# ip nat insi sour list 1 pool  lf  overload
```
（5）在 ISP 路由器上。

① 定义接口。
```
router>en
ISP#  conf t
ISP(config)# int s1/0
ISP(config-if)# ip add 202.121.241.2 255.255.255.252
ISP(config-if)# no sh
ISP(config-if)# int loop 0
ISP(config-if)# ip add 219.220.234.1 255.255.255.0
ISP(config-if)# no sh
ISP(config-if)# exi
```
② 定义一条到局域网的静态路由。
```
ISP(config)# ip rout  202.121.241.0  255.255.255.248  202.121.241.1
```
（6）配置好 NAT 后开始测试。

① 对网络连通性测试。
```
PC> ping 202.121.241.1    /*ping 外网地址*/
PC> ping 219.220.234.1    /*ping 外网地址*/
```
② 检测 NAT 转换。
```
R1#  Debug ip nat:
IP NAT debugging is on
R1#
NAT: s=192.168.2.2->202.121.241.3, d=219.220.234.1[ 1]
NAT*: s=219.220.234.1, d=202.121.241.3->192.168.2.2[ 1]
NAT: s=192.168.2.2->202.121.241.3, d=219.220.234.1[ 1]
NAT*: s=219.220.234.1, d=202.121.241.3->192.168.2.2[ 1]
NAT: s=192.168.2.2->202.121.241.3, d=219.220.234.1[ 1]
NAT*: s=219.220.234.1, d=202.121.241.3->192.168.2.2[ 1]
NAT: s=192.168.2.2->202.121.241.3, d=219.220.234.1[ 1]
NAT*: s=219.220.234.1, d=202.121.241.3->192.168.2.2[ 1]
R1#  no deb ip nat
```

```
IP NAT debugging is off

R1#  sh ip nat tran
Pro  Inside global      Inside local     Outside local    Outside global
---  202.121.241.3      192.168.2.2      ---              ---
```

8.3 NAT 排错

8.3.1 验证 NAT

show ip nat translation 命令可以用于显示当前存在的转换。下面代码 1 的屏幕输出显示有两个基本型转换存在。

代码 1 show ip nat translation 命令的输出示例。

```
R1#  show ip nat translations
ror inside ip nat translations
pro inside global     inside local    outside local    outside global
--- 192.2.2.1         10.1.1.1        ---              ---
--- 192.2.2.1         10.1.1.2        ---              ---
R1#
```

代码 2 是一个采用地址复用的 NAT 样例。两个不同的内部主机使用同一个 IP 地址显现在外部网络，这两个主机都要建立一个 Telnet 会话——到目的地的 TCP 端口 23。唯一的源 TCP 端口号被用来区分这两个内部主机。

代码 2 应用地址复用时，show ip nat translations 命令的输出示例。

```
R1#  show ip nat translations
pro inside global        inside local      outside local    outside global
tcp 192.168.2.1:11003    10.1.1.1:11003    172.16.2.2:23    172.16.2.2:23
tcp 92.168.2.1:1067      10.0.1.1.1:1067   172.16.2.3:23    172.16.2.3:23
R1#
```

可以用 show ip nat translations 命令来查看 NAT 的统计信息。

默认地，动态地址转换条目如果在一定时间后没有被使用，就会因为超时而会被取消。如果必要，用户可以改变超时的默认值。在没有配置地址复用的情况下，简单转换条目的超时时间为 24 小时。

如果配置了地址复用，因为每个条目都包含了使用它的数据流的更多内容，就可以对转换条目的超时值实施较细的控制。下面是采用地址复用默认的 NAT 超时值。

UDP 超时值：5 min。

DNS：1 min。

TCP：24 h。

结束和复位值：1 min。

结束（finish）和复位（reset）指的是 TCP 连接的结束和复位包。

8.3.2 调试 NAT

如果想要跟踪 NAT 的操作，可以用 debug ip nat 命令显示出每个被转换的数据包。代码 3 是一个内部到外部地址转换的调试示例。

代码 3　debug ip net 命令显示。

```
R1#  debug ip net
NAT:S= 10.1.1.1->192.168.2.1,d= 172.16.2.2[ 0]
NAT:S= 172.16.2.2,d= 192.168.2.1->10.1.1.1[ 0]
NAT:S= 10.1.1.1->192.168.2.1,d= 172.16.2.2[ 1]
NAT:S= 10.1.1.1->192.168.2.1,d= 172.16.2.2[ 2]
NAT:S= 10.1.1.1->192.168.2.1,d= 172.16.2.2[ 3]
NAT*:S= 172.16.2.2,d= 192.168.2.1->10.1.1.1[ 1]
NAT:S= 172.16.2.2,d= 192.168.2.1->10.1.1.1[ 1]
NAT:S= 10.1.1.1->192.168.2.1,d= 172.16.2.2[ 4]
NAT:S= 10.1.1.1->192.168.2.1,d= 172.16.2.2[ 5]
NAT:S= 10.1.1.1->192.168.2.1,d= 172.16.2.2[ 6]
NAT*:S= 172.16.2.2,d= 192.168.2.1->10.1.1.1[ 2]
```

可以按下面所述的要点对上面的输出进行分析：

（1）紧靠 NAT 的*号表示该转换是发生在高速通道上。每个会话的第一个数据包总是经由低速通首（按处理器交换方式处理）。如果缓存条目存在，每个会话余下的数据包将经由高速通道。

（2）S= 10.1.1.1 表示源地址是 10.1.1.1。

（3）d= 172.16.2.2 表示目的地址是 172.16.2.2。

（4）10.1.1.1->192.168.2.1 表示将地址 10.1.1.1 转换为 192.168.2.1。

括号中的值是 IP 标识号。该信息会对调试有所帮助，因为它可以帮助将同一个会话的数据包关联起来。

8.3.3　清除 NAT 转换表中的条目

可以用 clear ip nat translation*命令来清除转换表中的所有条目，如代码 4 所示。

*号是一个通配符，代表所有任意值。在该例中，show ip nat translation 命令将当前活跃的转换都显示出来了。然后输入 clear ip nat translation*命令来清除所有的转换，再次输入 show ip nat translation*命令时将看不到任何转换条目。

代码 4　clear ip nat translation*命令的结果。

```
R1#  show ip nat translation
Pro Inside global   Inside local    Outsids local   Outside global
tcp 192.168.2.1:11003  10.1.1.1:11003   172.16.2.2:23   172.16.2.2:23
tcp 192.168.2.1:1067   10.1.1.1:1067    172.16.2.2:23   172.16.2.2:23
R1#
R1#  clear ip nat translation *
R1#  show ip nat translation
R1#  <nothing>
```

translation 一词在 clear ip nat translation 命令中是用单数形式，而它在 show ip nat translations 命令中是用复数形式。

使用 clear ip nat translation inside global-ip local-ip[outside local-ip global-ip]命令，可以清除包含一个内部转换或一个内部转换和一个外部转换的一个简单转换条目。

使用 clear ip nat translation onside local-ip global-ip 命令，可以清除包含一个外部转换的一个简单转换条目。

如果想要清除一个扩展转换条目，可以使用 clear ip nat translation protocol inside global-ip global-port local-ip local-port[outside local-ip locdl-port global-ip global-port] 命令。

下面是该命令的一个使用实例：

```
R1# clear ip nat trans udp inside 192.168.2.2 1220 10.1.1.2 1220 172.69.2.132 53 171.69.2.132 53
```

如果已正确地配置了 NAT 但却不发生任何转换，可以试着先清一下 NAT 转换，然后再看是否发生转换。

8.3.4 NAT 限速

为了实现某种服务质量要求，NAT 还可以进行流量管理[只在 V8.32（B57）及以上版本中支持]，以达到某种特定的管理要求。比如限制某个用户的最大下载速度，限制某个用户的最大上传速度，或者是方便运行商按流量或速率等级进入收费等。

全局打开 NAT 速率控制命令如下：

```
R1(config)# ip nat translation rate-limit inside bps outside bps
/*启用 NAT 转换的流量管理功能*/
```

如进入接口的速度为 2 Mbit/s，而流出端口的速度只能达到 512 kbit/s：

```
R1(config)# ip nat translation rate-limit inside 2000000 outside 512000
```

对某个 IP 地址的速率进行控制命令如下：

```
R1(config)# ip nat translation rate-limit ip inside bps outside bps
/*对某个内部 IP 地址进行下载速率和上传速率的限制*/
```

如限制 IP 地址为 192.168.6.41 的主机的流入接口速度为 2Mbit/s，而流出端口的速度只能达到 512kbit/s：

```
R1(config)# ip nat translation rate-limit 192.168.6.41 inside 2000000 outside 512000
```

课后练习及实验

1. 选择题

（1）NAT 的地址翻译类型有哪些？（　　　）

　　A. 静态 NAT（Static NAT）

　　B. 动态地址池 NAT（Pooled NAT）

　　C. 网络地址端口转换 NAPT（Port-Level NAT）

　　D. 以上均正确

（2）关于静态 NAT，下面（　　）说法是正确的。

　　A. 静态 NAT 转换在默认情况下 24h 后超时

　　B. 静态 NAT 转换从地址池中分配

　　C. 静态 NAT 将内部地址一对一静态映射到内部全局地址

　　D. 思科路由器默认使用了静态 NAT

（3）下列关于地址转换的描述，正确的是（　　　）。

　　A. 地址转换解决了因特网地址短缺所面临的问题

B. 地址转换实现了对用户透明的网络外部地址的分配

C. 地址转换内部主机提供一定的"隐私"

D. 以上均正确

（4）下列有关 NAT 叙述不正确的是（　　）。

A. NAT 是英文"网络地址转换"的缩写

B. 地址转换又称地址翻译，用来实现私有地址和公用网络地址之间的转换

C. 当内部网络的主机访问外部网络的时候，一定不需要 NAT

D. 地址转换的提出为解决 IP 地址紧张的问题提供了一个有效途径

（5）下列地址表示私有地址的是哪些？（　　）。

A. 202.118.56.21　　　　　　B. 192.168.1.1

C. 192.118.2.1　　　　　　　D. 172.16.33.78

E. 10.0.1.2　　　　　　　　　F. 1.2.3.4

（6）When is it necessary to use a public IP address on a routing interface?

A. Connect a router on a local network.

B. Connect a router to another router.

C. Allow distribution of routes between networks.

D. Translate a private IP address.

E. Connect a network to the Internet.

（7）以下哪项不是 NAT 的功能？（　　）

A. 允许一个私有网络使用未配置的 IP 地址访问外部网络

B. 重复使用在因特网上已经存在的地址

C. 取代 DHCP 服务器的功能

D. 为两个合并的公司网络提供地址转换

（8）What will happen if a private IP address is assigned to a public interface connected to an ISP?（　　）

A. Addresses in a private range will be not routed on the Internet backbone.

B. Only the ISP router will have the capability to access the public network.

C. The NAT process will be used to translate this address in a valid IP address.

D. Several automated methods will be necessary on the private network.

E. A conflict of IP addresses happens, because other public routers can use the same range.

（9）Which two statements about static NAT translations are true?（　　）(choose two)

A. They are always present in the NAT table.

B. They allow connection to be initiated from the outside.

C. They can be configured with access lists, to allow two or more connections to be initiated from the outside.

D. They require no inside or outside interface markings because addresses are statically defined.

（10）关于 NAT，以下说法哪个正确？（　　　）
  A．只能定义一个 Inside 口
  B．访问控制列表的地址必须与 Inside 口在一个网段
  C．公网地址池必须与 Outside 出口地址在一个网段
  D．可以定义多个 Inside 口，且公网地址池可以与 Outside 出口地址不在一个网段

2．问答题

（1）简述 NAT 技术的基本原理。
（2）NAT 技术有哪几种类型？
（3）简要说明一下 NAT 可以解决的问题。
（4）简述静态地址映射和动态地址映射的区别。

3．实验题

图 8-7 是一个小型校园网的拓扑结构，请按以下要求，完成各项配置。

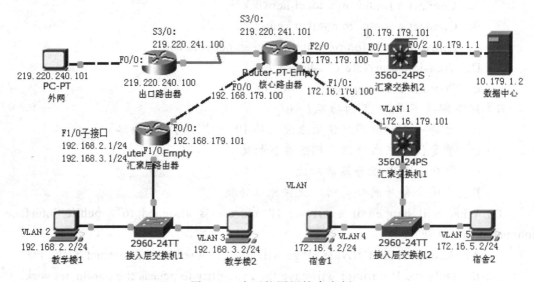

图 8-7　小型校园网综合案例

（1）设置教学楼 1 和 2 的两 PC 的 IP 地址和默认网关。同理可设置宿舍楼 1 和 2 的两 PC 的 IP 地址和默认网关。

（2）在接入交换机 1 上 F0/2、F0/3 上配置端口安全，设置安全违例处理方式为 shutdown，在 F0/2 限制接入主机数量为 3；在 F0/3 上绑定其 MAC 地址为 00D0.58D0.9268、IP 地址为 192.168.3.22。

（3）对接入交换机 1，划分两个 VLAN：VLAN 2、VLAN 3。F0/2 属于 VLAN 2，F0/3 属于 VLAN 3，F0/1 为 Trunk 口。

（4）在接入交换机 2 上 F0/2、F0/3 上配置端口安全，设置安全违例处理方式为 restrict，在 F0/2 上绑定其 MAC 地址为 00D0.58D0.9268，在 F0/3 限制接入主机数量为 3。

（5）对接入交换机 2，划分两个 VLAN：VLAN 4、VLAN 5。F0/2 属于 VLAN 4，

F0/3 属于 VLAN 5，F0/1 为 Trunk 口。

（6）在汇聚路由器的 F0/0 口做单臂路由，使教学楼 1 和教学楼 2 能互相连通。

（7）在汇聚交换机 1 上分别将 F0/1 口划到 VLAN 1，并创建 VLAN 4、VLAN 5，设置它们的 SVI，使得三层交换机使宿舍楼 1 和宿舍楼 2 能互相连通。

（8）在汇聚路由器、核心路由器、汇聚交换机 1、汇聚交换机 2 上运行 OSPF(在同一 Area 0 中)，使得全网互通。

（9）核心路由器与出口路由器之间用 S3/0 串行连接，采用 PPP 链路协议进行通信，并且采用 CHAP 方式进行认证，口令为 123456。

（10）在核心路由器上配置动态 PAT，实现校园网访问外网。假定转换地址池为 PL: 219.220.241.110   219.220.241.120。

（11）进行网络检测，使全网互通。

① 内网所有 PC 能相互访问。

② 内网能访问外网。

③ 在 PC 上跟踪所有路由。

第 9 章 ACL 访问控制技术

本章导读：

本章重点介绍 ACL 的基础知识、标准 ACL、扩展 ACL、命名 ACL、基于时间的 ACL 的应用案例。

学习目标：

- 掌握 ACL 的访问顺序和匹配规则。
- 熟练掌握标准 ACL、扩展 ACL 的基本配置。
- 掌握命名 ACL 的配置方法。
- 结合前几章的内容，掌握 ACL 在园区网中的应用。
- 了解基于时间的 ACL 的应用。

9.1 ACL 概述

网络应用与互联网的普及在大幅提高企业的生产经营效率的同时，也带来了很多数据安全方面的问题。要将一个网络有效地管理起来，尽可能地降低网络所带来的负面影响，网络管理员必须使用 ACL，以便：限制网络流量、提高网络性能；提供对通信流量的控制手段；提供网络访问的基本安全手段。

9.1.1 ACL 简介

ACL 全称访问控制列表（Access Control List），网络中常说的 ACL 是 IOS/NOS 等网络操作系统所提供的一种访问控制技术，初期仅在路由器上支持，现在已经扩展到三层交换机，部分二层交换机也开始提供 ACL 支持。

1. 基本原理

ACL 使用包过滤技术,在路由器上读取第 3 层及第 4 层包头中的信息(如源地址、目的地址、协议口、端口号等)，根据预先定义好的规则对包进行过滤，从而达到访问控制的目的，如图 9-1 所示。

2. 功能

网络中的结点分为资源结点和用户结点两大类，其中资源结点提供服务或数据，而用户结点访问资源结点所提供的服务与数据。ACL 的主要功能就是一方面保护资源结点，阻止非法用户对资源结点的访问；另一方面限制特定的用户结点对资源结点的访问权限。

3. 配置 ACL 的基本原则

在实施 ACL 的过程中，应当遵循如下两个基本原则。

（1）最小特权原则：只赋予受控对象完成任务所必需的最小权限。

（2）最靠近受控对象原则：所有的网络层访问权限控制尽可能离受控对象最近。

4. 局限性

由于 ACL 是使用包过滤技术来实现的，过滤的依据是第 3 层和第 4 层包头中的部分信息，这种技术具有一些固有的局限性，如无法识别到具体的人，无法识别到应用内部的权限级别等。因此，要达到端到端（End to End）的权限控制目的，需要和系统级及应用级的访问权限控制结合使用。

具体来说，ACL 是应用在路由器（或三层交换机）接口的指令列表，这些指令应用在路由器（或三层交换机）的接口处，以决定哪种类型的通信流量被转发、哪种类型的通信流量被阻塞。转发和阻塞基于一定的条件（扩展），例如：

（1）源 IP 地址。

（2）目标 IP 地址。

（3）上层应用协议。

（4）TCP/UDP 的端口号。

图 9-2 显示了 ACL 的工作过程。

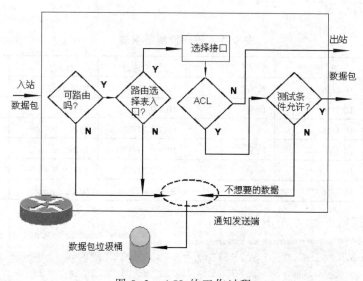

图 9-2　ACL 的工作过程

9.1.2　ACL 的访问顺序

ACL 访问控制列表，由一系列访问控制语句组成，按照各访问控制语句在 ACL

中的顺序，根据其判断条件，对数据包进行检查。一旦找到了某一匹配条件，就结束比较过程，不再检查以后的其他条件判断语句。

如果所有的条件语句都没有被匹配，则最后将强加一条拒绝全部流量的隐含语句。在默认情况下，虽然看不到最后一行，但最后总是拒绝全部流量。

当一个 ACL 被创建后，新的语句行总是被加到 ACL 的最后，因此，无法删除某一条 ACL 语句，只能删除整个 ACL 列表。

ACL 的执行顺序如图 9-3 所示。

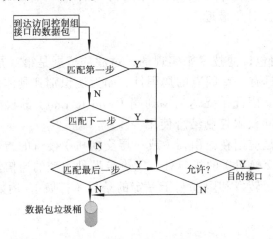

图 9-3　ACL 的访问顺序

正因为访问控制列表有先后顺序，因而在定义时先确定需求，列出一张需求表，然后再写 ACL 语句，分析其控制效果，最后再选取端口和控制方向。表 9-1 给出了一个访问控制需求表。

表 9-1　访问控制需求表

协　　议	源　地　址	源端口	目的地址	目的端口	操　　作
TCP	10.1/16	所有	10.1.2.20/32	80	允许访问
TCP	10.1/16	所有	10.1.2.22/32	21	允许访问
TCP	10.1/16	所有	10.1.2.21/32	1521	允许访问
TCP	10.1.6/24	所有	10.1.2.21/32	1521	禁止访问
TCP	10.1.6.33/32	所有	10.1.2.21/32	1521	允许访问
IP	10.1/16	N/A	所有	N/A	禁止访问

如果网管按以下定义 ACL 语句：

```
ip access-list extend server-protect
permit tcp 10.1.0.0 0.0.255.255 host 10.1.2.20 eq 80
permit tcp 10.1.0.0 0.0.255.255 host 10.1.2.22 eq 21
permit tcp 10.1.0.0 0.0.255.255 host 10.1.2.21 eq 1521
deny tcp 10.1.6.0 0.0.0.255 host 10.1.2.21 eq 1521
permit tcp host 10.1.6.33 host 10.1.2.21 eq 1521
deny ip 10.1.0.0 0.0.255.255 any
```

就会发现 10.1.6.0 网络的主机仍然能访问到主机 host 10.1.2.21 端口为 1521 的数据库服务器，deny tcp 10.1.6.0 0.0.0.255 host 10.1.2.21 eq 1521 语句根本没起到应有的作用。原因是前面已有 permit tcp 10.1.0.0 0.0.255.255 host 10.1.2.21 eq 1521 语句，已允许了 10.1.0.0 0.0.255.255（包括 10.1.6.0 0.0.0.255）对数据库服务器的访问，后面就不再检测同一源对同一目标的访问控制了。因而必须改变 ACL 的顺序。

先删除整个列表：

```
no access-list extend server-protect
```

再定义，必须先小范围精确匹配，再大范围匹配。

```
ip access-list extend server-protect
permit tcp host 10.1.6.33 host 10.1.2.21 eq 1521
deny tcp 10.1.6.0 0.0.0.255 host 10.1.2.21 eq 1521
permit tcp 10.1.0.0 0.0.255.255 host 10.1.2.21 eq 1521
permit tcp 10.1.0.0 0.0.255.255 host 10.1.2.20 eq www
permit tcp 10.1.0.0 0.0.255.255 host 10.1.2.22 eq ftp
```

9.1.3 ACL 的分类

ACL 分为标准 ACL、扩展 ACL、命名 ACL、基于时间的 ACL 等。

1. 标准 ACL

标准 ACL（Standard ACL）的配置分两步：

（1）定义访问控制列表。其命令格式如下：

```
router(config)#  access-list access-list-number { permit | deny } source [ source-wildcard] [ log]
```

例如：

```
router(config)#  access-list 1 permit 10.0.0.0  0.255.255.255
```

功能说明如下：

① 为每个 ACL 分配唯一的编号 access-list-number。access-list-number 与协议有关，取值如表 9-2 所示。标准 ACL 的取值在 1~99 之间，这里为 1。

表 9-2 ACL 表号与协议之间的关系

协议（Protocol）	ACL 表号的取值范围
IP（Internet 协议）	1~99
Extended IP（扩展 Internet 协议）	100~199
AppleTalk	600~699
IPX（互联网数据包交换）	800~899
Extended IPX（扩展互联网数据包交换）	900~999
IPX Service Advertising Protocol（IPX 服务通告协议）	1000~1099

② 检查源地址（Checks Source Address）。源地址由 source、source-wildcard 组成，以决定源网络或地址。source-wildcard 为通配符掩码。

通配符掩码（反码）= 255.255.255.255 - 子网掩码

用法是：

- 通配符掩码是一个 32 比特位的数字字符串。

- 0表示"检查相应的位",1表示"不检查(忽略)相应的位"。

这里,网络号为10.0.0.0,则通配符掩码(反码)为0.255.255.255。

此外,特殊的通配符掩码表示如下:

- Any 表示 0.0.0.0   255.255.255.255。
- Host 172.30.16.29 表示 172.30.16.29   0.0.0.0。

③ 不区分协议(允许或拒绝整个协议族),这里指 IP 协议。

④ 确定是允许(Permit)或拒绝(Deny),这里是 Permit。

⑤ Log 表示将有关数据包匹配情况生成日志文件。

⑥ 只能删除整个访问控制列表,不能只删除其中一行,命令如下:

```
router(config)# no access-list access-list-number
```

⑦ 按顺利执行 ACL 列表,一旦有一条满足,就离开此列表。否则再检查下一列表语句。

⑧ 最后总有一条隐含的语句,表示拒绝所有流量。

(2)把标准 ACL 应用到一个具体接口。其命令格式如下:

```
router(config)# int interface
router(config-if)# {protocol} access-group access-list-number { in | out}
```

例如:

```
router(config)#  int s1/1
router(config-if)#   ip access-group 1 out
```

2. 扩展 ACL

同样的,扩展 ACL(Extend ACL)的配置也分两步。

(1)定义访问控制列表。其命令格式如下:

```
router(config)#    access-list access-list-number { permit | deny }
protocol  source  source-wildcard  [operator  operand]  destination
destination-wildcard[ operator operand] [ established ] [ log]
```

例如:

```
router(config)#  access-list 101 deny  tcp  172.16.4.0  0.0.0.255
172.16.3.0  0.0.0.255  eq 20
```

表 9-3 所示为扩展 ACL 参数说明。

表 9-3 扩展 ACL 参数说明

参数	参数描述
access-list-number	访问控制列表表号
Permit | deny	如果满足条件,允许或拒绝后面指定特定地址的通信流量
protocol	用来指定协议类型,如 IP、TCP、UDP、ICMP 等
source 和 destination	分别用来标识源地址和目的地址
source-wildcard	通配符掩码,跟源地址相对应
destination-wildcard	通配符掩码,跟目的地址相对应
operator	lt、gt、eq、neq(小于、大于、等于、不等于)
operand	一个端口号或应用名称
established	如果数据包使用一个已建立连接,便可允许 TCP 信息通过

命令功能说明如下：
① 检查源和目的地址。
② 允许或拒绝某个特定的协议（分协议）。对 TCP/IP 协议簇来说，可以指定的协议有 ICMP、IGMP、TCP、UDP、IP 等。
③ 分配唯一的编号，在 100～199 之间。
④ 指定操作符。
⑤ 给出端口号或应用名称。表 9-4 所示为常用的端口说明。

表 9-4　常用的端口说明

端口号	关键字	说明
20	FTP-DATA	文件传输协议（FTP）数据
21	FTP	文件传输协议（FTP）控制
23	TELNET	远程登录（Telnet）
25	SMTP	简单邮件传输协议（SMTP）
53	DOMAIN	域名服务系统（DNS）
69	TFTP	普通文件传送协议（TFTP）
80	WWW	超文本传输协议（HTTP）
161	SNMP	简单网络管理协议（SNMP）

怎样找到这些应用所使用的端口呢？可在如下文件中可以找到大多数应用的端口的定义：

```
Windows 7/10: %windir%\system32\drivers\etc\services
Linux: /etc/services
```

如果在 services 文件中找不到端口的应用，可以运行 netstat ap 命令来找到应用所使用的端口号。

（2）把扩展 ACL 应用到一个具体接口。其命令格式如下：

```
router(config)#  int interface
router(config-if)#   { protocol } access-group access-list-number {in | out}
```

例如：

```
router(config)#  int s1/1
router(config-if)# ip access-group 101 out
```

ACL 配置中的注意事项：
① 访问列表编号 access-list-number 指明了使用何种协议的访问列表。
② 每个端口、每个方向、每条协议只能对应于一条访问列表。
③ 访问列表的内容决定了数据的控制顺序。
④ 具有严格限制条件的语句应放在访问列表所有语句的最上面。
⑤ 在访问列表的最后有一条隐含声明：deny any—每一条正确的访问列表都至少应该有一条允许语句。
⑥ 先创建访问列表，然后应用到端口上。
⑦ 访问列表不能过滤由路由器自己产生的数据。
⑧ 只能删除整个访问控制列表，不能只删除其中一行，命令如下：

```
router(config)# no access-list access-list-number
```
⑨ 在安置 ACL 的接口选择上，最佳的做法是：
- 在不需要的流量通过低带宽链路之前，将其过滤掉。
- 将扩展 ACL 安置在靠近流量的源 IP 地址的位置。
- 将标准 ACL 安置在靠近流量的目的 IP 地址的位置。

3．命名 ACL

在标准 ACL 和扩展 ACL 中，使用名字代替数字来表示 ACL 编号，称为命名 ACL。使用命名 ACL 的好处有：

① 通过一个字母数字串组成的名字来直观地表示特定的 ACL。
② 不受 99 条标准 ACL 和 100 条扩展 ACL 的限制。
③ 网络管理员可以方便地对 ACL 进行修改而无须删除 ACL 后再对其重新配置。

命名 ACL 的配置分 3 步。

（1）创建一个 ACL 命名，要求名字字符串要唯一。其命令格式如下：
```
router(config)# ip access-list { standard | extended } name
```
（2）定义访问控制列表。其命令格式如下：

① 标准的 ACL：
```
router(config-sta-nacl)# { permit | deny } source [source-wildcard] [log]
```
② 扩展的 ACL：
```
router(config-ext-nacl)# { permit | deny } protocol source source-wildcard [operator operand] destination destination-wildcard [operator operand] [established] [log]
```
（3）把 ACL 应用到一个具体接口上。其命令格式如下：
```
router(config)# int interface
router(config-if)# { protocol } access-group name { in | out }
```
但值得注意的是，可用以下命令行删除 ACL 中的某一行：
```
router(config-sta-nacl)# no { permit | deny } source [source-wildcard] [log]
```
或
```
router(config-ext-nacl)# no { permit | deny } protocol source source-wildcard [operator operand] destination destination-wildcard [operator operand] [established] [log]
```

命名 ACL 的主要不足之处在于无法实现在任意位置上加入新的 ACL 条目。对于任何增加的 ACL 行，仍然放在 ACL 列表的最后，因此必须注意 ACL 放置的先后次序对整个 ACL 的影响效果。

下面是一个配置实例：
```
ip access-list extend server-protect
permit tcp 10.1.0.0 0.0.255.255 host 10.1.2.20 eq www
ROUTER(config)# interface serial 1/1
ROUTER(config-if)# ip access-group server-protect out
```

4．基于时间的 ACL

基于时间的 ACL 可以为一天中的不同时间段，或者一个星期中的不同日期，或

第 9 章 ACL 访问控制技术

者二者的结合制定不同的访问控制策略，从而满足用户对网络的灵活需求。

基于时间的 ACL 能够应用于编号访问列表和命名 ACL，实现基于时间的 ACL 只需要 3 个步骤：

（1）定义一个时间范围。其命令格式如下：

`time-range time-range-name`（时间范围的名称）

可以定义绝对时间范围和周期、重复使用的时间范围。

① 定义绝对时间范围的命令如下：

`absolute [ start start-time start-date] [ end end-time end-date]`

其中，start-time 和 end-time 分别用于指定开始和结束时间，24 小时间制，其格式为"小时:分钟"；start-date 和 end-date 分别用于指定开始的日期和结束的日期，使用日/月/年的日间格式，而不是通常采用的月/日/年格式。表 9-5 所示为绝对时间范围的实例。

表 9-5 绝对时间范围的实例

定 义	描 述
absolute start 17:00	从配置的当天 17:00 开始直到永远
absolute start 17:00 1 decemdber 2000	从 2000 年 12 月 1 日 17:00 开始直到永远
absolute end 17:00	从配置时开始直到当天的 17:00 结束
absolute end 17:00 1 decemdber 2000	从配置时开始直到 2000 年 12 月 1 日 17:00 结束
absolute start 8:00 end 20:00	从每天早晨的 8 点开始到下午的 8 点结束
absolute start 17:00 1 decemdber 2000 to end 5:00 31 decemdber 2000	从 2000 年 12 月 1 日开始直到 2000 年 12 月 31 日结束

② 定义周期、重复使用的时间范围的命令如下。

`periodic days-of-the-week hh:mm to days-of -the-week hh:mm`

periodic 是以星期为参数来定义时间范围的一个命令。它可以使用大量的参数，其范围可以是一个星期中的某一天、几天的结合，或者使用关键字 daily、weekdays、weekend 等。表 9-6 所示为周期性时间的实例。

表 9-6 周期性时间的实例

定 义	描 述
periodic weekend 7:00 to 19:00	星期六早上 7:00 到周日晚上 7:00
periodic weekdays 8:00 to 17:00	星期一早上 8:00 到星期五下午 5:00
periodic daily 7:00 to 17:00	每天的早上 7:00 到下午 5:00
periodic staturday 17:00 to Monday 7:00	星期六晚上 5:00 到星期一早上 7:00
periodic Monday Friday 7:00 to 20:00	星期一和星期五的早上 7:00 到下午 8:00

（2）在访问列表中用 time –range 引用时间范围。

① 定义基于时间的标准 ACL 的命令如下：

`router(config)# access-list access-list-number { permit | deny } source [ source-wildcard] [ log] `**`[time-range time-range-name]`**

② 定义基于时间的扩展 ACL 的命令如下：

```
router(config)#    access-list access-list-number { permit | deny }
protocol  source  source-wildcard  [operator  operand]  destination
destination-wildcard[ operator operand]  [ established ] [ log ] [time-range
time-range-name]
```

（3）把 ACL 应用到一个具体接口。其命令格式如下：

```
router(config)#   int interface
router(config-if)#    { protocol } access-group access-list-number { in
| out}
```

下面是具体配置实例：

```
router#     configure terminal
router(config)#    time-range allow-www
router(config-time-range)#   asbolute start 7:00 1 June 2010 end 17:00 31 December 2010
router(config-time-range)#   periodic weekend 7:00 to 17:00
router(config-time-range)#   exit
router(config)#    access-list 101 permit tcp 192.168.1.0 0.0.0.255 any eq www time-range allow-www
router(config)#    interface serial 1/1
router(config-if)#    ip access-group 101 out
```

9.2　ACL 的配置

9.2.1　ACL 标准配置举例

【背景描述】

假设你是某公司的网络管理员，公司的经理部、财务部门和销售部门分别属于 3 个不同的网段，3 个部门之间通过路由器进行信息传递。为了安全起见，公司领导要求销售部门不能对财务部门进行访问，但经理部可以对财务部门进行访问。PC1 代表经理部的主机，PC2 代表销售部门的主机，PC3 代表财务部门的主机。

【网络拓扑】

ACL 标准配置如图 9-4 所示。

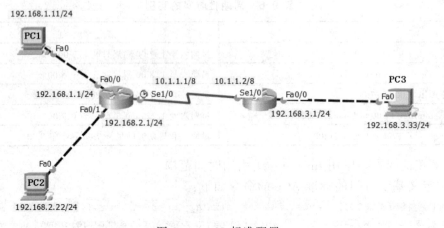

图 9-4　ACL 标准配置

【实验配置】

（1）配置路由器 R1。

配置接口地址：

```
R1>en
R1# conf t
R1(config)# int f0/0
R1(config-if)# ip add 192.168.1.1 255.255.255.0
R1(config-if)# no sh
R1(config)# int f0/1
R1(config-if)# ip add 192.168.2.1 255.255.255.0
R1(config-if)# no sh
R1(config-if)# int s1/0
R1(config-if)# ip add 10.1.1.1 255.255.255.0
R1(config-if)# cl ra 64000
R1(config-if)# no sh
```

配置 OSPF：

```
R1(config)# router ospf 100
R1(config-router)# net 192.168.1.0 0.0.0.255 area 0
R1(config-router)# net 192.168.2.0 0.0.0.255 area 0
R1(config-router)# net 10.1.1.0 0.0.0.255 area 0
```

（2）配置路由器 R2。

配置接口地址：

```
R2(config)# int s1/0
R2(config-if)# ip add 10.1.1.2 255.255.255.0
R2(config-if)# no sh
R2(config-if)# int f0/0
R2(config-if)# ip add 192.168.3.1 255.255.255.0
R2(config-if)# no sh
```

配置 OSPF：

```
R2(config)# router ospf 100
R2(config-router)# net 192.168.3.0 0.0.0.255 a 0
R2(config-router)# net 10.1.1.0 0.0.0.255 a 0
```

（3）在 R1 和 R2 上分别显示路由表。

```
R1# sh ip route
Gateway of last resort is not set
     10.0.0.0/24 is subnetted, 1 subnets
C    10.1.1.0 is directly connected, Serial1/0
C    192.168.1.0/24 is directly connected, FastEthernet0/0
C    192.168.2.0/24 is directly connected, FastEthernet0/1
O    192.168.3.0/24 [110/782] via 10.1.1.2, 00:01:21, Serial1/0

R2# sh ip route
Gateway of last resort is not set
     10.0.0.0/24 is subnetted, 1 subnets
C    10.1.1.0 is directly connected, Serial1/0
O    192.168.1.0/24 [110/782] via 10.1.1.1, 00:00:38, Serial1/0
O    192.168.2.0/24 [110/782] via 10.1.1.1, 00:00:38, Serial1/0
C    192.168.3.0/24 is directly connected, FastEthernet0/0
```

（4）在 PC1 和 PC2 上分别 PING PC3 测试连通性。

```
PC1> ping 192.168.2.22
PC1> ping 192.168.3.33
/*都能 ping 通*/
```

（5）在路由器 R2 上配置访问控制列表。

```
R2(config)# acc 1 deny 192.168.2.0 0.0.0.255
R2(config)# acc 1 perm any
R2(config)# int f0/0
R2(config-if)# ip acc 1 out
```

（6）连通性测试。

在 PC1 上：

```
PC>ping 192.168.3.33 通!
Pinging 192.168.3.33 with 32 bytes of data:
Reply from 192.168.3.33: bytes=32 time=109ms TTL=126
Reply from 192.168.3.33: bytes=32 time=93ms TTL=126
Reply from 192.168.3.33: bytes=32 time=94ms TTL=126
Reply from 192.168.3.33: bytes=32 time=79ms TTL=126
Ping statistics for 192.168.3.33:
    Packets: Sent = 4, Received = 4, Lost = 0 (0% loss),
Approximate round trip times in milli-seconds:
    Minimum = 79ms, Maximum = 109ms, Average = 93ms
```

在 PC2 上：

```
PC>ping 192.168.3.33 不通!
Pinging 192.168.3.33 with 32 bytes of data:
Request timed out.
Request timed out.
Request timed out.
Request timed out.
Ping statistics for 192.168.3.33:
    Packets: Sent = 4, Received = 0, Lost = 4 (100% loss),
```

达到了访问控制的目的，验证了 ACL。

（7）命名 ACL 的配置。

① 在路由器 R2 上，删除原来的访问控制列表。

```
R2(config)# no access-list 1
R2(config)# exit
R2# show ip access-list    /*显示访问控制列表
```

② 配置命名 ACL。

```
R2# conf t
R2(config)# ip acc stand  lj
R2(config-std-nacl)# permit 192.168.1.0 0.0.0.255
R2(config-std-nacl)# deny 192.168.2.0 0.0.0.255
R2(config-std-nacl)# permit any
R2(config-std-nacl)# exit
```

③ 应用在接口上。

```
R2(config)# int f0/0
R2(config-if)# ip acc lj out
```

④ 检测 ACL 的效果同上。

9.2.2 ACL 扩展配置举例

【背景描述】

3 台计算机自左向右分别是 PC1、PC2 和 PC3；3 台路由器自左向右分别是 R1、R2 和 R3。PC2 既是 WWW 服务器，也是 FTP 服务器。要求：PC1 所在的网络能访问 PC2 的 WWW 服务器，PC3 所在的网络能访问 PC2 的 FTP 服务器，其他计算机都不能访问 PC2 的服务器。

【网络拓扑】

ACL 扩展配置如图 9-5 所示。

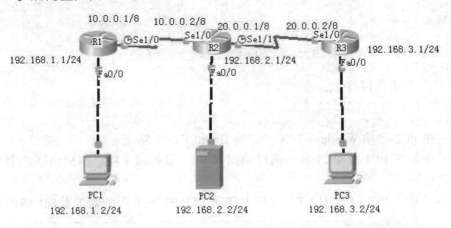

图 9-5　ACL 扩展配置

【实验目的】

（1）分别配置 3 个路由器的 hostname、各接口 IP 地址。
（2）配置动态路由协议 RIP，使得全网互通。
（3）配置访问控制列表，并检测控制效果。

【实验配置】

（1）配置 3 个路由器的 hostname、各接口 IP 地址（略）。
（2）配置动态路由协议 rip，显示路由表，检查全网互通情况。

```
R1# conf t
R1(config)# router rip
R1(config-router)# ver 2
R1(config-router)# net 192.168.1.0
R1(config-router)# net 10.0.0.0

R2# conf t
R2(config)# router rip
R2(config-router)# ver 2
R2(config-router)# net 10.0.0.0
R2(config-router)# net 192.168.2.0
R2(config-router)# net 20.0.0.0
R3(config)# router rip
R3(config-router)# ver 2
```

```
R3(config-router)# net 20.0.0.0
R3(config-router)# net 192.168.3.0

R1# sh ip route（略）
```
在 PC1、PC2、PC3 上互 ping，通过测试。

（3）配置访问控制列表。
```
   R2(config)# access-list 100 permit tcp 192.168.1.0 0.0.0.255 host
192.168.2.2 eq www
   R2(config)# access-list 100 permit tcp 192.168.3.0 0.0.0.255 host
192.168.2.2 eq 21
   R2(config)# access-list 100 permit tcp 192.168.3.0 0.0.0.255 host
192.168.2.2 eq 20
   R2(config)# access-list 100 deny tcp any host 192.168.2.2
   R2(config)# access-list 100 permit ip any any
   R2(config)# exit
```
把 ACL 应用在接口上：
```
R2(config)# int f0/0
R2(config-if)# ip acc 100 out
```
（4）在 PC2 启动 Windows 7/10，安装 IIS 和 FTP（略）。

（5）分别在 PC1 及 PC3 上，通过访问 WWW 服务和 FTP，测试访问控制列表设置的有效性。

图 9-6 是在 PC1：192.168.1.2 主机上访问 PC2 的 Web 服务器的截图（访问成功）。

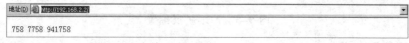

图 9-6　允许 PC1 访问 PC2 的 Web 服务器

图 9-7 是在 PC3：192.168.3.2 主机上访问 PC2 的 FTP 服务器的截图（访问成功）。

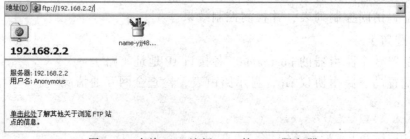

图 9-7　允许 PC3 访问 PC2 的 FTP 服务器

图 9-8 是在主机 PC3：192.168.3.2 上访问 PC2 的 Web 服务器的截图（不允许访问）。

图 9-8　不允许 PC3 访问 PC2 的 Web 服务器

图 9-9 是在 PC1：192.168.1.2 主机上访问 PC2 的 FTP 服务器的截图（不允许访问）。

图 9-9 不允许 PC1 访问 PC2 的 FTP 服务器

（6）配置基于命名的扩展访问控制列表。

首先在路由器 R2 上，删除原来的访问控制列表：

```
R2(config)# no access-list 100
R2(config)# exit
R2# show ip access-list    /*显示访问控制列表*/
```

定义命名的扩展 ACL：

```
R2(config)# ip access-list extended ext-1
R2(config-ext-nacl)# permit tcp 192.168.1.0 0.0.0.255 host 192.168.2.2 eq www
R2(config-ext-nacl)# permit tcp 192.168.3.0 0.0.0.255 host 192.168.2.2 eq 21
R2(config-ext-nacl)# permit tcp 192.168.3.0 0.0.0.255 host 192.168.2.2 eq 20
R2(config-ext-nacl)# deny tcp any host 192.168.2.2
R2(config-ext-nacl)# permit ip any any
R2(config-ext-nacl)# exit
```

（7）应用在接口上。

```
R2(config)#interface f0/0
R2(config-if)#ip access-group ext-1 out
```

检测 ACL 的效果同上。

9.2.3 ACL 综合配置举例

【背景描述】

某企业有 5 个部门：人事部（VLAN2）、市场部（VLAN3）、生产部（VLAN4）、工程部（VLAN5）、IT 部（VLAN6，网络设备管理 VLAN）。R1 路由器是企业网络的网关路由器，它除了实现内部网络与外部网络的安全隔离以外，还承担着 NAT 转换的功能。

现要求如下：

（1）人事部只允许 IT 部访问，其余部门不允许访问。

（2）假定某企业把自己的 WWW、FTP 服务器（共一个服务器，IP 地址为 10.1.3.2；外网访问地址为 202.121.1.3）放在市场部 VLAN3 子网中，允许内网用 10.1.3.2 地址或 www.aaan.com 访问 WEB 服务器，允许外网用 202.121.1.3 地址或 www.aaa.com 访问 WEB 服务器。

（3）除 IT 部能 Telnet 登录到网关路由器 R1 外，其他部门都不能对网关路由器 R1 进行 Telnet 登录。

（4）不允许工程部、生产部的人在工作日上 Internet，但允许周末上 Internet；人事部（VLAN2）、市场部（VLAN3）、生产部（VLAN4）3 个子网 10.1.2.0/24～10.1.4.0/24 只有工作日（周一～周五）的上午 8 点到晚上 8 点才可以上 Internet，其余时间不允许。

【网络拓扑】

某企业网络拓扑结构如图 9-10 所示。

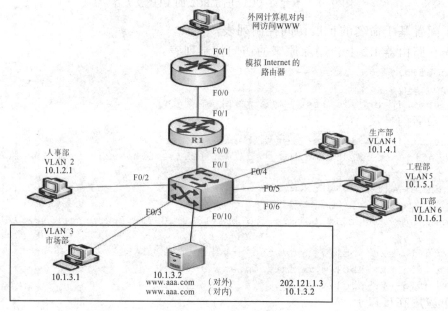

图 9-10 某企业网络拓扑结构

【实验环境】

（1）一台带两个以太网接口的 RG-2632 路由器，命名为 R1，其 F0/0 连接内网三层交换机，F0/1 外接 Internet。

（2）一台 RG-3760 三层交换机，命名为 S1，划分了 5 个 VLAN，分别代表 5 个子网：人事部（VLAN2：10.1.2.0/24）、市场部（VLAN3：10.1.3.0/24）、生产部（VLAN4：10.1.4.0/24）、工程部（VLAN5：10.1.5.0/24）、IT 部（VLAN6：10.1.6.0/24，网络设备管理 VLAN）。

【实验目的】

（1）掌握 3 种 ACL 的应用。

（2）掌握 ACL 在三层交换机上的使用。

（3）掌握 ACL 的检测。

【实验配置】

在网络设备的配置中，最重要的思路就是：先配置连通性，进行测试；成功后，再一个功能一个功能地增加；每增加一个，测试成功后才能配置下一个功能。

根据企业网络拓扑图，从均衡负载、提高效率的角度，做如下安排：

（1）在三层交换机上配置标准 ACL，使得人事部（VLAN2）只允许 IT 部（VLAN6）：

子网为 10.1.6.0/24 的访问。

（2）在三层交换机上配置扩展 ACL，使得内外网都能访问 Web 服务器、FTP 服务器。

（3）在路由器 R1 上，配置扩展 ACL，只允许 IT 部 Telnet 登录到网关路由器 R1。

（4）在路由器 R1 上，配置基于时间的 ACL，不允许工程部、生产部的人 10.1.4.0/24~10.1.5.0/24 在工作日上班时间上 Internet，但允许周末上 Internet；IT 部（VLAN1）、人事部（VLAN2）、市场部（VLAN3）3 个子网只有工作日（周一~周五）的上午 8 点到晚上 8 点才可以上 Internet，其余时间不允许。

由于在三层交换机和路由器上都做了不同的 ACL，要注意不同 ACL 之间的相互影响。

路由器还要进行 NAT 转换，内网的地址经转换后都变成某个公网地址，因此基于时间的 ACL 必须作用在路由器 R1 的内网接口 F0/0 上（转换前内网的地址没变），而不能作用在路由器 R1 的外网出口 F0/1 上。

三层交换机通过定义 SVI，为每个 VLAN 均建立了 SVI。在三层模块上，不同的 VLAN 是互通的，只有通过拦截一个 VLAN 转发到另一个 VLAN，才能达到访问控制的目的。因此，在人事部 VLAN2 的接口上，应阻止某些子网的转发。

（1）对每个设备进行连通性配置。

三层交换机的连通性配置如下：

① 配置三层交换机的 VLAN 和 SVI。

```
S1(vlan)#  vlan 2
S1(vlan)#  vlan 3
S1(vlan)#  vlan 4
S1(vlan)#  vlan 5
S1(vlan)#  vlan 6
S1(config)#  int vlan 2
S1(config-if)#  ip add 10.1.2.254 255.255.255.0
S1(config-if)#  no sh
S1(config-if)#  int vlan 3
S1(config-if)#  ip add 10.1.3.254 255.255.255.0
S1(config-if)#  no sh
S1(config-if)#  int vlan 4
S1(config-if)#  ip add 10.1.4.254 255.255.255.0
S1(config-if)#  no sh
S1(config-if)#  int vlan 5
S1(config-if)#  ip add 10.1.5.254 255.255.255.0
S1(config-if)#  no sh
S1(config-if)#  int vlan 6
S1(config-if)#  ip add 10.1.6.254 255.255.255.0
S1(config-if)#  no sh
S1(config-if)#  exit
```

② 配置三层交换机连接 PC 的接口及上连路由器的接口。

```
S1(config)#  int f0/1
S1(config-if)#  no switch
S1(config-if)#  ip add 10.1.1.1 255.255.255.0
```

```
S1(config-if)#  no sh
S1(config-if)#  exit
S1(config)#  int  f0/2
S1(config-if)#  switch mode access cc
S1(config-if)#  switch access vlan 2
S1(config-if)#  int f0/3
S1(config-if)#  switch mode access
S1(config-if)#  switch access vlan 3
S1(config-if)#  int f0/4
S1(config-if)#  switch mode access
S1(config-if)#  switch access vlan 4
S1(config-if)#  int f0/5
S1(config-if)#  switch mode access
S1(config-if)#  switch access vlan 5
S1(config-if)#  int f0/6
S1(config-if)#  switch mode access
S1(config-if)#  switch access vlan 6
```

③ 启动 RIP 路由协议。

```
S1(config)#  router rip
S1(config-router)#  ver 2
S1(config-router)#  net 10.1.1.0
S1(config-router)#  net 10.1.2.0
S1(config-router)#  net 10.1.3.0
S1(config-router)#  net 10.1.4.0
S1(config-router)#  net 10.1.5.0
S1(config-router)#  net 10.1.6.0
S1(config-router)#  exit
S1(config)#  ip route 0.0.0.0 0.0.0.0 f0/1
```

④ 显示路由表。

```
switch# sh ip route
Gateway of last resort is 0.0.0.0 to network 0.0.0.0
    10.0.0.0/24 is subnetted, 6 subnets
C   10.1.1.0 is directly connected, FastEthernet0/5
C   10.1.2.0 is directly connected, vlan2
C   10.1.3.0 is directly connected, vlan3
C   10.1.4.0 is directly connected, vlan4
C   10.1.5.0 is directly connected, vlan5
C   10.1.6.0 is directly connected, vlan6
S*  0.0.0.0/0 is directly connected, FastEthernet0/5
```

（2）网关路由器 R1 的连通性配置。

① 定义接口地址。

```
R1(config)#  int f0/0
R1(config-if)#  ip add 10.1.1.2 255.255.255.0
R1(config-if)#  no sh
R1(config-if)#  int f0/1
R1(config-if)#  ip add 202.121.1.1 255.255.255.0
R1(config-if)#  no sh
R1(config-if)#  exit
```

② 启用 RIP。

```
R1(config)# router rip
R1(config-router)# ver 2
R1(config-router)# net 10.1.1.0
R1(config-router)# exit
R1(config)# ip route 0.0.0.0 0.0.0.0 f0/1
```
③ 显示路由表。

从表中可以看出已学到局域网中所有子网的路由。

```
R1# sh ip route
Gateway of last resort is 0.0.0.0 to network 0.0.0.0
    10.0.0.0/24 is subnetted, 6 subnets
C    10.1.1.0 is directly connected, FastEthernet0/0
R    10.1.2.0 [120/1] via 10.1.1.1, 00:00:08, FastEthernet0/0
R    10.1.3.0 [120/1] via 10.1.1.1, 00:00:08, FastEthernet0/0
R    10.1.4.0 [120/1] via 10.1.1.1, 00:00:08, FastEthernet0/0
R    10.1.5.0 [120/1] via 10.1.1.1, 00:00:08, FastEthernet0/0
R    10.1.6.0 [120/1] via 10.1.1.1, 00:00:08, FastEthernet0/0
C    202.121.1.0/24 is directly connected, FastEthernet0/1
S*   0.0.0.0/0 is directly connected, FastEthernet0/1
```

（3）模拟 Internet 的路由器的配置。

```
router# conf t
Enter configuration commands, one per line. End with CNTL/Z.
router(config)# int f0/0
router(config-if)# ip add 202.121.1.2 255.255.255.0
router(config-if)# no sh
router(config-if)# exit
router(config)# ip route 0.0.0.0 0.0.0.0 f0/0
```

（4）测试连通性。

在一台 PC 上分别 ping 其他 VLAN 中的主机、网关路由器及 Internet 路由器，全连通。

```
PC>ping 10.1.1.2    /*网关路由器*/
PC>ping 10.1.2.1
PC>ping 10.1.3.1
PC>ping 10.1.4.1
PC>ping 10.1.5.1
PC>ping 10.1.6.1
PC>ping 202.121.1.2  /*模拟 Internet 的路由器*/
```

（5）在网关路由器 R1 上配置 NAT。

```
R1(config)# int f0/0
R1(config-if)# ip nat inide
R1(config-if)# int f0/1
R1(config-if)# ip nat outside
R1(config-if)# exit
R1(config)# ip nat pool NATP 202.121.1.10 202.121.1.20 net 255.255.255.0
R1(config)# ip nat inside sour list 1 pool NATP
R1(config)# ip nat inside source static 10.1.3.2 202.121.1.3
/*定义静态 NAT，对应内外网服务器的地址*/
R1(config)# access-list 1 permit any
```

```
R1(config-if)# ^Z
```
（6）测试 NAT。

① 在市场部或其他 PC 上发送 ping 命令。
```
PC>ping -t 202.121.1.2
Pinging 202.121.1.2 with 32 bytes of data:
Reply from 202.121.1.2: bytes=32 time=78ms TTL=253
Reply from 202.121.1.2: bytes=32 time=93ms TTL=253
Reply from 202.121.1.2: bytes=32 time=78ms TTL=253
Reply from 202.121.1.2: bytes=32 time=93ms TTL=253
```
② 在网关路由器上显示 NAT 转换情况。
```
R1#  debug ip nat
IP NAT debugging is on
NAT: s=10.1.3.1->202.121.1.10, d=202.121.1.2 [ 75]
NAT*: s=202.121.1.2, d=202.121.1.10->10.1.3.1 [ 51]
NAT: s=10.1.3.1->202.121.1.10, d=202.121.1.2 [ 76]
NAT*: s=202.121.1.2, d=202.121.1.10->10.1.3.1 [ 52]
NAT: s=10.1.3.1->202.121.1.10, d=202.121.1.2 [ 77]
NAT*: s=202.121.1.2, d=202.121.1.10->10.1.3.1 [ 53]
NAT: expiring 202.121.1.10 (10.1.3.1) icmp 30 (30)
```
（7）在三层交换机上配置 ACL，使得人事部（VLAN2）只允许 IT 部（VLAN6）子网为 10.1.6.0/24 的访问。
```
S1(config)#  access-list 1 permit 10.1.6.0 0.0.0.255
S1(config)#  int vlan 2
S1(config-if)#  ip access-group 1 out
```
（8）测试 ACL 配置结果。

① 在 IT 部 VLAN6 上能 ping 通人事部。
```
PC>ipconfig   /*在 IT 部 VLAN6 上*/
IP Address...................: 10.1.6.1
Subnet Mask..................: 255.255.255.0
Default Gateway..............: 10.1.6.254


PC>ping 10.1.2.1   /*在 IT 部 VLAN 6 上*/

Pinging 10.1.2.1 with 32 bytes of data:
Reply from 10.1.2.1: bytes=32 time=62ms TTL=127
Reply from 10.1.2.1: bytes=32 time=62ms TTL=127
Reply from 10.1.2.1: bytes=32 time=62ms TTL=127
Reply from 10.1.2.1: bytes=32 time=47ms TTL=127

Ping statistics for 10.1.2.1:
    Packets: Sent = 4, Received = 3, Lost = 1 (25% loss),
Approximate round trip times in milli-seconds:
    Minimum = 47ms, Maximum = 62ms, Average = 57ms
```
② 在其他部均不能 ping 通人事部。
```
PC>ipconfig   /*在 VLAN3 的主机上*/
IP Address...................: 10.1.3.1
Subnet Mask..................: 255.255.255.0
Default Gateway..............: 10.1.3.254
```

第9章 ACL 访问控制技术

```
PC>ping 10.1.2.1    /*在 VLAN3 的主机上*/

Pinging 10.1.2.1 with 32 bytes of data:

Reply from 10.1.3.254: Destination host unreachable.
Reply from 10.1.3.254: Destination host unreachable.
Reply from 10.1.3.254: Destination host unreachable.
Reply from 10.1.3.254: Destination host unreachable.

Ping statistics for 10.1.2.1:
    Packets: Sent = 4, Received = 0, Lost = 4 (100% loss),

PC>ipconfig   /*在 VLAN4 的主机上*/

IP Address......................: 10.1.4.1
Subnet Mask.....................: 255.255.255.0
Default Gateway.................: 10.1.4.254

PC>ping 10.1.2.1   /*在 VLAN4 的主机上*/
Pinging 10.1.2.1 with 32 bytes of data:
Reply from 10.1.4.254: Destination host unreachable.
Reply from 10.1.4.254: Destination host unreachable.
Reply from 10.1.4.254: Destination host unreachable.
Reply from 10.1.4.254: Destination host unreachable.
Ping statistics for 10.1.2.1:
    Packets: Sent = 4, Received = 0, Lost = 4 (100% loss),
```

（9）在三层交换机上配置扩展 ACL，使得内外网都能访问 Web 服务器、FTP 服务器。

① 删除原来的 ACL。如果没有，此步不做。

```
S1(config)# no access-list 101
S1(config)# int vlan 3
S1(config-if)# no ip access-group 101 out
S1(config-if)# exit
```
② 定义新的扩展 ACL 101。
```
/*建立一个扩展的访问控制列表101，用于开放服务器 10.1.3.2/32 对外的 WWW、FTP、
DNS 服务（可用域名访问），而禁止对服务器 10.1.3.2/32 别的服务连接*/
S1(config)# access-list 101 permit tcp any host 10.1.3.2 eq WWW
S1(config)# access-list 101 permit tcp any host 10.1.3.2 eq 21
S1(config)# access-list 101 permit tcp any host 10.1.3.2 eq 20
S1(config)# access-list 101 permit tcp any host 10.1.3.2 eq 53
/*DNS 服务*/
S1(config)# access-list 101 deny tcp any host 10.1.3.2
S1(config)# access-list 101 permit ip any any
/*对流入 VLAN 3 的流量进行过滤*/
S1(config)# int vlan 3
S1(config-if)# ip access-group 101 out
S1(config-if)# exit
```

（10）测试 Web、FTP 服务器访问效果。

① 在工程部的 PC 上，用 http:/10.1.3.2 或 http://www.aaa.com 访问 Web 成功。

② 在工程部的 PC 上，用 ftp 10.1.3.2 访问成功。

```
PC>ftp 10.1.3.2
Trying to connect...10.1.3.2
Connected to 10.1.3.2
220- Welcome to PT Ftp server
Username:cisco
331- Username ok, need password
Password:cisco
230- Logged in
(passive mode On)
ftp>quit
```

③ 在外网 PC 上，用 http:/201.121.1.3 或 http://www.aaan.com 访问内网服务器成功。

④ 在外网 PC 上，用 ftp 202.121.1.4 访问成功。

```
PC>ftp 202.121.1.4
Trying to connect...202.121.1.4
Connected to 202.121.1.4
220- Welcome to PT Ftp server
Username:cisco
331- Username ok, need password
Password:cisco
230- Logged in
(passive mode On)
ftp>quit
```

（11）在路由器 R1 上，配置扩展 ACL，只允许 IT 部 Telnet 登录。

① 路由器 R1 上的 ACL 配置。

```
R1(config)# access-list 100 permit tcp 10.1.6.0  0.0.0.255 host 10.1.1.2 eq telnet
R1(config)# access-list 100 deny tcp any host 10.1.1.2 eq telnet
R1(config)# access-list 100 permit ip any any
R1(config)# int f0/0
R1(config-if)# ip access-group 100 in
```

② 路由器 R1 上的 Telnet 配置。

```
R1(config)# line vty 0 4
R1(config-line)# password cisco
R1(config-line)# login
R1(config-line)# exit
```

（12）测试 Telnet 是否登录到网关路由器 R1。

① 在工程部的 PC 上能连通路由器 R1，却 Telnet 不成功。

```
PC>ping 10.1.1.2
Pinging 10.1.1.2 with 32 bytes of data:
Reply from 10.1.1.2: bytes=32 time=63ms TTL=254
Reply from 10.1.1.2: bytes=32 time=62ms TTL=254
Reply from 10.1.1.2: bytes=32 time=50ms TTL=254
Reply from 10.1.1.2: bytes=32 time=63ms TTL=254
```

```
Ping statistics for 10.1.1.2:
    Packets: Sent = 4, Received = 4, Lost = 0 (0% loss),
Approximate round trip times in milli-seconds:
    Minimum = 50ms, Maximum = 63ms, Average = 59ms

PC>telnet 10.1.1.2
Trying 10.1.1.2 ...
% Connection timed out; remote host not responding
```

② 在 IT 部的 PC 上能 Telnet 连通路由器 R1。

```
PC>telnet 10.1.1.2
Trying 10.1.1.2 ... Open
User Access Verification
Password:
R1>exit
```

（13）在路由器 R1 上配置基于时间的 ACL。

① 定义时间范围 time_limit 和工作日时间限制。

```
R1(config)#  timerange  time_limit
R1(config-time-range)#  periodic weekdays 08:00:00 to 20:00
/*周期性的时间是：工作日的早上8点到晚上8点*/
R1(config-time-range)#  exit
```

② 定义时间范围 holiday。

```
R1(config)#  timerange  holiday
R1(config)#  periodic weekend
R1(config-time-range)#  absolute start 00:00 01 may 2010 to 24:00 03 may 2010
/*绝对时间五月一日至三日法定假日*/
R1(config-time-range)#  absolute start 00:00 01 october 2010 to 24:00 03 october 2010
/*绝对时间十月一日至三日法定假日*/
R1(config-time-range)#  exit
```

③ 定义命名的标准访问控制列表 time。

```
R1(config)# ip access stand time
    R1(config-sta-nacl)#  permit 10.1.4.0 0.0.0.255 10.1.1.0 0.0.0.255 time-range holiday
    R1(config-sta-nacl)#  permit 10.1.5.0 0.0.0.255 10.1.1.0 0.0.0.255 time-range holiday
    /* 不允许工程部、生产部的人 10.1.4.0/24--10.1.5.0/24 在工作日任何时间上Internet，但允许周末及节假日上 Internet*/

    R1(config-sta-nacl)#  permit 10.1.2.0 0.0.0.255 10.1.1.0 0.0.0.255 time-range time_limit
    R1(config-sta-nacl)#  permit 10.1.3.0 0.0.0.255 10.1.1.0 0.0.0.255 time-range time_limit
    R1(config-sta-nacl)#  permit 10.1.6.0 0.0.0.255 10.1.1.0 0.0.0.255 time-range time_limit
    /*IT 部（VLAN6）、人事部（VLAN2）、市场部（VLAN3）三个子网只有工作日(周一到周五)的上午8点到晚上8点才可以上 Internet，其余时间不允许*/
    R1(config)#  int f0/0
    R1(config-if)#  ip access time in
```

（14）测试。

在工作时间内，分别在 IT 部（VLAN6）、人事部（VLAN2）、市场部（VLAN3）的 PC 上 ping Internet 路由器，通。在工程部、生产部的 PC 上 ping Internet 路由器，不通。

```
PC>ping 202.121.1.2
Pinging 202.121.1.2 with 32 bytes of data:
Reply from 202.121.1.2: bytes=32 time=109ms TTL=253
Reply from 202.121.1.2: bytes=32 time=93ms TTL=253
Reply from 202.121.1.2: bytes=32 time=94ms TTL=253
Reply from 202.121.1.2: bytes=32 time=79ms TTL=253
Ping statistics for 202.121.1.2:
    Packets: Sent = 4, Received = 4, Lost = 0 (0% loss),
Approximate round trip times in milli-seconds:
    Minimum = 79ms, Maximum = 109ms, Average = 93ms

PC>ping 202.121.1.2
Pinging 202.121.1.2 with 32 bytes of data:
Request timed out.
Request timed out.
Request timed out.
Request timed out.
Ping statistics for 202.121.1.2:
    Packets: Sent = 4, Received = 0, Lost = 4 (100% loss),
```

课后练习及实验

1. 选择题

（1）访问列表如下：

```
access-list 4 deny 202.38.0.0 0.0.0.255
access-list 4 permit 202.38.160.1 0.0.0.255
```

应用于该路由器端口的配置如下：

```
(config)# int s0
(config-if)# ip access-group 4 in
```

该路由器只有两个接口：E0 口接本地局域网，S0 口接到 Internet，以下说法正确的是（　　）。

　　A. 禁止了源地址为 202.38.0.0/24 的网段对内网的访问

　　B. 只允许了 202.38.160.1 对内部主机的任意访问

　　C. 只允许了 202.38.160.0/24 的网段对内部主机的任意访问

　　D. 没法禁止外网对内网的任何访问，因为接口用错了

（2）访问列表如下：

```
access-list 4 deny 202.38.0.0 0.0.255.255
access-list 4 permit 202.38.160.1 0.0.0.255
```

应用于该路由器端口的配置如下：

```
(config)# int s0
(config-if)# ip access-group 4 in
```

该路由器只有两个接口：E0 口接本地局域网，S0 口接到 Internet，以下说法正确的是（　　）。
- A. 第一条语句包含了第二条，外加隐含语句，所以禁止了所有外部主机访问内网
- B. 允许 202.38.160.0/24 的外部主机访问内网主机
- C. 允许 202.38.160.1 的外部主机访问内网主机
- D. 两条语句有矛盾，所以结果是外网主机都可以任意访问内网主机

（3）访问列表如下：
```
access-list 4 permit 202.38.160.1 0.0.0.255
access-list 4 deny 202.38.0.0 0.0.255.255
```
应用于该路由器端口的配置如下：
```
(config)# int s0
(config-if)# ip access-group 4 in
```
该路由器只有两个接口：E0 口接本地局域网，S0 口接到 internet，以下说法正确的是（　　）。
- A. 第二条语句包含了第一条，外加隐含语句，所以禁止了所有外部主机访问内网
- B. 内部主机可以被 202.38.160.0/24 外部网段的主机访问
- C. 内部主机可以被 202.38.0.0/16 外部网段的主机访问
- D. 内部主机可以任意访问外部任何地址的主机

（4）某单位路由器防火墙作了如下配置：
```
access-list 101 permit ip 202.38.0.0   0.0.0.255   10.10.10.10 0.0.0.255
access-list 101 deny tcp 202.38.0.0  0.0.0.255  10.10.10.10  0.0.0.255 gt 1024
access-list 101 deny ip any any
```
端口配置如下：
```
interface Serial0
Ip address 202.38.111.25   255.255.255.0
Encapsulation ppp
ip access-group 101 in
Interface Ethernet0
Ip address 10.10.10.1 255.255.255.0
```
内部局域网主机均为 10.10.10.0 255.255.255.0 网段，以下说法正确的是(本题假设其他网络均没有使用 ACL)（　　）。
- A. 外部主机 202.38.0.50 可以 PING 通任何内部主机
- B. 内部主机 10.10.10.5，可任意访问外部网络资源
- C. 内部任意主机都可以与外部任意主机建立 TCP 连接
- D. 外部 202.38.5.0/24 网段主机可以与此内部网主机 TCP 连接

（5）访问列表如下：
```
access-list 6 deny 202.38.0.0   0.0.255.255
access-list 6 permit 202.38.160.1   0.0.0.255
```

应用于该路由器端口的配置如下：
```
(config)# int s0
(config-if)# ip access-group 6 in
```
该路由器 E0 口接本地局域网，S0 口接到 INTERNET，以下说法正确的有(　　　)。

  A. 所有外部数据包都可以通过 S 口，自由出入本地局域网

  B. 内部主机可以任意访问外部任何地址的主机

  C. 内部主机不可以访问本列表禁止的外部地址的主机

  D. 以上都不正确

（6）标准访问控制列表以(　　　)作为判别条件。

  A. 数据包的大小　　　　　　　　B. 数据包的源地址

  C. 数据包的端口号　　　　　　　D. 数据包的目的地址

（7）对防火墙如下配置：
```
interface serial0
ip address 202.10.10.1 255.255.255.0
Encapsulation ppp
interface ethernet0.
ip address 10.110.10.1 255.255.255.0.
```
公司的内部网络接在 ethernet0，在 serial0 通过地址转换 NAT 访问 Internet。如果想禁止公司内部所有主机访问 202.38.160.1/16 的网段，但是可以访问其他站点。如下的配置可以达到要求的是(　　　)。

  A. access-list 1 deny 202.38.160.1 0.0.0.255

   access-list 1 permit ip any any

   在 serial0 口：access-group 1 in

  B. access-list 1 deny 202.38.160.1 0.0.255.255

   access-list 1 permit ip any any

   在 serial0 口：access-group 1 out

  C. access-list 101 deny ip any 202.38.160.1 0.0.255.255

   在 ethernet0 口：access-group 101 in

  D. access-list 101 deny ip any 202.38.160.1 0.0.255.255

   access-list 101 permit ip any any

   在 ethernet0 口：access-group 101 out

（8）如下访问控制列表的含义是(　　　)。
```
access-list 102 deny udp 129.9.8.10 0.0.0.255 202.38.160.10 0.0.0.255 gt 128
```

  A. 规则序列号是 102，禁止从 202.38.160.0/24 网段的主机到 129.9.8.0/24 网段的主机使用端口大于 128 的 UDP 协议进行连接

  B. 规则序列号是 102，禁止从 202.38.160.0/24 网段的主机到 129.9.8.0/24 网段的主机使用端口小于 128 的 UDP 协议进行连接

  C. 规则序列号是 102，禁止从 129.9.8.0/24 网段的主机使用端口大于 128 的 UDP 协议到 202.38.160.0/24 网段的主机进行连接

  D. 规则序列号是 102，禁止从 129.9.8.0/24 网段的主机访问 202.38.160.0/24

网段的 UDP 协议端口号大于 128 的应用和服务

（9）如下访问控制列表的含义是（   ）。
```
access-list 100 deny icmp 10.1.10.10 0.0.255.255 any
```
    A．规则序列号是 100，禁止到 10.1.10.10 主机的所有主机不可达报文
    B．规则序列号是 100，禁止到 10.1.0.0/16 网段的所有主机不可达报文
    C．规则序列号是 100，禁止从 10.1.0.0/16 网段来的所有主机不可达报文
    D．规则序列号是 100，禁止从 10.1.10.10 主机来的所有主机不可达报文

（10）配置如下两条访问控制列表
```
access-list 1 permit 10.110.10.1 0.0.255.255.
access-list 2 permit 10.110.100.100. 0.0.255.255.
```
访问控制列表 1 和 2，所控制的地址范围关系是（   ）。
    A．1 和 2 的范围相同   B．1 的范围在 2 的范围内
    C．2 的范围在 1 的范围内   D．1 和 2 的范围没有包含关系

2．问答题

（1）实施 ACL 的过程中，应当遵循的两个基本原则是什么？
（2）扩展访问控制列表在一个端口上的入和出的作用有什么不同？
（3）通常安置 ACL 的最佳做法有哪些？

3．实验题

（1）如图 9-11 所示的拓扑结构（请按图配置接口和 IP 地址）。

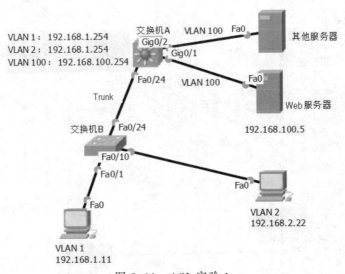

图 9-11　ACL 实验 1

某学员在做 ACL 实验时，VLAN1、VLAN2 连接客户端（192.168.1.0、192.168.2.0/24），VLAN100 连接外网（其中有一台 Web 服务器为 192.168.100.5）。

① 不配置 ACL，两台机器都可以访问 VLAN 100 中的服务器（分别用 ping 和 Web 访问测试）。

② 在交换机 A 上配置了以下规则：
```
Ip access-list extended abc
```

```
Permit tcp any 192.168.100.5 0.0.0.0 eq 80
Deny ip 192.168.1.0 0.0.0.255 192.168.100.5 0.0.0.0
Interface vlan 100
Ip access-group abc in
```

通过验证，请学员分析此 ACL 的效果是什么，禁止了哪些访问，允许了哪些访问？如果需要内网访问外网其他主机的服务，怎么修改配置？

③ 配置 ACL，允许 PC1 可以 Telnet 交换机 A，而 PC2 不可以 Telnet 交换机 A。

（2）在前一章图 8-7 的基础上，增加在核心路由器上做扩展 ACL，允许校园网的用户可以访问数据中心 10.179.1.2 的 WWW、FTP 服务，允许外网的用户可以访问数据中心的 WWW 服务，其余都不可访问。

第 10 章 生成树协议与冗余网关协议

本章导读:

本章介绍生成树协议、冗余网关协议的基本概念,重点介绍 STP 的工作过程和端口信息,分析 RSTP、PVST、MSTP 的特点,并举例说明 MSTP、VRRP 的应用和配置。

学习目标:

- 掌握生成树协议的基本概念和工作过程。
- 利用 show 命令了解生成树中各端口的状态和信息。
- 掌握 MSTP 的基本配置。
- 掌握 HSRP、VRRP 的基本配置。
- 了解 MSTP、HSRP 或 VRRP 的综合配置。

10.1 生成树协议概述

10.1.1 交换机中的冗余链路

在交换网络中,由于单点(单链路)故障容易导致系统瘫痪,因此引入备份链路。但冗余链路又会造成网络环路,当交换网络中出现环路时,会产生广播风暴、多帧复制和 MAC 地址表不稳定等现象,如图 10-1~图 10-3 所示。

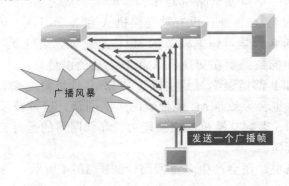

图 10-1 产生广播风暴

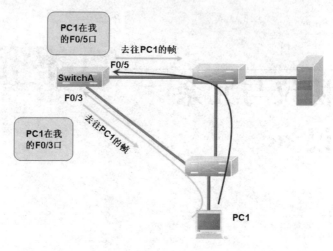

图 10-2　多帧复制

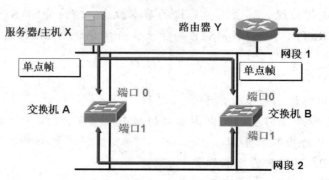

图 10-3　MAC 地址表不稳定

在局域网中很多的网络协议都采用广播方式进行管理和操作。广播采用广播帧来发送和传递信息，广播帧面向局域网中所有主机，因此容易产生碰撞，为缓解碰撞又要重传更多的数据包，从而耗尽网络带宽，使网络瘫痪。

当一台主机收到某个数据帧的多个副本时，使得网络协议无从选择，不知选用哪个数据帧，导致系统瘫痪。

图 10-3 中 MAC 地址表不稳定的产生过程如下：

（1）主机 X 发送一单点帧给路由器 Y。
（2）路由器 Y 的 MAC 地址还没有被交换机 A 和 B 学习到。
（3）交换机 A 和 B 都学习到主机 X 的 MAC 地址对应端口 0。
（4）到路由器 Y 的数据帧在交换机 A 和 B 上会泛洪处理。
（5）交换机 A 和 B 都错误学习到主机 X 的 MAC 地址对应端口 1。

在多帧复制时，也会导致 MAC 地址表的多次刷新，这种持续的更新、刷新过程会严重耗用内存资源，影响交换机的交换能力，降低网络的运行效率，严重时耗尽网络资源、导致网络瘫痪。

在实际交换网络中，还会产生多重回路，如图 10-4 所示。

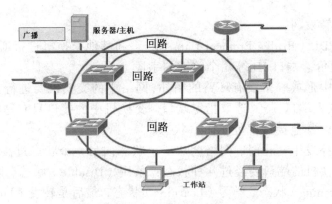

图 10-4　多重回路

解决环路的最初思路是：当主要链路正常时，断开备份链路；当主要链路出现故障时，自动启用备份链路，于是产生了生成树协议。

由于网络规模越来越大，传输的数据量更大，需要的带宽更多，所以充分利用冗余链路，而不是阻止备份链路、使负载均衡，成为公众关注的内容。

10.1.2　生成树协议的发展

为防止交换网络中冗余链路所产生的二层环路，引入生成树协议。

生成树协议（Spanning-Tree Protocol，STP）起源于 DEC 公司的"网桥到网桥"协议，后来，IEEE 802 委员会制定了生成树协议的规范 802.1d。生成树协议通过生成树算法（SPA）生成一个没有环路的网络，当主要链路出现故障时，自动切换到备份链路，保证网络的正常通信。

生成树协议通过软件修改网络物理拓扑结构，构建一个无环路的逻辑转发拓扑结构，提高了网络的稳定性和减少网络故障发生率。

生成树协议同其他协议一样，随着网络的不断发展而不断更新换代。生成树协议的发展过程分为三代：

（1）第一代生成树协议：STP/RSTP。

（2）第二代生成树协议：PVST/PVST+。

（3）第三代生成树协议：MSTP。

Cisco 在 802.1d 基础上增加了几个私有的增强协议：portfast、uplinkfast、backbonefast，其目的都在于加快 STP 的收敛速度。

Port Fast 特性指连接工作站或服务器的端口无须经过监听和学习状态，直接从堵塞状态进入转发状态，从而节约了 30 s（转发延迟）的时间。

uplinkfast 用在接入层、有阻断端口的交换机上，当它连接到主干交换机上的主链路有故障时能立即切换到备份链路上，而不需要 30 s 或 50 s（转发延迟）的时间。

backbonefast 用在主干交换机之间，并要求所有交换机都启动 backbonefast。当主干交换机之间的链路发生故障时，用 20 s（节约了 30 s）就切换到备份链路上。

1．STP

基本 STP 协议规范为 IEEE 802.1d，STP 基本思路是阻断一些交换机接口，构建一棵没有环路的转发树。

STP利用BPDU（Bridge Protocol Data Unit）和其他交换机进行通信，BPDU中有根桥ID、路径代价、端口ID等几个关键的字段。

为了在网络中形成一个没有环路的拓扑，网络中的交换机要进行三种选举：① 选举根桥；② 选取根端口；③ 选取指定端口。交换机中的接口只有是根端口或指定端口才能转发数据，其他接口都处于阻塞状态。

当网络的拓扑发生变化时，网络会从一个状态向另一个状态过渡，重新打开或阻断某些接口。交换机的端口要经过几种状态：禁用（Disable）状态、阻塞（Blocking）状态、监听（Listening）状态、学习（Learning）状态，最后是转发（Forwarding）状态。

STP最大的缺点是收敛时间过长，达50 s。

2．RSTP

RSTP（快速生成树协议）的协议规范为IEEE 802.1w，它是为了减少STP收敛时间而修订的协议，使得收敛速度最快在1 s以内，但是仍然不能有效利用冗余链路做负载均衡（总是要阻塞一条冗余链路）。IEEE 802.1w RSTP除了从IEEE 802.1d沿袭下来的根端口、指定端口外，还定义了两种新的端口：备份端口（Backup端口）和替代端口（Alternate端口）。

（1）备份端口：是指定端口Designated Port的备份口，当一个交换机有两个端口都连接在一个LAN上，那么高优先级的端口为指定端口Designated Port，低优先级的端口为备份端口Backup Port。

（2）替代端口：根端口的替换口，一旦根端口失效，该口就立刻变为根端口。它提供了替代当前根端口所提供路径、到根网桥的路径。

这些RSTP中的新端口实现了在根端口故障时，替代端口到转发端口的快速转换。

与IEEE 802.1d STP不同的是，IEEE 802.1w RSTP只定义了3种端口状态：放弃（Discarding）、学习（Learning）和转发（Forwarding）。

实际上，直接连接PC的交换机端口不需要阻塞和侦听状态，往往因为交换机的阻塞和侦听时间，使PC不能正常工作，如自动获取IP地址的DHCP客户机，一旦启动，就要发出DHCP请求，而此请求可能会在交换机50 s的延时时间内超时；同时微软的客户机在向域服务器请求登录时也会因为交换机50 s的延时时间而宣告登录失败。直接与终端相连的交换机端口称为边缘端口，将其设置为快速端口，快速端口当交换机加电启动或有一台终端PC接入时，将会直接进入转达发状态，而不必经历阻塞、侦听状态。

根或指定端口在拓扑结构中发挥着积极作用，而替代或备份端口不参与主动拓扑结构。因此，在收敛了的稳定网络中，根和指定端口处于转发状态，替代和备份端口则处于放弃状态。

综上所述，快速生成树协议对生成树协议主要做了以下几点改进：

改进1：更加优化的BPDU结构。

改进2：在接入层交换机（非根交换机）中，为根端口和指定端口设置了快速切换用的替换端口（Alternate Port）和备份端口（Backup Port）两种端口角色，当根端口、指定端口失效的时候，替换端口、备份端口就会无时延地进入转发状态。

改进3：自动监测链路状态：对应点到点链路为全双工，共享式为半双工。

改进4：在只连接了两个交换端口的点到点链路中（全双工），指定端口只需与下游网桥进行一次握手就可以无时延地进入转发状态。

改进5：直接与终端相连而不是与其他网桥相连的端口为边缘端口（Edge Port）。边缘端口可以直接进入转发状态，不需要任何延时。边缘端口必须是 Access 端口，在交换机的生成树配置中，必须人工设置。

当交换机从邻居交换机收到一个劣等 BPDU（宣称自己是根交换机的 BPDU），意味着原有链路发生了故障。此交换机通过其他可用链路向根交换机发送根链路查询 BPDU，此时如果根交换机可达，根交换机就会向网络中的交换机宣告自己的存在。使首先接收到劣等 BPDU 的端口很快转变为转发状态，之间省略了 max age 阻塞时间。

RSTP 和 STP 都属于单生成树 SST（Single Spanning Tree）协议，同样有一些局限性：

（1）整个交换网络只有一棵生成树，当网络规模较大时，收敛时间较长，拓扑改变的影响面也较大。

（2）在网络结构不对称的情况下，会影响网络的连通性。

（3）当链路被阻塞后将不承载任何流量，造成了冗余链路带宽的浪费，对环状城域网更为明显。

3．PVST/ PVST+（Cisco 专有协议）

当网络上有多个 VLAN 时，PVST（Per Vlan STP）会为每个 VLAN 构建一棵 STP 树。这样的好处是可以独立地为每个 VLAN 控制哪些接口要转发数据，从而实现链路的负载平衡。

由于 Cisco 的 PVST 协议并不兼容 STP/RSTP 协议，Cisco 很快又推出了经过改进的 PVST＋协议，使得在 VLAN 1 上运行的是普通 STP 协议，在其他 VLAN 上运行 PVST 协议。

PVST/PVST＋协议实现了 VLAN 认知能力和负载均衡能力，但 PVST 和 PVST＋也有以下局限性：

（1）如果 VLAN 数量很多，每个 VLAN 都需要生成一棵树，维护多棵生成树的计算量和资源占用量将急剧增长，会给交换机带来沉重的负担；

（2）Cisco 专有协议，不能像 STP/RSTP 一样得到不同厂家设备的广泛支持。

4．MSTP

多实例生成树协议 MSTP（Multiple Spanning Tree Protocol）是 IEEE 802.1s 中定义的一种新型多实例化生成树协议。这个协议目前仍然在不断优化中。

MSTP 是把多个 VLAN 映射到一个 STP 实例上，实例就是多个 VLAN 的集合，把多个 VLAN 捆绑到一个实例中。为每个实例建立一棵 STP 树，从而减少了 STP 树的数量。

MSTP 协议把支持 MSTP 的交换机和不支持 MSTP 的交换机划分成不同的区域，分别称作 MST 域和 SST 域。在 MST 域内部运行多实例化的生成树，在 MST 域的边缘运行 RSTP 兼容的内部生成树（Internal Spanning Tree，IST）。

MST 域内的交换机间使用 MSTP BPDU 交换拓扑信息，SST 域内的交换机使用 STP/RSTP/PVST＋BPDU 交换拓扑信息。在 MST 域与 SST 域之间的边缘上，SST 设备会认为对接的设备也是一台 RSTP 设备。而 MST 设备在边缘端口上的状态将取决于内部生成树的状态，也就是说端口上所有 VLAN 的生成树状态将保持一致。

MSTP 设备内部需要维护的生成树包括若干个内部生成树 IST，具体个数和连接了多少个 SST 域有关。另外，还有若干个多生成树实例 MSTI（Multiple Spanning Tree Instance）确定的 MSTP 生成树，具体个数由配置了多少个实例决定。

MSTP 通过干道（Trunks）建立多个生成树，关联 VLAN 到相关的生成树进程，每个生成树进程具备独立于其他进程的拓扑结构；MST 提供了多个数据转发路径和负载均衡，提高了网络容错能力，因为一个进程（转发路径）的故障不会影响其他进程（转发路径）。一个生成树进程只能存在于具备一致的 VLAN 进程分配的桥中，必须用同样的 MST 配置信息来配置一组桥，这使得这些桥能参与到一组生成树进程中，具备同样的 MST 配置信息的互连的桥构成多生成树区。

MSTP 将环路网络修剪成为一个无环的树状网络，避免报文在环路网络中的增生和无限循环，同时还提供了数据转发的多个冗余路径，在数据转发过程中实现 VLAN 数据的负载均衡。MSTP 兼容 STP 和 RSTP，并且可以弥补 STP 和 RSTP 的缺陷。它既可以快速收敛，又能使不同 VLAN 的流量沿各自的路径分发，从而为冗余链路提供了更好的负载分担机制。

MSTP 的特点如下：

（1）MSTP 设置 VLAN 映射表（即 VLAN 和生成树的对应关系表），把 VLAN 和生成树联系起来；通过增加"实例"（将多个 VLAN 整合到一个集合中）这个概念，将多个 VLAN 捆绑到一个实例中，以节省通信开销和资源占用率。

（2）MSTP 把一个交换网络划分成多个域，每个域内形成多棵生成树，生成树之间彼此独立。

（3）MSTP 将环路网络修剪成为一个无环的树状网络，避免报文在环路网络中的增生和无限循环，同时提供了数据转发的多个冗余路径，在数据转发过程中实现 VLAN 数据的负载分担。

（4）MSTP 兼容 STP 和 RSTP，是 IEEE 标准协议，受到各厂家的支持。目前有些厂家（如锐捷）已直接指定默认的生成树协议就是 MSTP。

5．生成树协议的未来之路

第 1 代 STP/RSTP 是基于端口的，第 2 代 PVST/PVST＋是基于 VLAN 的，第 3 代 MISTP 是基于实例的。

任何技术的发展都不会因为某项"理想"技术的出现而停滞，生成树协议的发展历程本身就说明了这一点。随着应用的深入，各种新的二层隧道技术不断涌现，例如，Cisco 的 802.1Q Tunneling，华为的 Quidway S8016 中 QinQ，以及基于 MPLS 的二层 VPN 技术等。在这种新形势下，用户和服务提供商对生成树协议又有新的需求。目前各厂商已经开始了这方面的积极探索，也许不久的将来，支持二层隧道技术的生成树协议将成为交换机的标准协议。

10.2 STP

由于所有生成树协议的基础是 STP，其概念和工作原理是了解生成树协议的基础。同时 STP 基本淘汰，因此本节也可以选讲。

10.2.1 生成树协议的基本概念

生成树协议有以下基本术语。
- 网桥协议数据单元（Bridge Protocol Data Unit，BPDU）。
- 网桥号（Bridge ID）。
- 根网桥（Root Bridge）。
- 指定网桥（Designated Bridge）。
- 根端口（Root Port）。
- 指定端口（Designated Port）。
- 非指定端口（NonDesignated Port）。

1．BPDU（网桥协议数据单元）

网桥协议数据单元（BPDU）是 STP 中的"HELLO 数据包"，每隔一定的时间间隔（2 s，可配置）发送，它在网桥之间交换信息。STP 就是通过在交换机之间周期发送网桥协议数据单元（BPDU）来发现网络上的环路，并通过阻塞有关端口来断开环路的。

网桥协议数据单元主要包括以下字段：Protocol ID、Version、Message Type、Flag、Root ID（根网桥 ID）、Cost of Path（路径开销）、Bridge ID（网桥 ID）、Port ID（端口 ID），计时器包括 Message Age、Maximum Time、Hello Time、Forward Delay（传输延迟）。

其中，Protocol ID（2 字节）和 Version（1 字节）是 STP 相关的信息和版本号，通常固定为 0。Message Type（1 字节）分为两种类型，配置 BPDU 和拓扑变更通告 BPDU。Flag（1 字节）是与拓扑变更通告相关的状态和信息。Root ID（8 字节）由 2 字节优先级和 6 字节 MAC 组成。Cost of Path（路径开销）是从交换机到根桥的方向累计的花费值。Bridge ID 发送自己的网桥 ID。Port ID：发送自己的端口 ID，端口 ID 由 1 字节端口优先级和 1 字节端口 ID 组成。Maximum Time 表示，当一段时间未收到任何 BPDU，生存期达到 Max Age 时，网桥则认为该端口连接的链路发生故障，默认 20 s。Hello Time 发送 BPDU 的周期，默认为 2 s，Forward Delay 为 BPDU 全网传输延迟，默认 15 s。

2．网桥号

网桥号（Bridge ID）用于标识网络中的每一台交换机，它由两部分组成：2 字节优先级和 6 字节 MAC。优先级值为 0~65 535，默认为 32 768。对不同的 VLAN，通常有一个累加值，如 VALN1 为 32769，VALN1 为 32770 等，可通过改变优先级设置来改变网桥号。

3．根网桥

具有最小网桥号的交换机将被选举为根网桥。根网桥的所有端口都不会阻塞，并都处于转发状态。

4．指定网桥

对交换机连接的每一个网段，都要选出一个指定网桥。指定网桥到根网桥的累计路径花费最小，由指定网桥收发本网段的数据包。

5．根端口

整个网络中只有一个根网桥，其他网桥为非根网桥。根网桥上的端口都是指定端口，而不是根端口；而在非根网桥上，需要选择一个根端口。根端口是指从交换机到根网桥累计路径花费最小的端口，交换机通过根端口与根网桥通信。根端口（RP）设为转发状态。

6．指定端口

每个非根网桥为每个连接的网段选出一个指定端口，一个网段的指定端口指该网段到根网桥累计路径花费最小的端口，根网桥上的端口都是指定端口。指定端口（DP）设为转发状态。

7．非指定端口

除了根端口和指定端口之外的其他端口称为非指定端口，非指定端口将处于阻塞状态，不转发任何用户数据。

10.2.2 STP中的选择原则

1．根网桥的选举原则

在全网范围内选举网桥号最小的交换机为根网桥，网桥号由交换机优先级和MAC地址组合而成，从而可通过改变交换机的优先级别来改变根网桥的选举。

选举步骤如下：

（1）所有交换机首先都认为自己是根。

（2）从自己的所有可用端口发送配置BPDU，其中包含自己的网桥号，并作为根。

（3）当收到其他网桥发来的配置BPDU时，检查对方交换机的网桥号，若比自己小，则不再声称自己是根（不再发送BPDU）。

（4）当所有交换机都这样操作后，只有网络中最小网桥号的交换机还在继续发送BPDU，因此它就成为根网桥。

2．最短路径的选择

（1）比较路径开销。比较本交换机到达根网桥的路径开销，选择开销最小的路径。

（2）比较网桥号。如果路径开销相同，则比较发送BPDU交换机的网桥号，如图10-5所示，选择较小的桥，ID是SwitchB。

（3）比较发送者端口号（Port ID）。如果发送者网桥号相同，即同一台交换机，则比较发送者交换机的Port ID。Port ID号由1字节端口优先级和1字节端口ID组成，端口默认的优先级为138。

（4）比较接收者的端口号（Port ID）。如不同链路发送者的Bridge ID一致（即同一台交换机），那么比较接收者的 Port ID。

3．选举根端口和指定端口

如图 10-5 所示，一旦选好了最短路径，就选好了根端口和指定端口。

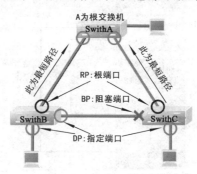

图 10-5　STP 中的选举

4．生成树的工作过程

（1）进行根桥的选举。每台交换机通过向邻居发送 BPDU，选出网桥 ID 最小的网桥作为网络中的根桥。

（2）确定根端口和指定端口。计算出非根桥的交换机到根桥的最小路径开销，找出根端口（最小的发送方网桥 ID）和指定端口（最小的端口 ID）。

（3）阻塞非根网桥上非指定端口。阻塞非根网桥上非指定端口以裁剪冗余的环路，构造一个无环的拓扑结构。这个无环的拓扑结构是一棵树，根桥作为树干，没裁剪的活动链路作为向外辐射的树枝。在处于稳定状态的网络中，BPDU 从根桥沿着无环的树枝传送到网络的各个网段，如图 10-5 所示。

5．生成树操作规则

（1）每个网络只有一个根桥，根桥上的接口都是指定端口。

（2）每个非根桥只有一个根端口。

（3）每段链路只有一个指定端口，其他接口为非指定端口。

（4）指定端口转发数据，非指定端口不转发数据。

10.2.3　STP 端口的状态

生成树经过一段时间（默认值是 50 s 左右）稳定之后，所有端口要么进入转发状态，要么进入阻塞状态。

图 10-6 显示了生成树端口状态的转换过程，它指出了网络中的每台交换机在刚加电启动时，每个端口都要经历生成树的 4 个状态：阻塞、侦听、学习、转发。在能够转发用户的数据包之前，端口最多要等 50 s 时间，包括 20 s 阻塞时间（Max Age）、15 s 侦听延迟时间（Forward Delay）、15 s 学习延迟时间（Forward Delay）。

（1）阻塞状态（Blocking）。刚开始，交换机的所有端口均处于阻塞状态。在阻塞状态，能接收和发送 BPDU，不学习 MAC 地址，不转发数据帧。此状态最长时间为 20 s。

（2）侦听状态（Listening）。在侦听状态，能接收和发送 BPDU，不学习 MAC 地址，不转发数据帧，但交换机向其他交换机通告该端口，参与选举根端口或指定端口。

根端口和指定端口将转入到学习状态；既不是根端口也不是指定端口的成为非指定端口，将退回到阻塞状态，此状态最长持续时间为 15 s。

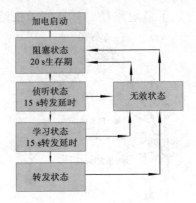

图 10-6　STP 状态转换图

（3）学习状态（Learning）。在学习状态，接收 BPDU，接收数据帧，从中学习 MAC 地址，建立 MAC 地址表，但仍不能转发数据帧。

（4）转发状态（Forwarding）。在转发状态，正常转发数据帧。

（5）无效状态。无效状态不是正常的 STP 状态，当一个接口处于无外接链路、被管理性关闭时，暂时处于无效状态，并向阻塞状态过渡。

通常，在一个大中型网络中，整个网络拓扑稳定为一个树状结构大约需要 50 s，因而 STP 的收敛时间过长。

13.2.4　生成树的重新计算

在 Switch A 和 Switch C 之间的连线没有断开时，Switch A 的 F0/24、F0/1 端口为指定端口；Switch C 的 F0/1 端口为根端口，F0/2 端口为非指定端口，处于阻塞状态。当 Switch A 和 Switch C 之间的连线断开后，拓扑结构发生改变，生成树重新开始计算，如图 10-7 所示，Switch C 的 F0/2 端口从非指定端口改变为根端口，生成树为 Switch A→Switch B→Switch C。

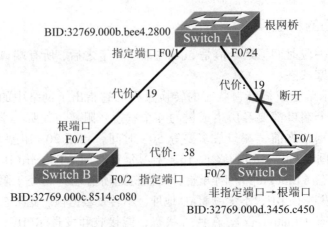

图 10-7　生成树的重新计算

10.2.5 生成树的配置命令

对锐捷的系列交换机 Spanning Tree 的默认配置如下：
- 生成树协议为 MSTP。
- STP 是关闭。
- STP Priority 是 32768。
- STP port Priority 是 128。
- STP port cost 根据端口速率自动判断。
- Hello Time 2 s。
- Forward-delay Time 15 s。
- Max-age Time 20 s。

可通过 spanning-tree reset 命令让 spanning tree 参数恢复到默认配置。

（1）启动生成树协议。
```
switch(config)# Spanning-tree
```
（2）关闭生成树协议。
```
switch(config)# no Spanning-tree
```
（3）配置生成树协议的类型。
```
switch(config)# Spanning-tree mode stp/rstp/mstp
```
锐捷系列交换机默认使用 MSTP 协议。

（4）配置交换机优先级。
```
switch(config)# Spanning-tree priority <0-61440>
```
必须是 4096 的倍数，共 16 个，默认为 32768。

（5）优先级恢复到默认值。
```
switch(config)# no spanning-tree priority
```
（6）配置交换机端口的优先级。
```
switch(config)# interface interface-type  interface-number
switch(config-if)# spanning-tree  port-priority number
```
（7）恢复参数到默认配置。
```
switch(config)# spanning-tree reset
```
（8）显示生成树状态。
```
switch# show spanning-tree
```
（9）显示端口生成树协议的状态。
```
switch# show spanning-tree interface fastethernet <0-2/1-24>
```

10.3 PVST

PVST 可以看成在每个 VLAN 上运行 STP 协议。下面用实例了解 PVST 的运行情况（只能在 Packet Tracer 模拟器上实现）。

【网络拓扑】

如图 10-8 所示。

【实验环境】

（1）分别在 S1、S2、S3 上创建 VLAN 2，使每台交换机上都有两个 VLAN。

（2）S1、S2为三层交换机，S2为二层交换机，三台交换机之间的连接都是Trunk链路，其接口如图10-8所示。

（3）每台交换机的MAC地址如图10-8所示。

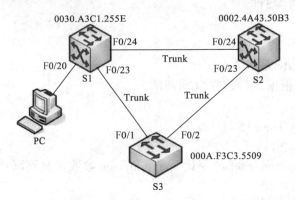

图10-8　网络拓扑

【实验目的】

（1）理解STP的工作原理。

（2）掌握STP树的控制。

（3）利用PVST进行负载平衡。

【实验配置】

省略VLAN、接口、Trunk的配置，思科交换机自动启生成树协议，但要指定为PVST。

（1）在S1、S2、S3上分别显示生成树协议。

```
S1#show spanning-tree
VLAN0001    /*显示VLAN 1的STP参数*/
  Spanning tree enabled protocol ieee
  Root ID    Priority    32769
             Address     0002.4A43.50B3
             Cost        19
             Port        24(FastEthernet0/24)
             Hello Time  2 sec  Max Age 20 sec  Forward Delay 15 sec
/*以上说明VLAN1的根桥的MAC地址为0002.4A43.50B3，即S2*/
  Bridge ID  Priority    32769  (priority 32768 sys-id-ext 1)
             Address     0030.A3C1.255E
             Hello Time  2 sec  Max Age 20 sec  Forward Delay 15 sec
             Aging Time  20
/*以上说明在VLAN 1中S1的桥ID情况*/
Interface        Role    Sts    Cost      Prio.Nbr    Type
---------------- ----    ---    ------    --------    ----
Fa0/20           Desg    FWD    19        138.20      P2p
Fa0/23           Altn    BLK    19        138.23      P2p
Fa0/24           Root    FWD    19        138.24      P2p
/*以上说明在VLAN 1中S1与生成树相关的接口状态，Fa0/23阻塞*/
VLAN0002               /*显示VLAN 2的STP参数*/
  Spanning tree enabled protocol ieee
```

```
         Root ID    Priority    32770
                    Address     0002.4A43.50B3
                    Cost        19
                    Port        24(FastEthernet0/24)
                    Hello Time  2 sec  Max Age 20 sec  Forward Delay 15 sec
/*以上说明VLAN2的根桥的MAC地址为0002.4A43.50B3，即S2*/
         Bridge ID  Priority    32770  (priority 32768 sys-id-ext 2)
                    Address     0030.A3C1.255E
                    Hello Time  2 sec  Max Age 20 sec  Forward Delay 15 sec
                    Aging Time  20
/*以上说明在VLAN 2中S1的桥ID情况其余两个略*/
Interface        Role    Sts    Cost       Prio.Nbr  Type
---------------- ----    ---    ---------  --------  ----
Fa0/23           Altn    BLK    19         138.23    P2p
Fa0/24           Root    FWD    19         138.24    P2p
/* 以上说明在VLAN 2中S1与生成树相关的接口状态，Fa0/23阻塞*/
```

结合图10-8中的MAC地址可以看出，VLAN 1和VLAN 2中，根桥Root ID都是S2（MAC地址为0002.4A43.50B3），在VLAN 1中，S1的两个口Fa0/20、Fa0/24均处于转发状态，Fa0/23阻塞。在VLAN 2中，Fa0/24均处于转发状态，Fa0/23阻塞。Fa0/20仅属于VLAN 1。

在VLAN1和VLAN 2中，S1~S3之间的链路因f0/23 BLK而阻塞，树根为S2，树枝S2~S1、S2~S3两链路转发数据。

由于VLAN 1中各交换机的Priority都为32769，VLAN 2中各交换机的Priority都为32770，所以根桥是MAC地址最小的 0002.4A43.50B3 > 0030.A3C1.255E > 000A.F3C3.5509的S2。

（2）为减小S2的压力，做到负载均衡，使VLAN 1以S1为根桥，VLAN 2以S2为根桥。

```
S1(config)#spanning-tree vlan 1 priority 4096
S2(config)#spanning-tree vlan 2 priority 4096
S1#show spanning-tree
VLAN0001
  Spanning tree enabled protocol ieee
  Root ID    Priority    4097
             Address     0030.A3C1.255E
             This bridge is the root
             Hello Time  2 sec  Max Age 20 sec  Forward Delay 15 sec

  Bridge ID  Priority    4097  (priority 4096 sys-id-ext 1)
             Address     0030.A3C1.255E
             Hello Time  2 sec  Max Age 20 sec  Forward Delay 15 sec
             Aging Time  20

Interface        Role    Sts    Cost       Prio.Nbr  Type
---------------- ----    ---    ---------  --------  ----
Fa0/20           Desg    FWD    19         138.20    P2p
Fa0/23           Desg    FWD    19         138.23    P2p
Fa0/24           Desg    FWD    19         138.24    P2p
```

```
VLAN0002
  Spanning tree enabled protocol ieee
  Root ID    Priority    4098
             Address     0002.4A43.50B3
             Cost        19
             Port        24(FastEthernet0/24)
             Hello Time  2 sec  Max Age 20 sec  Forward Delay 15 sec

  Bridge ID  Priority    32770   (priority 32768 sys-id-ext 2)
             Address     0030.A3C1.255E
             Hello Time  2 sec  Max Age 20 sec  Forward Delay 15 sec
             Aging Time  20

Interface          Role    Sts    Cost       Prio.Nbr Type
----------------   ----    ---    ------     -------- --------
Fa0/23             Altn    BLK    19         138.23   P2p
Fa0/24             Root    FWD    19         138.24   P2p
```

从上可以看出，VLAN 1 中，S1 为根桥，S1 的 3 个口 Fa0/20、Fa0/23、Fa0/24 均处于转发状态，树枝 S2-S3 阻塞、S1~S2、S1~S3 转发。在 VLAN 2 中，S2 为根桥，S1 的 Fa0/23 阻塞、Fa0/24 处于转发状态，树枝 S1~S3 阻塞、S2~S1、S2~S3 转发，从而达到负载均衡。

10.4 MSTP 多实例生成树协议

10.4.1 MSTP 协议综述

IEEE 802.1S MSTP 是多实例生成树协议，它是基于 VLAN 的，不仅继承了快速生成树协议 RSTP 收敛快的优点（1 s 内），而且有效地利用了冗余链路的带宽，因此在实际工程应用中，大多选用 IEEE 802.1S MSTP 多实例生成树技术。

MSTP 把多个具有相同拓扑结构的 VLAN 映射到一个实例（Instance）中，这些 VLAN 在端口上的转发状态取决于对应实例在 MSTP 中的状态。一个实例就是一个生成树进程，在同一网络中有很多实例，就有很多生成树进程。利用干道（Trunk）可建立多个生成树（MST），每个生成树进程具有独立于其他进程的拓扑结构，从而提供了多个数据转发的路径和负载均衡，提高了网络容错能力，也不会因为一个进程（转发路径）的故障影响到其他进程（转发路径）。MSTP 能够使用实例关联 VLAN 的方式来实现多链路负载分担。

图 10-9 描述了 MSTP 的实现过程。

（1）3 台交换机上都有 VLAN 10 和 VLAN 20，在 3 台交换机上全部启用 MSTP（锐捷的交换机默认时启用的是 MSTP）。建立 VLAN 10 到 Instance 10 和 VLAN 20 到 Instance 20 的映射，从而把原来的一个物理拓扑，通过 Instance 到 VLAN 的映射关系逻辑上划分成两个逻辑拓扑，分别对应 Instance 10 和 Instance 20。

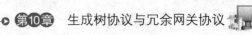

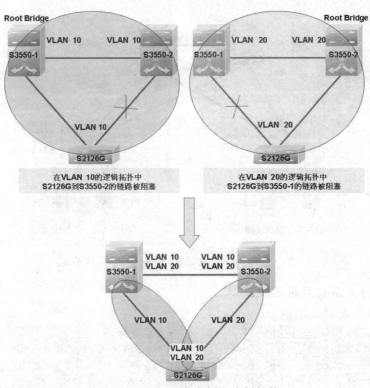

图 10-9 MSTP 多实例生成树协议

（2）改变 S3550-1 在 VLAN 10 中的桥优先级为 4096，保证其在 VLAN 10 的逻辑拓扑中被选举为根桥。同时调整 S3550-1 在 VLAN 20 中的桥优先级为 8192，保证其在 VLAN 20 的逻辑拓扑中的备用根桥位置。

（3）同理，保证 S3550-2 在 VLAN 20 中成为根桥，在 VLAN 10 中成为备用根桥。

（4）其效果是，Instance 10、Instance 20 分别对应一个生成树进程，共有两个生成树进程存在，它们独立地工作。在 Instance 10 的逻辑拓扑中，S2136G 到 S3550-2 的链路被阻塞；在 Instance 20 的逻辑拓扑中，S2136G 到 S3550-1 的链路被阻塞，它们各自使用自己的链路，从而使整个网络中冗余链路被充分利用。

10.4.2 MSTP 的配置案例

【实验目的】

（1）理解生成树协议的应用。

（2）掌握 MSTP 的配置方法。

（3）了解 MSTP 的调试。

【实验拓扑】

MSTP 配置如图 10-10 所示。

【实验配置】

因大多数模拟器中交换机功能较弱，Packet Tracer 中也不能实现，此实验在锐捷交换机上实现。

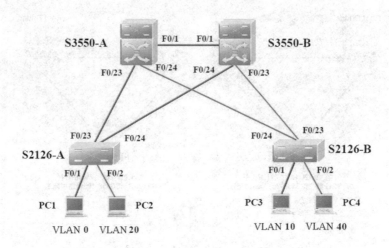

图 10-10　MSTP 配置

1. 配置接入层交换机 S2126-A

（1）配置生成树及实例。

```
S2126-A(config)# spanning-tree  /*开启生成树*/
S2126-A(config)# spanning-tree mode mstp  /*配置生成树模式为MSTP*/
S2126-A(config)# vlan 10  /*创建VLAN 10*/
S2126-A(config)# vlan 20  /*创建VLAN 20*/
S2126-A(config)# vlan 40  /*创建VLAN 40*/
S2126-A(config)# interface fastethernet 0/1
S2126-A(config-if)# switchport access vlan 10  /*分配端口F0/1给VLAN 10*/
S2126-A(config)# interface fastethernet 0/2
S2126-A(config-if)# switchport access vlan 20  /*分配端口F0/2给VLAN 20*/
S2126-A(config)# interface fastethernet 0/23
S2126-A(config-if)# switchport mode trunk  /*定义F0/23为Trunk端口*/
S2126-A(config)# interface fastethernet 0/24
S2126-A(config-if)# switchport mode trunk  /*定义F0/24为Trunk端口*/
S2126-A(config)# spanning-tree mst configuration  /*进入MSTP配置模式*/
S2126-A(config-mst)# instance 1 vlan 1,10  /*配置instance 1（实例1）并关联Vlan1 和 10*/
S2126-A(config-mst)# instance 2 vlan 20,40 /*配置实例2 并关联VLAN 20 和 40*/
S2126-A(config-mst)# name region1  /*配置域名称*/
S2126-A(config-mst)# revision 1  /*配置版本（修订号）*/
```

（2）验证测试：验证 MSTP 配置。

```
S2126-A# show spanning-tree mst configuration  /*显示MSTP全局配置*/
Multi spanning tree protocol : Enabled
Name : region1
Revision : 1
Instance Vlans Mapped
-------- ----------------------------------------
0        2-9,11-19,21- 39,41- 4094
1        1,10
2        20,40
```

2. 配置接入层交换机 S2126-B

（1）配置生成树及实例。

```
S2126-B (config)# spanning-tree /*开启生成树*/
S2126-B (config)# spanning-tree mode mstp /*采用MSTP生成树模式*/
S2126-B(config)# vlan 10 /*创建VLAN 10*/
S2126-B(config)# vlan 20 /*创建VLAN 20*/
S2126-B(config)# vlan 40 /*创建VLAN 40*/
S2126-B(config)# interface fastethernet 0/1
S2126-B(config-if)# switchport access vlan 10 /*分配端口F0/1 给VLAN 10*/
S2126-B(config)# interface fastethernet 0/2
S2126-B(config-if)# switchport access vlan 40 /*分配端口F0/2 给VLAN 40*/
S2126-B(config)# interface fastethernet 0/23
S2126-B(config-if)# switchport mode trunk /*定义F0/23为Trunk端口*/
S2126-B(config)# interface fastethernet 0/24
S2126-B(config-if)# switchport mode trunk /*定义F0/24为Trunk端口*/
S2126-B(config)# spanning-tree mst configuration /*进入MSTP配置模式*/
S2126-B(config-mst)# instance 1 vlan 1,10 /*配置Instance 1（实例1）并关联Vlan 1 和10*/
S2126-B(config-mst)# instance 2 vlan 20,40 /*配置实例2并关联Vlan 20和40*/
S2126-B(config-mst)# name region1 /*配置域名称*/
S2126-B(config-mst)# revision 1 /*配置版本（修订号）*/
```

（2）验证测试：验证 MSTP 配置。

```
S2126-B# show spanning-tree mst configuration
Multi spanning tree protocol : Enabled
Name : region1
Revision : 1
Instance Vlans Mapped
-------- --------------------------------------------------
0        2-9,11-19,21-39,41-4094
1        1,10
2        20,40
```

3. 配置三层交换机 S3550-A

（1）配置生成树及实例。

```
S3550-A(config)# spanning-tree /*开启生成树*/
S3550-A (config)# spanning-tree mode mstp /*采用MSTP生成树模式*/
S3550-A(config)# vlan 10
S3550-A(config)# vlan 20
S3550-A(config)# vlan 40
S3550-A(config)# interface fastethernet 0/1
S3550-A(config-if)# switchport mode trunk /*定义F0/1为Trunk端口*/
S3550-A(config)# interface fastethernet 0/23
S3550-A(config-if)# switchport mode trunk /*定义F0/23为Trunk端口*/
S3550-A(config)# interface fastethernet 0/24
S3550-A(config-if)# switchport mode trunk /*定义F0/24为Trunk端口*/
S3550-A(config)# spanning-tree mst 1 priority 4096/*配置交换机S3550-A在instance 1中的优先级为4096，默认是32768,值越小越优先成为该Instance中的root switch*/
S3550-A (config)# spanning-tree mst configuration /*进入MSTP配置模式*/
S3550-A (config-mst)# instance 1 vlan 1,10 /*配置实例1并关联Vlan 1和10*/
```

```
S3550-A (config-mst)# instance 2 vlan 20,40 /*配置实例2并关联Vlan 20
和40*/
S3550-A (config-mst)# name region1 /*配置域名为region1*/
S3550-A (config-mst)# revision 1 /*配置版本（修订号）*/
```

（2）验证测试：验证 MSTP 配置。

```
S3550-A# show spanning-tree mst configuration
Multi spanning tree protocol : Enabled
Name : region1
Revision : 1
Instance Vlans Mapped
-------- --------------------------------------------------
0 2-9,11-19,21-39,41-4094
1 1,10
2 20,40
```

4. 配置三层交换机 S3550-B

（1）配置生成树及实例。

```
S3550-B(config)# spanning-tree /*开启生成树*/
S3550-B (config)# spanning-tree mode mstp /*采用MSTP生成树模式*/
S3550-B(config)# vlan 10
S3550-B(config)# vlan 20
S3550-B(config)# vlan 40
S3550-B(config)# interface fastethernet 0/1
S3550-B(config-if)# switchport mode trunk /*定义F0/1为Trunk端口*/
S3550-B(config)# interface fastethernet 0/23
S3550-B(config-if)# switchport mode trunk /*定义F0/23为Trunk端口*/
S3550-B(config)# interface fastethernet 0/24
S3550-B(config-if)# switchport mode trunk /*定义F0/24为Trunk端口*/
S3550-B (config)# spanning-tree mst 2 priority 4096 /*配置交换机S3550-B
在instance 2（实例2）中的优先级为4096，默认是32768，值越小越优先成为该region（域）
中的root switch*/
S3550-B (config)# spanning-tree mst configuration /*进入MSTP配置模式*/
S3550-B (config-mst)# instance 1 vlan 1,10/*配置实例1并关联Vlan 1和10*/
S3550-B (config-mst)# instance 2 vlan 20,40/*配置实例2并关联Vlan 20和40*/
S3550-B (config-mst)# name region1 /*配置域名为region1*/
S3550-B (config-mst)# revision 1 /*配置版本（修订号）*/
```

（2）验证测试：验证 MSTP 配置。

```
S3550-B# show spanning-tree
Multi spanning tree protocol : Enabled
Name : region1
Revision : 1
Instance Vlans Mapped
-------- --------------------------------------------------
0 2-9,11-19,21-39,41-4094
1 1,10
2 20,40
```

5. 验证交换机配置

```
S3550-A# show spanning-tree mst 1 /*显示交换机S3550-A上实例1的特性*/
###### MST 1 vlans mapped : 1,10
BridgeAddr : 00d0.f8ff.4e3f /*交换机S3550-A的MAC地址*/
```

```
Priority : 4096  /*优先级*/
TimeSinceTopologyChange : 0d:7h:21m:17s
TopologyChanges : 0
DesignatedRoot : 100100D0F8FF4E3F/*后12位是MAC地址,此处显示是S3550-A
自身的MAC,这说明S3550-A是实例1 (instance 1)的生成树的根交换机*/
RootCost : 0
RootPort : 0
S3550-B#show spanning-tree mst 2  /*显示交换机S3550-B上实例2的特性*/
###### MST 2 vlans mapped : 20,40
BridgeAddr : 00d0.f8fe.1e49
Priority : 32768
TimeSinceTopologyChange : 7d:3h:19m:31s
TopologyChanges : 0
DesignatedRoot : 100200D0F8FF4662 /*实例2 的生成树的根交换机是S3550-B*/
RootCost : 200000
RootPort : Fa0/24  /*对实例2而言,S2126-A的根端口是Fa0/24*/
```

类似可以验证其他交换机上的配置。

【检测结果及说明】

（1）分别在 PC1、PC2、PC3、PC4 上互 ping，测试连通性。

（2）分别在 4 台交换机上用 show spanning-tree 及 show vlan 命令，记录每个实例的根交换机、优先级及其他参数。

【注意事项】

（1）一定要选择 Spanning-tree 的模式。

（2）要使各个交换机的 Instance 映射关系保持一致，否则将导致交换机间的链路被错误阻塞。

（3）通过配置优先级，有目的地选择性能较高的交换机作为根交换机，避免使用性能差的交换机作为根交换机而使整个网络性能下降。

（4）必须在配置完 MST 的参数后再打开生成树协议，否则可能出现 MST 工作异常。

（5）所有没有指定到 Instance 关联的 VLAN 都被归纳到 Instance 0，在实际工程中需要注意 Instance 0 的根桥指定。

（6）将整个 spanning-tree 恢复为默认状态用命令 spanning-tree reset。

（7）对规模很大的交换网络可以划分多个域（region），在每个域里可以创建多个 Instance（实例）。

（8）划分在同一个域里的各台交换机须配置相同的域名（Name）、相同的修订号（Revision Number）、相同的 Instance—VLAN 对应表。

（9）交换机可以支持 65 个 MSTP Instance，其中实例 0 是默认实例，是强制存在的，其他实例可以创建和删除。

10.5 三层冗余网关协议

在网络结构上，通过冗余链路技术，保证了园区网络级别的冗余，但对使用网络的终端用户来说，也需要一种机制来保证其与园区网络的可靠连接，当通过多条链路连接到不同的核心交换机时，实现了网关级设备的冗余。但对终端 PC 用户，只能指定一个默认网关。因此，采用虚拟网关冗余协议，对共享多存取访问介质（如以太网）上终端 IP 设备的默认网关（Default Gateway）进行冗余备份，从而在其中一台三层交换机宕机时，备份三层交换机能及时接管转发工作，向用户提供透明的切换，提高了网络服务质量。这就是三层网关级冗余技术。

HSRP 和 VRRP 是最常用的冗余网关协议，HSRP 是思科专有协议，VRRP 是由 IETF 提出的标准协议，都是由多个路由器共同组成一个组，虚拟出一个网关，其中的一台路由器处于活动状态，当它故障时由备份路由器接替它的工作，从而实现对用户透明的切换。

10.5.1　HSRP 协议

1. HSRP 协议概述

HSRP 是 Cisco 的专有协议。HSRP（Hot Standby Router Protocol）把多台路由器组成一个"热备份组"，形成一个虚拟路由器。这个组内只有一个路由器是活动的（Active），并由它来转发数据包，如果活动路由器发生了故障，备份路由器将成为活动路由器。从网络内的主机来看，虚拟路由器没有改变，即网关没有改变，主机仍然保持连接，不受故障影响，从而较好地解决了路由器备份切换的问题。

在实际的局域网中，可能有多个热备份组并存或重叠。每个热备份组模拟一台虚拟路由器工作，对应一个 Well-known-MAC 地址和一个 IP 地址。该 IP 地址、组内路由器的接口地址、主机在同一个子网内，不同的热备份组对应完全不同的 Well-known-MAC 地址和一个 IP 地址，其子网也不相同。把 HSRP 和 MSTP 合并一起使用，使得冗余的网关及链路同时工作，流量负载均衡，又能保证互为备份。

2. HSRP 工作过程

HSRP 协议利用优先级决定哪个路由器成为活动路由器。如果一个路由器的优先级比其他路由器的优先级高，则该路由器成为活动路由器。HSRP 路由器利用 HELLO 包来互相监听各自的存在。当路由器长时间没有接收到 HELLO 包，就认为活动路由器故障，备份路由器就会成为活动路由器。路由器的默认优先级是 100。一个组中，最多有一个活动路由器和一个备份路由器。

3. HSRP 路由器发送的多播消息

HSRP 路由器发送的多播消息有以下 3 种：

（1）HELLO：HELLO 消息通知其他路由器发送路由器的 HSRP 优先级和状态信息，HSRP 路由器默认为每 3 s 发送一个 HELLO 消息。

（2）Coup：当一个备用路由器变为一个活动路由器时发送一个 coup 消息。

（3）Resign：当活动路由器要宕机或者当有优先级更高的路由器发送 HELLO 消息时，主动发送一个 resign 消息。

4. HSRP 路由器的状态

（1）Initial：HSRP 启动时的状态，HSRP 还没有运行，一般是在改变配置或接口刚刚启动时进入该状态。

（2）Learn：路由器已经得到了虚拟 IP 地址，但是它既不是活动路由器也不是备份路由器。它一直监听从活动路由器和备份路由器发来的 HELLO 报文。

（3）Listen：路由器正在监听 HELLO 消息。

（4）Speak：在该状态下，路由器定期发送 HELLO 报文，并且积极参加活动路由器或备份路由器的竞选。

（5）Standby：当活动路由器失效时路由器准备接管数据传输功能。

（6）Active：路由器执行数据传输功能。

5. HSRP 的术语

（1）活动路由器：代表虚拟路由器转发数据包的路由器。

（2）备份路由器：第一备份路由器。

（3）备份组：参与到 HSRP 中，用以仿效虚拟路由器的一组路由器。

（4）Hellotime：一个给定路由器成功地发出两个 HSRP HELLO 消息包之间的间隔。

（5）Hold Time：假定发送路由器失败的情况下，收到两个 HELLO 消息包之间的间隔。

6. HSRP 的配置

```
R1(config)# interface f1/0
R1(config-if)# standby 100 ip 192.168.30.254
/*启用 HSRP.定义备份组号为 100，设置虚拟 IP 地址为 192.168.30.254。相同组号的路由器属于同一个 HSRP 备份组，拥有同一个虚拟地址*/
R1(config-if)#standby 100 priority 180
/*设定 HSRP 的优先级为 180。默认为 100，这个值越大，抢占为活动路由器的优先权就越高*/
R1(config-if)# standby 100  preempt
/*设置允许该路由器在优先级最高时成为活动路由器。如果没有此设置，值再高它也不会自动成为活动路由器*/
R1(config-if)# standby 100 timers 3  10
/*3 表示 HELLO Time，指路由器每间隔多长时间发送 HELLO 信息。10 为 holdtime，指在多长时间内同组其他路由器没有收到活动路由的信息，则认为活动路由出故障了。默认值就是 3 s 和 10 s。如果要更改，同一个 HSRP 备份组的路由器必须相同*/
R1(config-if)# standby 100 authentication  md5  key-string xxxx
/*配置认证密码为 xxxx，阻止非法设备加入到 HSRP 备份组中来，同组的密码必须一致*/
R1(config-if)# standby 100 track  s0/0  80
/*配置跟踪端口 S0/0，如果该接口出现故障，自动将优先权降低为 80。降低的值应该选合适的值，使其他路由器能成为 Active 状态*/
```

10.5.2 VRRP 协议

虚拟路由冗余协议（Virtual Router Redundancy Protocol，VRRP）是由 IETF 提出的冗余网关协议。VRRP 的工作原理和 HSRP 非常类似，只不过 VRRP 是国际的标准，允许在不同厂商的设备之间运行。

1. VRRP 的术语

在 VRRP 协议中，有两组重要的概念：VRRP 路由器和虚拟路由器，主控路由器和备份路由器。

VRRP 路由器是指运行 VRRP 的路由器，是物理实体；虚拟路由器是由 VRRP 协议创建的，是逻辑概念。一组 VRRP 路由器协同工作，共同构成一台虚拟路由器。该虚拟路由器对外表现为一个具有唯一固定 IP 地址和 MAC 地址的逻辑路由器。

处于同一个 VRRP 组中的路由器具有两种互斥的角色：主控路由器和备份路由器。一个 VRRP 组中有且只有一台处于主控角色的路由器，可以有一个或者多个处于备份角色的路由器。

一个 VRRP 路由器有唯一的标识：VRID，范围为 0～255。该路由器对外表现为唯一的虚拟 MAC 地址，地址的格式为 00-00-5E-00-01-[VRID]。主控路由器负责对 ARP 请求用该 MAC 地址做应答。这样，无论如何切换，保证给终端设备的是唯一一致的 IP 和 MAC 地址，减少了切换对终端设备的影响。

为了保证 VRRP 协议的安全性，提供了两种安全认证措施：明文认证和 IP 头认证。明文认证方式要求：在加入一个 VRRP 路由器组时，必须同时提供相同的 VRID 和明文密码。明文认证方式适合于避免在局域网内的配置错误，但不能防止通过网络监听方式获得密码。IP 头认证的方式提供了更高的安全性，能够防止报文重放和修改等攻击。

2．VRRP 工作过程

（1）路由器开启 VRRP 功能后，会根据优先级确定自己在备份组中的角色。优先级高的路由器成为主控路由器，优先级低的成为备用路由器。主控路由器定期发送 VRRP 通告报文，通知备份组内的其他路由器自己工作正常；备用路由器则启动定时器等待通告报文的到来。

（2）VRRP 在不同的主控抢占方式下，主控角色的替换方式不同：在抢占方式下，当主控路由器收到 VRRP 通告报文后，会将自己的优先级与通告报文中的优先级进行比较。如果大于通告报文中的优先级，则成为主控路由器；否则将保持备用状态。在非抢占方式下，只要主控路由器没有出现故障，备份组中的路由器始终保持主控或备用状态，备份组中的路由器即使随后被配置了更高的优先级也不会成为主控路由器。

（3）如果备用路由器的定时器超时后仍未收到主控路由器发送来的 VRRP 通告报文，则认为主控路由器已经无法正常工作，此时备用路由器会认为自己是主控路由器，并对外发送 VRRP 通告报文。备份组内的路由器根据优先级选举出主控路由器，承担报文的转发功能。

VRRP 协议中优先级范围是 0～255。若 VRRP 路由器的 IP 地址和虚拟路由器的接口 IP 地址相同，则称该虚拟路由器作 VRRP 组中的 IP 地址所有者；IP 地址所有者自动具有最高优先级 255。优先级 0 一般用在 IP 地址所有者主动放弃主控者角色时使用。可配置的优先级范围为 1～254。优先级的配置原则可以依据链路的速度和成本、路由器性能和可靠性以及其他管理策略设定。对于相同优先级的候选路由器，按照 IP 地址大小顺序选举。

3．VRRP 控制报文

VRRP 控制报文只有一种：VRRP 通告（Advertisement）。它使用 IP 多播数据包进行封装,组地址为 224.0.0.18,发布范围只限于同一局域网内。这保证了 VRID 在不同网络中可以重复使用。为了减少网络带宽消耗只有主控路由器才可以周期性的发送 VRRP 通告报文。备份路由器在连续 3 个通告间隔内收不到 VRRP 或收到优先级为 0 的通告后启动新的一轮 VRRP 选举。

4. VRRP 接口状态

VRRP 中虚拟网关的地址可以和接口上的地址相同,VRRP 中接口只有 3 个状态：初始状态（Initialize）、主状态（Master）、备份状态（Backup）。

5. VRRP 的配置

```
R1(config)# interface f1/0
R1(config-if)# vrrp 200 ip 192.168.30.254
/*设置VRRP组号200及虚拟地址192.168.30.254*/
R1(config-if)# vrrp 200 priority 120
/*配置VRRP的优先级为120*/
R1(config-if)# vrrp 200 preempt
/*设置允许该路由器优先权最高时自动成为活动路由,如果不设置,优先权再高也不会自动成为Active*/
R1(config-if)# vrrp 200 authentication md5 key-string xxxx
/*设置认证密码为xxxx*/
R1(config-if)# vrrp 200 track s0/0 decrement 30
/*跟踪接口后,如该接口产生故障,自动把优先权降低30。以使其他路由器能成为Active*/
```

10.5.3 单 VLAN 的 VRRP 应用

【实验目的】

（1）掌握 VRRP 的基本配置。

（2）了解 VRRP 的调试。

【实验拓扑】

VRRP 配置如图 10-11 所示。

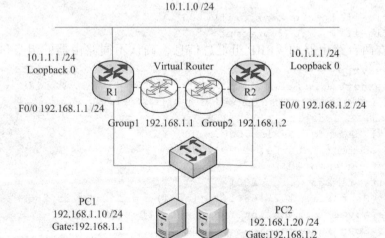

图 10-11　VRRP 配置

【实验配置】

按照图 10-11 所示拓扑结构，使网络互通。

（1）在 PC1 和 PC2 上使用 ping 和 tracert 命令，确认网络是否可达。

（2）将 R1 路由器的 FA0/0 接口置为 down 状态。

（3）再次在 R1 和 R2 上使用 ping 和 tracert 命令测试。

虽然有两台路由器都可以到达目标网络，但是默认情况下，并没有充分利用冗余设备，因此当网络单点出错时，必然会引起部分用户无法访问网络。为了解决这一问题，在 R1 和 R2 上配置 VRRP 协议。

在 R1 上配置如下：

```
R1(config)# interface fastEthernet 0/0
/*以下配置 VRRP 组 1，其虚拟地址为 192.168.1.1，并且设定其优先级为 200。同时开启抢占特性*/
R1(config-if)# vrrp 1 ip 192.168.1.1
R1(config-if)# vrrp 1 priority 200
R1(config-if)# vrrp 1 preempt
/*以下为 R1 配置 VRRP 组 2，其虚拟 IP 地址为 192.168.1.2，优先级为 100，开启抢占特性*/
R1(config-if)# vrrp 2 ip 192.168.1.2
R1(config-if)# vrrp 2 priority 100
R1(config-if)# vrrp 2 preempt
```

在 R2 上配置如下：

```
R2(config)# interface fastEthernet 0/0
R2(config-if)# vrrp 1 ip 192.168.1.1
R2(config-if)# vrrp 1 priority 100
/*由于 R2 的路由器的 VRRP 组 1 的优先级为 100，因此，R1 会作为 VRRP 组 1 的 MASTER 路由器*/
R2(config-if)# vrrp 1 preempt
R2(config-if)# vrrp 2 ip 192.168.1.2
/*由于 R2 的 VRRP 组 2 拥有较高的优先级 200，因此 R2 会作为 VRRP 组 2 的 MASTER 路由器*/
R2(config-if)# vrrp 2 priority 200
R2(config-if)# vrrp 2 preempt
```

通过查看两台路由器的 VRRP 组汇总信息，确认不同路由器的组身份：

```
R1# show vrrp
FastEthernet0/0 - Group 1
  State is Master   /*MASTER 路由器负责组的路由*/
  Virtual IP address is 192.168.1.1
  Virtual MAC address is 0000.5e00.0101
  Advertisement interval is 1.000 sec
  Preemption enabled
  Priority is 255 (cfgd 200)
  Master Router is 192.168.1.1 (local), priority is 255
  Master Advertisement interval is 1.000 sec
  Master Down interval is 3.003 sec

FastEthernet0/0 - Group 2
  State is Backup
```

第10章 生成树协议与冗余网关协议

```
    Virtual IP address is 192.168.1.2
    Virtual MAC address is 0000.5e00.0102
    Advertisement interval is 1.000 sec
    Preemption enabled
    Priority is 100
    Master Router is 192.168.1.2, priority is 255
    Master Advertisement interval is 1.000 sec
    Master Down interval is 3.609 sec (expires in 3.349 sec)
R2# show vrrp
FastEthernet0/0 - Group 1
    State is Backup
    Virtual IP address is 192.168.1.1
    Virtual MAC address is 0000.5e00.0101
    Advertisement interval is 1.000 sec
    Preemption enabled
    Priority is 100
    Master Router is 192.168.1.1, priority is 255
    Master Advertisement interval is 1.000 sec
    Master Down interval is 3.609 sec (expires in 2.773 sec)
FastEthernet0/0 - Group 2
    State is Master         /*R2路由器负责组2的路由*/
    Virtual IP address is 192.168.1.2
    Virtual MAC address is 0000.5e00.0102
    Advertisement interval is 1.000 sec
    Preemption enabled
    Priority is 255 (cfgd 200)
    Master Router is 192.168.1.2 (local), priority is 255
    Master Advertisement interval is 1.000 sec
    Master Down interval is 3.003 sec
```

再次把R1路由器的Fa0/0接口置为DOWN状态,两台路由器将会出现如下信息:

```
R1(config)# interface fastEthernet 0/0
R1(config-if)# shutdown
/*R1路由器进入Init状态,并且丢失MASTER身份*/
    *Jul  8 21:49:59.131: %VRRP-6-STATECHANGE: Fa0/0 Grp 1 state Master -> Init
    *Jul  8 21:49:59.135: %VRRP-6-STATECHANGE: Fa0/0 Grp 2 state Backup -> Init
R2#
/*R2路由器的FA0/0接口进入MASTER状态,表明,此时R2路由器已经发现R1路由出错。并且接替R1路由器的组1的路由工作*/
    *Jul  8 21:50:03.191: %VRRP-6-STATECHANGE: Fa0/0 Grp 1 state Backup -> Master
R2#
```

再次在PC1和PC2上使用ping和tracert确认。

由于在网络中启用了两个不同的VRRP组,所以最大限度上确保了网络冗余。同时为了更好地观察VRRP的工作过程,建议在R1和R2路由器上使用扩展的Ping命令持续向目标网络发送数据包。同时在R1和R2路由器使用如下命令进行调试:

```
    debug vrrp events
    debug vrrp packets
```

10.5.4 多 VLAN 的 VRRP 应用

在实际的工程项目中，绝大多数情况都是处于多 VLAN 的环境。在多 VLAN 的情况下，如果使用 S3550-1 作为主网关，S3550-2 仅仅用做冗余，将是对网络资源的一种极大浪费。多 VLAN 中的 VRRP 路由器负载分担模式本质上是单 VLAN 中 VRRP 应用模型的拓展。如图 10-12 所示，可针对不同的 VLAN，建立相应的 VRRP 组，通过优先级调整来使得路由器在多个 VLAN 中充当不同的角色，这样可以让流量均匀分布到链路和设备上，从而实现冗余和流量分担的目的。这种应用思想和 MST 的多 VLAN 流量分担相似，也是基于 VLAN 实现逻辑拓扑的划分。

在多 VLAN 环境下，实现 VRRP 路由器负载分担的基本配置如下：

（1）S3550-1 的配置。

```
S3550-1(config)# interface Vlan 10       /*进入S3550-1 VLAN10的SVI接口*/
S3550-1(config-if)# ip add 10.0.0.2 255.255.255.0      /*设置 IP 地址为 10.0.0.2*/
S3550-1(config-if)# standby 1 ip 10.0.0.1/*将S3550-1的VLAN 10接口放入VRRP组1，并设置组1的虚拟IP为10.0.0.1*/
S3550-1(config-if)# standby 1 priority 101       /*调整S3550-1在VRRP组1中的优先级，使得其成为VRRP组1的主网关，默认值为100*/
S3550-1(config)# interface Vlan 20       /*进入S3550-1 VLAN 20的SVI接口*/
S3550-1(config-if)# ip add 10.0.1.2 255.255.255.0       /*设置 IP 地址为 10.0.0.2*/
S3550-1(config-if)# standby 2 ip 10.0.1.1/*将S3550-1的VLAN 20接口放入VRRP组2，并设置组2的虚拟IP为10.0.1.1*/
```

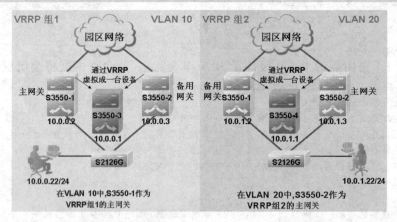

图 10-12 多 VLAN 环境下的 VRRP 应用

（2）S3550-2 的配置。

```
S3550-2(config)# interface Vlan 10 /*进入S3550-2在VLAN 10的SVI接口*/
S3550-2(config-if)# ip add 10.0.0.3 255.255.255.0       /*设置 IP 地址为 10.0.0.3*/
S3550-2(config-if)# standby 1 ip 10.0.0.1/*将S3550-2的VLAN 10接口放入VRRP组1，并设置组1的虚拟IP为10.0.0.1*/
S3550-2(config)# interface Vlan 20 /*进入S3550-2在VLAN 20的SVI接口*/
S3550-2(config-if) #ip add 10.0.1.2 255.255.255.0       /*设置 IP 地址为 10.0.1.2*/
```

```
S3550-2(config-if)# standby 2 ip 10.0.1.1/*将 S3550-2 的 VLAN 20 接口放
入 VRRP 组 2，并设置组 2 的虚拟 IP 为 10.0.1.1*/
S3550-2(config-if)# standby 2 priority 101
/*调整 S3550-2 在 VRRP 组 2 中的优先级，使得其成为 VRRP 组 2 的主网关，默认值为 100*/
```

经过以上配置后，最终在 VLAN 10 中建立 VRRP 组 1，S3550-1 当选为主网关，S3550-2 成为备用网关，而在 VLAN 20 中建立 VRRP 组 2，S3550-2 当选为主网关，S3550-1 成为备用网关。

10.5.5 冗余技术的综合使用案例 MSTP+VRRP

由于每种冗余技术都工作在特定的层面上，所以在实际网络应用中需要多种冗余技术结合起来才能保证网络的可靠性。这里同时使用 MSTP 和 VRRP 技术来实现基于 VLAN 的链路冗余和网关冗余。

如图 10-13 所示，这是一个大型园区网络的某个汇聚结点的拓扑图，共有两个 VLAN：VLAN 10 和 VLAN 20，在接入层交换机 S2126G 到汇聚层交换机 S3550 中，使用了双核心 S3550-1、S3550-2 的双链路备份。其目的是提高安全性和合理的流量分担。为了实现这个目标，必须把 MSTP 和 VRRP 结合起来使用，如图 10-14 所示。

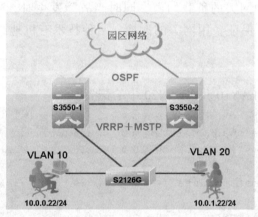

图 10-13 冗余技术的综合应用

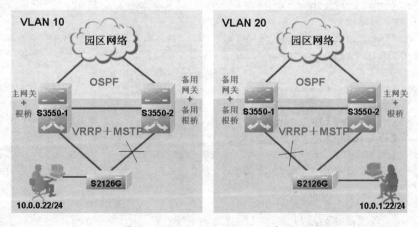

图 10-14 VRRP+MSTP 示意图

在这个案例中，通过调整桥优先级选出各个 VLAN 的根桥，再调整 VRRP 的优先级使得这台根桥同时成为对应 VRRP 组的主网关（要注意在一个 VLAN 中根桥的位置和 VRRP 主网关的位置必须保持一致，否则会造成网络故障）。主要步骤如下：

（1）建立 VLAN 10 到 Instance 10、VLAN 20 到 Instance 20 的映射。

（2）改变 S3550-1 在 VLAN 10 中的桥优先级为 4096，保证其在 VLAN 10 的逻辑拓扑中被选举为根桥。同时，在 VLAN 20 中的桥优先级为 8192，保证其在 VLAN 20 的逻辑拓扑中的备用根桥位置。

（3）将 S3550-1 的 VLAN 10 接口放入 VRRP 组 1，并设置组 1 的虚拟 IP 为 10.0.0.1；调整 S3550-1 在 VRRP 组 1 中的优先级，使其成为 VRRP 组 1 的主网关；将 S3550-1 的 VLAN 20 接口放入 VRRP 组 2，并设置组 2 的虚拟 IP 为 10.0.1.1，使其成为 VRRP 组 2 的备用网关。

（4）同理，保证 S3550-2 在 VLAN 20 中成为根桥、VRRP 组 2 的主网关，在 VLAN 10 中成为备用根桥、VRRP 组 1 的备用网关。

正常情况下，两个 VLAN 用户的数据流量分别通过不同的上行链路和网关进入园区网络，实现了链路和网关的负载均衡。同时当故障发生时，MSTP 保障二层冗余链路切换功能，而 VRRP 保证备用网关的倒换，两种技术有机地结合，实现了网络的冗余备份。

具体配置如下：

（1）S3550-1 在 VLAN10 和 VLAN20 中的配置。

```
    S3550-1(config)# spanning-tree mode mst    /*选择生成树模式为MST*/
    S3550-1(config)# spanning-tree mst configuration  /*进入MST配置模式*/
    S3550-1(config-mst)# instance 10 vlan 10   /*将VLAN10 映射到 Instance 10*/
    S3550-1(config-mst)# instance 20 vlan 20   /*将VLAN20 映射到 Instance 20*/
    S3550-1(config)# spanning-tree mst 10 priority 4096   /*将S3550-1设置成Vlan 10 的根桥*/
    S3550-1(config)# spanning-tree mst 20 priority 8192   /*将S3550-1设置成Vlan 20 的备用根桥*/
    S3550-1(config)# interface Vlan 10      /*进入S3550-1 VLAN10 的SVI接口*/
    S3550-1(config-if)# ip add 10.0.0.2 255.255.255.0     /*设置 IP 地址为 10.0.0.2*/
    S3550-1(config-if)# standby 1 ip 10.0.0.1 /*将 S3550-1 的 VLAN 10 接口放入VRRP 组 1，并设置组 1 的虚拟 IP 为 10.0.0.1*/
    S3550-1(config-if)# standby 1 priority 101    /*调整S3550-1在VRRP组1中的优先级，使得其成为VRRP组1的主网关*/
    S3550-1(config)# interface Vlan 20 /*进入S3550-1 VLAN 20 的SVI接口*/
    S3550-1(config-if)# ip add 10.0.1.2 255.255.255.0     /*设置 IP 地址为 10.0.0.2*/
    S3550-1(config-if)# standby 2 ip 10.0.1.1 /*将 S3550-1 的 VLAN 20 接口放入VRRP 组 2，并设置组 2 的虚拟 IP 为 10.0.1.1*/
    S3550-1 (config)# spanning-tree     /*开启生成树*/
```

第10章 生成树协议与冗余网关协议

（2）S3550-2 在 VLAN 10 和 VLAN 20 中的配置。

```
S3550-2(config)# spanning-tree mode mst      /*选择生成树模式为MST*/
S3550-2(config)# spanning-tree mst configuration  /*进入MST配置模式*/
S3550-2(config-mst)# instance 10 vlan 10     /*将 VLAN 10 映射到 Instance 10*/
S3550-2(config-mst)# instance 20 vlan 20     /*将 VLAN 20 映射到 Instance 20*/
S3550-2(config)# spanning-tree mst 20 priority 4096  /*将S3550-2设置为Vlan 20 的根桥*/
S3550-2(config)# spanning-tree mst 10 priority 8192  /*将S3550-2设置为Vlan 10 的备用根桥*/
S3550-2(config)# spanning-tree           /*开启生成树*/
S3550-2(config)# interface Vlan 10  /*进入 S3550-2 在 VLAN 10 的 SVI 接口*/
S3550-2(config-if)# ip add 10.0.0.3 255.255.255.0   /*设置 IP 地址为 10.0.0.3*/
S3550-2(config-if)# standby 1 ip 10.0.0.1/*将 S3550-2 的 VLAN 10 接口放入VRRP组1，并设置组1的虚拟IP为10.0.0.1*/
S3550-2(config)# interface Vlan 20  /*进入 S3550-2 在 VLAN 20 的 SVI 接口*/
S3550-2(config-if)# ip add 10.0.1.2 255.255.255.0   /*设置 IP 地址为 10.0.1.2*/
S3550-2(config-if)# standby 2 ip 10.0.1.1/*将 S3550-2 的 VLAN 20 接口放入VRRP组2，并设置组2的虚拟IP为10.0.1.1*/
S3550-2(config-if)# standby 2 priority 101   /*调整S3550-2在VRRP组2中的优先级，使得其成为VRRP组2的主网关*/
```

课后练习及实验

1. 选择题

（1）使用全局配置命令 spanning-tree vlan vlan-id root primary 可以改变网桥的优先级。使用该命令后，一般情况下网桥的优先级为（　　）。

　　A. 0　　　　　　　　　　　　　　B. 比最低的网桥优先级小 1
　　C. 32 767　　　　　　　　　　　　D. 32 768

（2）IEEE 制定实现 STP 使用的是下列哪个标准？（　　）

　　A. IEEE 802.1W　　　　　　　　　B. IEEE 802.3AD
　　C. IEEE 802.1D　　　　　　　　　D. IEEE 802.1X

（3）下列哪个属于 RSTP 稳定下的端口？（　　）

　　A. Blocking　　B. Disable　　C. Listening　　D. backup

（4）如果交换机的端口在 STP 状态，下列（　　）状态下，该端口接收发送 BPDU 报文，但是不能接收发送数据也不进行地址学习。

　　A. Blocking　　B. Disable　　C. Listening　　D. backup

（5）Spanning Tree Protocol 通过（　　）交换交换机之间的信息。

　　A. PDU　　　　B. BPDU　　　　C. Frame　　　　D. Segment

（6）下列不属于生成树协议目前常见的版本有（　　）。

　　A. STP 生成树协议（IEEE 802.1D）

B. RSTP 快速生成树协议（IEEE 802.1W）

C. MSTP 多生成树协议（IEEE 802.1S）

D. VSTP 超生成树协议（IEEE 802.1K）

（7）当二层交换网络中出现冗余路径时，用什么方法可以阻止环路的产生，提高网络的可靠性？（　　）

  A. 生成树协议 B. 水平分割 C. 毒性逆转 D. 最短路径树

（8）在生成树协议（STP）中，收敛是指（　　）。

  A. 所有端口都转换到阻塞状态

  B. 所有端口都转换到转发状态

  C. 所有端口都处于转发状态或侦听状态

  D. 所有端口都处于转发状态或阻塞状态

（9）在运行 RSTP 的网络中，在拓扑变化期间，交换机的非根口非指定口将立即进入（　　）状态。

  A. Forwarding B. Learning C. Listening D. Discarding

（10）Which three statements about RSTP are true?(choose three)

  A. RSTP significantly reduces topology reconverting time after a link failure.

  B. RSTP expends the STP port roles by adding the alternate and backup roles.

  C. RSTP port states are blocking, discarding, learning, or forwarding.

  D. RSTP also uses the STP proposal-agreement sequence.

  E. RSTP use the same timer-based process as STP on point-to-point links.

  F. RSTP provides a faster transition to the forwarding state on point-to-point links than STP does.

2. 问答题

（1）RSTP 和 STP 各有几种端口状态？

（2）简述生成树协议中最短路径的选择过程。

（3）简述 STP、RSTP、MSTP 三种生成树协议的主要不同之处。

（4）上网查询 RSTP 协议的详细信息，了解其端口的种类，有哪些状态，以及是如何工作的。

（5）上网查询 MSTP 的工作过程。

3. 实验题

按图 10-15 搭建网络拓扑，配置各个交换机的接口，启动 MSTP 生成树协议和 VRRP 冗余网关协议（在锐捷交换机上），或启动 PVST 生成树协议和 HSRP 冗余网关协议（在 Packet Tracer 上）。

（1）连通网络，查看各个设备中的 spanning-tree 状态、网关信息、网络路径。

（2）切断部分链路（如二层交换机 A 与三层交换机 D 的链路，二层交换机 B 与三层交换机 D 的链路），再查看各个设备中的 spanning-tree 状态、网关信息、网络路径等。

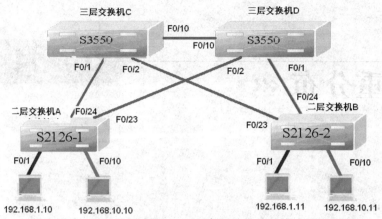

图 10-15　生成树协议和冗余网关协议综合实验

第 11 章

路由重分布

本章导读：
本章重点介绍路由重分布的基本概念，详细介绍与重分布相关的命令，并给出在多路由协议中使用重分布时如何选择最佳路径，最后用一个综合实例，介绍静态路由、RIP、OSPF、EIGRP 之间的路由重分布配置过程。

学习目标：
- 掌握路由重分布的应用。
- 掌握重分布常用命令。
- 掌握常用的几个路由协议之间的重分布配置方法。

11.1 路由重分布概述

11.1.1 路由重分布的基本概念

路由重分布的使用背景是：①在整个 IP 网络中，不同自治系统所选择的动态路由协议可能不同，因而存在多协议并存的情况；②多厂商环境中支持的协议不同，也需要相互支持路由重分布。

为了在同一个网络中有效地支持多种路由协议，必须在不同的路由协议之间共享路由信息。在不同的路由协议之间交换路由信息的过程称为路由重分布，它将一种路由选择协议获悉的路由信息告知给另一种路由选择协议。

路由重分布既可以单向也可以双向，通常只有自治域边界路由器才能实现路由重分布。路由重分布只能在同一种三层协议的路由选择进程之间进行，TCP/IP 协议栈中的协议，如 OSPF、RIP、EIGRP 等之间可以重分布；而 AppleTalk、IPX、TCP/IP 协议栈的不同路由选择协议之间不能相互重分布路由。

路由重分布非常复杂，不同协议各有特点。如果需要在多个路由器间重分布，会出现一些潜在的问题。

（1）路由回环：根据重分布的使用方法，路由器有可能将它从一个自治域系统（AS）收到的路由信息发回到这个 AS 中，这种回馈与距离矢量路由协议的水平分割问题类似。

（2）管理距离不同：如果路由器使用管理距离来确定哪条是最佳路由，会造成某些次优路径。

（3）路由信息不兼容：不同的路由协议使用不同的度量标准，这些度量值可能无法正确引入不同的路由协议中来，因此使用重分布产生的路由可能不是最优的。

（4）收敛时间不一致：不同的路由协议收敛时间不同，如 RIP 比 EIGRP 收敛慢，因此如果一条链路 DOWN 掉，EIGRP 网络将比 RIP 网络更早得知这一信息。

配置路由重分布应该注意以下几个方面：

（1）不要重叠使用路由协议：不要在同一个网络里使用两个不同的路由协议，如果要使用不同路由协议，则在网络之间必须有明显的边界。

（2）有多个边界路由器的情况下使用单项重分布：如果有多于一台路由器作为重分布点，使用单向重分布可以避免回环和收敛问题，并在不需要接收外部路由的路由器上使用默认路由。

（3）在单边界的情况下使用双向重分布：当一个网络中只有一个边界路由器时，双向重分布工作很稳定。如果没有任何机制来防止路由回环，不要在一个多边界的网络中使用双向重分布。综合使用默认路由、路由过滤及修改管理距离，可以防止路由回环。

11.1.2　路由重分布的命令

重分布命令的格式为：

```
router(config-router)# redistribute protocol [protocol-id] { level-1 |
level-2 | level-1-2 }
 [metric metric-value] [metric-type type-value]
 [match ( internal | external 1 | external 2 ) ]
 [tag Tag-value] [route-map map-tag] [weight weight ] [subnets]
```

其中：

（1）protocol 变量标识源路由协议。源于该路由协议的路由是那些将被翻译成另一种协议的路由，protocol 变量的可用值有 bgp、eigrp、igrp、isis、ospf、static[ip]、connected、rip。其中 static [ip]用于重分发 IP 静态路由给 isis，Connected 表示 OSPF 和 IS-IS 重分发这些路由作为到达 AS 的外部路由。

（2）protocol-id 是 AS 的号码，level-1、level-2、level-1-2 仅用于 IS-IS。

（3）可选项 metric 后面跟着 metric-value，以指定度量值，redistribute 命令使用的 metric metric-value 变量值优先于 default-metric 后面的默认度量值。

（4）可选项 metric-type type-value，当该关键字用于 OSPF 时，其变量默认为一个 type 2 外部路由，并作为公布到 OSPF AS 中的默认路由。使用数值 1 表明默认路由是一个 type 1 外部路由。

（5）可选关键字 match 和其参数 internal、external 1、external 2 专用于重分布到其他路由协议的 OSPF 路由。internal 表示路由是 AS 的内部路由。external 1 表示路由是 type 1 外部路由，external 2 表示路由是 type 2 外部路由。

（6）可选项 tag Tag-value 将一个 32 位的小数值赋给外部路由。Tag-value 不能用于 OSPF 路由协议但是可以供 ASBR 使用。如果 tag 标记没有定义，当重分布 BGP 路由时，所使用的默认标记是来自 BGP 路由的远程 AS 号码。其他路由协议的默认标记为 0。

（7）route-map map-tag 将过滤器用于源路由协议导入的路由。不指定 route-map，则允许所有的路由被重分布。

（8）weight weight 给被重分布到 BGP 中的路由指定一个 0～65 535 的整数。BGP 使用 weight 值确定多条路径中的最佳路径。

（9）subnets 用于重分布路由到 OSPF，启用粒度重分发或者汇总重分布。

例如：

```
router rip
  redistribute ospf 19 metric 10
router ospf 19
  redistribute rip metric 200 subnets
```

表示由 OSPF 派生的路由被重分发到 RIP 路由中，并且具有值为 10 的跳数。由 RIP 派生的路由被重分布到 OSPF 路由作为 type 2 的外部路由，并给定一个 OSPF 代价为 200。

11.1.3　在多路由协议中选择最佳路径

多路由协议的使用会产生两个或多个到达目的的不同路径，如何确定到达目的地的最佳路径，必须基于管理距离（Administrative Distance）和默认度量（Default Metric）。

重分布的关键是协调管理距离和度量值，每一个路由选择协议都按管理距离及度量方案来定义最优路径。管理距离被看作一个可信度测度，管理距离越小，协议的可信度越高。不同协议，其度量值不同：RIP 的度量是跳数，OSPF 的度量是带宽，EIGRP 的度量是带宽和延时等。因此，被重分布路由协议必须能够将这些路由协议与自己的度量关联起来，让执行路由重新分布的路由器给被重分布的路由指定度量值。

1. 使用 distance 命令改变可信路由

常用的路由协议管理距离分别是：静态为 1，BGP 为 20，EIGRP 为 90，OSPF 为 110，RIP 为 120。如果一个运行 RIP 和 EIGRP 的路由器为 172.16.0.0 网络接收来自这两个路由协议的一个路由信息，EIGRP 路由是最可信的。因此，该路由被放在路由表中。

当需要改变可信路由时，可以通过改变管理距离完成。如当从 RIP 迁移到 EIGRP 时，可以设置 EIGRP 路由为一个比默认 RIP 更高的管理距离，或者将 RIP 设置为一个比默认 EIGRP 更低的管理距离。这使得两个路由协议可以创建各自的路由表，并且提供一个关于哪个路由协议提供了最佳路径的参考。

可以使用 distance 路由器配置命令来改变一个路由协议的管理距离。distance 命令格式如下：

```
distance weight [ address mask [ access-list-number | name] ] [ ip]
```

其中，weight 变量是实际的管理距离，范围为 10～255。可选项 address 和 mask 变量指匹配的网络。access-list-number 或 name 是指定入站路由更新报文的访问列表编号或者一个标准 IP 访问列表的名称。可选的 ip 关键字用于 IS-IS 路由协议，这使得路由表能够为 IS-IS 创建 IP 派生路由。

例如：

```
router EIGRP 10                    /*启动 EIGRP*/
network 192.168.1.0                /*宣告直连网络 192.168.1.0*/
```

```
network 172.16.0.0                    /*宣告直连网络172.16.0.0*/
distance 255
/*对已接收的路由,没有显式设置路由更新报文的管理距离时,所有的路由都被忽略*/
distance 90 192.168.31.0 0.0.0.255
/*由192.168.31.0/24网络更新的报文其管理距离为 90 */
distance 120 172.28.0.0 0.0.255.255
/*由172.28.0.0/16网络更新的报文其管理距离为120*/
```

2. 使用 default-metric 命令修改默认度量值

种子度量值（Seed Metric）在路由重分布中定义，它是一条从外部重分布进来的路由的初始度量值。路由协议默认的种子度量值如表 11-1 所示。

表 11-1 默认的种子度量值

路由协议	默认种子度量	解 释
RIP	无限大	当 RIP 路由被重分布到其他路由协议中时，其度量值默认为 16，因而需要为其指定一个度量值
EIGRP	无限大	当 EIGRP 路由被重分布到其他路由协议中时，其度量值默认为 225，因而需要为其指定一个度量值
OSPF	BGP 为 1，其他 20	当 OSPF 路由被重分布到 BGP（边界网关路由协议）时，其度量值为 1；被重分布到其他路由协议中时，其度量值默认为 20。可根据需要为其指定一个度量值
IS-IS	0	当 IS-IS 路由被重分布到其他路由协议中时，其度量值默认为 0
BGP	IGP 的度量值	当 BGP 路由被重分布到其他路由协议中时，其度量值根据内部网关的度量值而定

使用 default-metric 命令可以修改默认度量值（种子度量值）。命令格式 1 为：

```
default-metric number
```

其中，number 变量值范围是 0 到任意正整数，设定重分布路由的默认度量值。
例如：

```
router rip
  default-metric 4
  redistribute ospf 100
router ospf 100
  default-metric 10
  redistribute rip
```

表示路由器上同时运行 RIP 及 OSPF，进行双向重分布。对 OSPF 路由重分布到 RIP 中时，给其默认度量值为 4（跳数），而对 RIP 的路由重分布到 OSPF 中时，给其默认度量值为 10（代价）。

IGRP 和 EIGRP 有 5 种度量值：带宽 bandwidth、延时 delay、可靠性 reliability、负载 loading、最大传输单元 mtu。因此 default-metric 命令格式 2 为：

```
default-metric bandwidth delay reliability loading mtu
```

按照顺序，命令中带宽以 kbit/s 为单位；延时以 10 μs 为单位，而实际的值则是 delay 变量值乘以 39.1 ns 的结果；可靠性取值范围是 0~255，值越大，路由越可靠，值 255 表明报文传输被认为具有 100% 的正确率，值 0 意味着该路由传输报文是完全不可靠的；负载表明路由上的有效带宽或百分比，取值范围是 0~255，值 255 表示路由上的带宽是饱和的或100%利用；MTU以字节为单位。

例如：
```
router eigrp 100
network 172.16.1.0
redistribute rip
default-metric 1000 50 255 50 1500
```

表示将RIP路由重分布到EIGRP路由中，并且使用的默认带宽度量值为1000，延迟为50，可靠性为255，负载为50，MTU为1500 B。

3. 使用distribute-list命令过滤被重分布的路由

对重分布的路由进行过滤操作，可使用distribute-list命令来完成。它有两种格式：一种为distribute-list in，另一种为distribute-list out。

格式1：
```
distribute-list {access-list-number | name} in [type number]
```
控制已接收的路由更新报文中哪个被翻译成路由协议进程，可以应用于除了IS-IS和OSPF之外的所有路由协议，它能有效地阻止路由环路的传播。access-list-number或name变量指定哪个网络可以被接收或者哪个可以在重分布之前被抑制。可选项type-number变量识别分布列表使用哪个路由器接口，若不使用该可选变量，则对所有接口。

例如：
```
router eigrp 10
  network 172.16.0.0
  distribute-list 1 in
access-list 1 permit 0.0.0.0
access-list 1 permit 172.16.0.0
access-list 1 deny 0.0.0.0 255.255.255.255
```

表示在EIGRP路由协议只允许默认网络0.0.0.0和172.16.0.0的网络，而其他任何入站路由更新报文不匹配此准则的网络都将被抑制。

格式2：
```
distribute-list {access-list-number | name} out [interface-name | routing-process | autonomous-system-number]
```
在OSPF向所有其他的路由协议进行重分布的过程中，需要使用过滤机制控制路由更新报文。可选项routing-process变量可以是bgp、eigrp、igrp、isis、ospf、static、connect、rip中任何一个关键字。

例如：
```
router eigrp 10
  network 10.0.0.0
  redistribute eigrp 110
  distribute-list 1 out eigrp 110
router eigrp 110
  network 192.168.31.0
  network 172.16.0.0
access-list 1 permit 192.168.31.0
```

distribute-list out命令用于只允许EIGRP AS 110的192.168.31.0网络被重分布到

编号为 10 的 EIGRP 中。

11.2 静态路由、RIP 或 OSPF、EIGRP 路由重分布举例

【网络拓扑】

网络拓扑如图 11-1 所示。

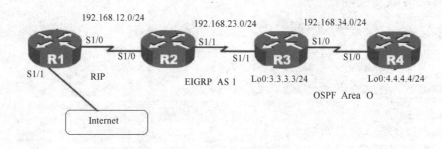

图 11-1 网络拓扑

【实验目的】
（1）种子度量值的配置。
（2）路由重分布参数的配置。
（3）静态路由重分布。
（4）RIP 和 EIGRP 的重分布。
（5）EIGRP 和 OSPF 的重分布。
（6）重分布路由的查看和调试。

【实验配置】
（1）基础配置。
首先显示 R1、R2、R3、R4 上的基本配置，包括路由协议。
① R1 上 show run。

```
interface Loopback0
ip address 1.1.1.1 255.255.255.0
interface Loopback1
ip address 202.121.241.8 255.255.255.0
interface Serial1/0
ip address 192.168.12.1 255.255.255.0
serial restart-delay 0
!
router rip
version 2
network 192.168.12.0
no auto-summary
ip classless
ip route 0.0.0.0 0.0.0.0 Loopback1
no ip http server
```

② R2 上 show run。

```
interface Loopback0
ip address 2.2.2.2 255.255.255.0
interface Serial1/0
ip address 192.168.12.2 255.255.255.0
serial restart-delay 0
interface Serial1/1
ip address 192.168.23.2 255.255.255.0
clock rate 64000
serial restart-delay 0
!
router eigrp 1
network 192.168.23.0
no auto-summary
!
router rip
version 2
network 192.168.12.0
no auto-summary
```

③ R3 上 show run。

```
interface Loopback0
ip address 3.3.3.3 255.255.255.0
interface Serial1/1
ip address 192.168.23.3 255.255.255.0
serial restart-delay 0
interface Serial1/0
ip address 192.168.34.3 255.255.255.0
clock rate 64000
serial restart-delay 0
!
router eigrp 1
network 3.3.3.0 0.0.0.255
network 192.168.23.0
no auto-summary
!
router ospf 1
router-id 3.3.3.3
log-adjacency-changes
network 192.168.34.0 0.0.0.255 area 0
```

④ R4 上 show run。

```
interface Loopback0
ip address 4.4.4.4 255.255.255.0
interface Serial1/0
ip address 192.168.34.4 255.255.255.0
serial restart-delay 0
!
router ospf 1
router-id 4.4.4.4
log-adjacency-changes
network 4.4.4.0 0.0.0.255 area 0
```

```
network 192.168.34.0 0.0.0.255 area 0
```
（2）测试连通性（局部连通）。

分别在 R1 与 R2，R2 与 R3，R3 与 R4 之间 ping，它们能通，但在 R1 与 R3 及 R4 之间不通（略）。

（3）显示各路由器上的路由表。

在每台路由器上显示路由表，以便佐证上述结论，并与路由重分布后的路由表进行比较（略）。

（4）开始重分布配置。

① 在 R1 上进行静态重分布。
```
router rip
redistribute static metric 3
```
② 在 R2 将 RIP 重分布到 EIGRP 中。
```
router eigrp 1
redistribute rip metric 1000 100 255 1 1500
```
③ 在 R2 将 EIGRP 重分布到 RIP 中。
```
router rip
redistribute eigrp 1
default-metric 4
```
④ 在 R3 将 OSPF 重分布到 EIGRP 中。
```
router eigrp 1
redistribute ospf 1 metric 1000 100 255 1 1500
distance eigrp 90 150
```
⑤ 在 R3 将 EIGRP 重分布到 OSPF 中。
```
router ospf 1
redistribute eigrp 1 metric 30 metric-type 1 subnets
/*命令中的 METRIC 部分为每一条被重新分布的路由分配了 OSPF 代价值 30。重分布使得
R2 成为 OSPF 域的 ASBR（自治系统边界路由器），并且被重分布的路由是作为外部路由进行通告
的。命令 METRIC-TYBE 部分给出了外部路由的类型为 E1。关键字 SUBNETS 仅当向 OSPF 重分
布路由时使用，它指明子网的字节将被重分布；若没有，仅重新分布主网地址*/
default-information originate always
```
注意：

① 在向 RIP 区域重分布路由的时候，必须指定度量值，或者通过 default-metric 命令设置默认种子度量值，因为 RIP 默认种子度量值为无穷大，只有重分布静态特殊，可以不指定种子度量值。

② EIGRP 的度量值相对复杂，所以在重分布的时候，需要分别指定带宽、延迟、可靠性、负载及 MTU 参数。

【测试结果】

（1）在 R1 上查看路由表，显示结果如图 11-2 所示。

以上输出表明路由器 R1 通过 RIPv2 学到从路由器 R2 重分布进 RIP 的路由条目。

（2）在 R2 上查看路由表，显示结果如图 11-3 所示。

```
Gateway of last resort is 0.0.0.0 to network 0.0.0.0

     1.0.0.0/24 is subnetted, 1 subnets
C       1.1.1.0 is directly connected, Loopback1
     3.0.0.0/24 is subnetted, 1 subnets
R       3.3.3.0 [120/3] via 192.168.12.2, 00:00:15, Serial1/0
     4.0.0.0/32 is subnetted, 1 subnets
R       4.4.4.4 [120/4] via 192.168.12.2, 00:01:40, Serial1/0
     172.16.0.0/24 is subnetted, 1 subnets
C       172.16.1.0 is directly connected, Serial1/1
C    192.168.12.0/24 is directly connected, Serial1/0
R    192.168.23.0/24 [120/3] via 192.168.12.2, 00:00:15, Serial1/0
R    192.168.34.0/24 [120/4] via 192.168.12.2, 00:01:40, Serial1/0
S*   0.0.0.0/0 is directly connected, Loopback1
R1#
```

图 11-2　R1 上路由表

```
Gateway of last resort is not set

     3.0.0.0/24 is subnetted, 1 subnets
D       3.3.3.0 [90/20640000] via 192.168.23.3, 00:05:28, Serial1/1
     4.0.0.0/32 is subnetted, 1 subnets
D EX    4.4.4.4 [170/20537600] via 192.168.23.3, 00:05:28, Serial1/1
C    192.168.12.0/24 is directly connected, Serial1/0
C    192.168.23.0/24 is directly connected, Serial1/0
D EX 192.168.34.0/24 [170/20537600] via 192.168.23.3, 00:05:28, Serial1/1
R*   0.0.0.0/0 [120/3] via 192.168.12.1, 00:01:36, Serial2/0
R2#
```

图 11-3　R2 上路由表

以上输出表明从路由器 R1 上重分布进 RIP 的默认路由被路由器 R2 学习到，路由代码为 R*；在路由器 R3 上重分布进来的 OSPF 路由也被路由器 R2 学习到，路由代码为"D EX"，这也说明 EIGRP 能够识别内部路由和外部路由。默认的时候，内部路由的管理距离是 90，外部路由的管理距离是 170

（3）在 R3 上查看路由表，显示结果如图 11-4 所示。

```
Gateway of last resort is 192.168.23.2 to network 0.0.0.0

     3.0.0.0/24 is subnetted, 1 subnets
C       3.3.3.0 is directly connected, Loopback0
     4.0.0.0/32 is subnetted, 1 subnets
O       4.4.4.4 [110/782] via 192.168.34.4, 00:28:16, Serial3/0
D EX 192.168.12.0/24 [150/20537600] via 192.168.23.2, 00:18:06, Serial2/0
C    192.168.23.0/24 is directly connected, Serial2/0
C    192.168.34.0/24 is directly connected, Serial3/0
D*EX 0.0.0.0/0 [150/205376000] via 192.168.23.2, 00:02:05, Serial2/0
```

图 11-4　R3 上路由表

以上输出表明，从路由器 R2 上重分布进 EIGRP 的默认路由被路由器 R3 学习到，路由代码为"D * EX"；同时，EIGRP 外部路由的管理距离被修改成 150。

（4）在 R4 上查看路由表，显示结果如图 11-5 所示。

```
Gateway of last resort is not set

     3.0.0.0/24 is subnetted, 1 subnets
O E1    3.3.3.0 [110/801] via 192.168.34.3, 00:05:52, Serial1/0
     4.0.0.0/24 is subnetted, 1 subnets
C       4.4.4.0 is directly connected, Loopback0
O E1 192.168.12.0/24 [110/801] via 192.168.34.3, 00:05:52, Serial1/0
O E1 192.168.23.0/24 [110/801] via 192.168.34.3, 00:05:52, Serial1/0
C    192.168.34.0/24 is directly connected, Serial1/0
R4#
```

图 11-5　R4 上路由表

（5）测试连通性（全部连通），略。

R4 能 ping 202.121.241.8（外网）。

显示路由协议：

`show ip protocals`

结果如图 11-6 所示。

```
R3#sh ip pro
Routing Protocol is "eigrp 100 "
  Outgoing update filter list for all interfaces is not set
  Incoming update filter list for all interfaces is not set
  Default networks flagged in outgoing updates
  Default networks accepted from incoming updates
  EIGRP metric weight K1=1, K2=0, K3=1, K4=0, K5=0
  EIGRP maximum hopcount 100
  EIGRP maximum metric variance 1
  Redistributing: eigrp 100, ospf 1
  Automatic network summarization is not in effect
  Maximum path: 4
  Routing for Networks:
     3.3.3.0/24
     192.168.23.0
  Routing Information Sources:
    Gateway         Distance       Last Update
    192.168.23.2       90            4728290
  Distance: internal 90 external 150


Routing Protocol is "ospf 1"
  Outgoing update filter list for all interfaces is not set
  Incoming update filter list for all interfaces is not set
  Router ID 3.3.3.3
  Redistributing External Routes from,

  Number of areas in this router is 1. 1 normal 0 stub 0 nssa
  Maximum path: 4
  Routing for Networks:
    192.168.34.0 0.0.0.255 area 0
  Routing Information Sources:
    Gateway         Distance       Last Update
    192.168.34.4      110           00:00:37
  Distance: (default is 110)

R3#
```

图 11-6　显示路由协议

以上输出表明路由器 R3 运行了 EIGRP 和 OSPF 两种路由协议，而且实现了双向重分布。

课后练习及实验

1. 问答题

（1）什么是路由重分布？

（2）BGP、EIGRP、IGRP、ISIS、OSPF、RIP 的管理距离及度量标准是什么？

（3）解释以下命令的含义。

```
① router ospf 1
redistribute eigrp 1 metric-type 1 subnets
default-metric 30
② router ospf1
redistribute eigrp 1 metric-type 1subnets
redistribute rip metric-type 1 subnets
default-metric 30
③ router eigrp 1
redistribute ospf 1 metric 1000 100 255 1 1500
/*或*/
redistribute ospf 1
default-metric 1000 100 252 1 1500
④ router rip
redistribute static metric 3
⑤ router rip
redistribue eigrp 1
default-metric 4
```

（4）解释 distance weight [address mask [access-list-number | name]] [ip]的含义。

（5）解释 distribute-list {access-list-number | name} in　[type number]的作用。

（6）解释 distribute-list {access-list-number | name} out [interface-name | routing - process | autonomous-system-number]的作用。

2. 实验题

根据拓扑图 11-7，OSPF 区域 0 连接主干路由器 R1、R2 和 R3 作为 ASBR，并各自连接一个 RIP 网络。要求：

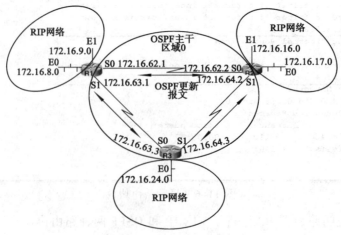

图 11-7　路由重分布实验

(1)不需要在路由器 R1、R2 和 R3 之间传输 RIP 路由更新报文。在每个路由器上的串行接口上使用 passive-interface 命令,以抑制 RIP 路由更新报文。

(2)每个路由器将 RIP 子网路由更新报文重分布到 OSPF 路由中(用 subnets 关键字)。

(3)通过过滤那些被重分布到 RIP 的 OSPF 路由,以避免路由副本,实现无环配置(distribute-list out 命令)。

(4)只允许图中的 RIP 子网(其他网络被抑制)才允许被重分发到 OSPF 中,即通过过滤那些被重分发到 OSPF 的 RIP 路由,以避免路由环(distribute-list out 命令)。

操作提示:

(1)先在三台路由器上配置 OSPF、RIP 路由协议。

如在 R1 上:

```
router rip
ver 2
network 172.16.0.0
!
router ospf 100
network 172.16.62.0 0.0.0.255 area 0
network 172.16.63.0 0.0.0.255 area 0
```

R2、R3 配置类似。

(2)在三台路由器上显示路由表。

(3)用 ping 命令测试 OSPF 区域与 RIP 路由之间不通。

(4)配置路由重分布。

在 R1 上:

```
router rip
default-metric 10
redistribute ospf 100 match internal external 1 external 2
!
router ospf 100
default-metric 20
redistribute rip subnets
```

R2、R3 配置类似。

(5)每个路由器的 router rip 命令下的 distribute-list out 命令可以排除潜在的路由环,只需在 distribute-list out 命令中使用 ospf 关键字,定义一个访问列表,不允许 RIP 的子网再通过 OSPF 再环回进来。在 R1 上配置如下:

```
router rip
distribute-list 2 out ospf 100
access-list 2 deny 172.16.8.0 0.0.7.255
access-list 2 permit any
```

(6)每个路由器的 router ospf 命令下的 distribute-list out 命令可以排除潜在的路由环。只需在 distribute-list out 命令中使用 rip 关键字,该命令就可以将访问列表号 1 应用于出站 RIP 更新报文。访问列表 1 只允许将子网地址范围分布给每个路由器作为它们的端用户接口。在访问列表的 permit 语句后面的 deny 语句,将抑制任何不符合该标准的 RIP 路由更新报文,在 R1 上配置如下:

```
router ospf 100
distribute-list 1 out rip
access-list 1 permit 172.16.8.0 0.0.7.255
access-list 1 deny any
```

（7）在 R1 上用 show run 的参考配置，如图 11-8 所示。

```
router rip
default-metric 10
network 172.16.0.0
passive-interface serial 0
passive-interface serial 1
redistribute ospf 100 match internal external 1 external 2
distribute-list 2 out ospf 100
!
router ospf 100
default-metric 20
network 172.16.62.0 0.0.0.255 area 0
network 172.16.63.0 0.0.0.255 area 0
redistribute rip subnets
distribute-list 1 out rip
!
access-list 1 permit 172.16.8.0 0.0.7.255
access-list 1 deny 0.0.0.0 255.255.255.255
access-list 2 deny 172.16.8.0 0.0.7.255
access-list 2 permit 0.0.0.0 255.255.255.255
```

图 11-8　R1 上的 show run 配置

第 12 章

综合案例

本章导读：

本章通过一个综合案例，回顾了全书的知识点，通过各协议的综合配置，掌握一个大型网络的配置、调试过程。

学习目标：

- 了解大型网络的综合设计。
- 掌握各种协议的综合配置。
- 回顾全书的知识要点。

12.1 功能概述

本案例模拟某企业跨地区各分公司的网络架构，如图 12-1 所示，以实现本书中各知识点的综合应用。由于设备多，拓扑结构复杂，本案例在思科模拟器 Packet Tracer 5.0 上测试完成。其主要功能如下：

- 全网互通互联。
- 进行 NAT 转换使内网访问外网。
- 企业内外 Web、FTP、DNS 服务器的架设和应用。
- 控制某些子网对服务器的访问。
- VOIP 在分公司中的应用。

主要知识点应用如下：

- 静态路由。
- RIP（V2）。
- 单区域 OSPF。
- EIGRP。
- EIGRP 非等价负载均衡。
- PPP 封装（Chap）。
- 帧中继。
- ACL 访问控制。
- NAT 地址转换。
- VLAN 的划分及 Trunk 的配置。

- STP 的配置。
- VLAN 间路由。
- eigrp 手动汇总。
- 路由重分布。
- 默认路由。
- 端口聚合。
- Telnet。
- Web 服务器的实质。
- FTP 服务器的设置。
- 双链路冗余备份。
- VOIP 在公司网络中的应用。

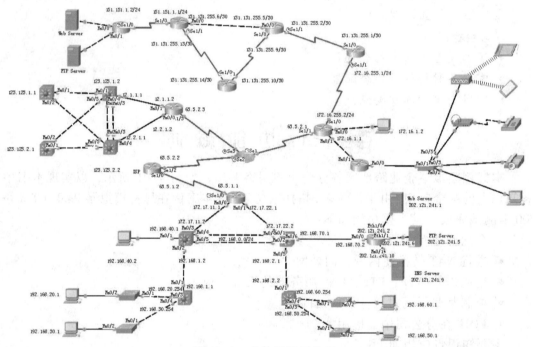

图 12-1　总体网络拓扑图

功能本案例共分为 4 大部分。

（1）第 1 部分，路由部分，配置路由协议，实现企业跨地区网络全网互通互联。

本案例中，共使用了 3 种动态路由协议：EIGRP、RIP、OSPF，和静态路由协议。从图 12-1 中分解出路由部分的拓扑图，如图 12-2 所示。其中，上方区域 Router3、Router4、Router5、Router6、Router7 各个接口配置的是 EIGRP 路由协议，下方区域 Router7、Router8、Router9 和 Router10 上配置的是 RIP 协议。在 EIGRP 和 RIP 之间采用路由重分布的方法，将 EIGRP 的路由重分布到 RIP 中，或者是将 RIP 的路由重分布到 EIGRP 中。在 Router10 上的 S1/0 口并不划分到 OSPF 的公告网段中，而是采用默认路由的方式，指定一条默认路由，将其默认路由指向下一跳路由器 Router9 上。因此在 Router9 的 S1/0 接口上启用路由重分布，将静态路由重分布到 RIP 中。在

Router10 上采用路由重分布的方式，将静态路由重分布到 OSPF 中。

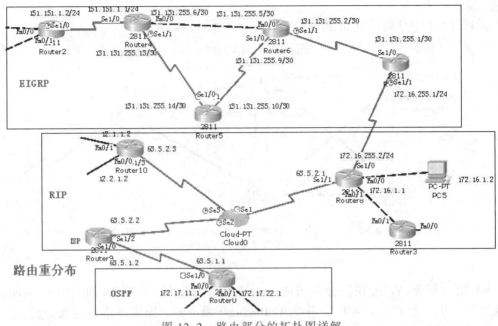

图 12-2　路由部分的拓扑图详解

（2）第 2 部分，交换部分，通过配置二层、三层交换机，实现一分公司内部全网互联互通，同时做相关的访问控制。

从图 12-1 中分解出交换部分的拓扑图，如图 12-3 所示，一分公司内部拥有 5 个子网：VLAN20、VLAN30、VLAN40、VLAN50、VLAN60，分别对应不同的部门，其中 VLAN 40 是作为网络管理中心。

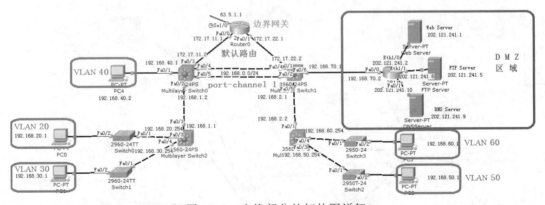

图 12-3　交换部分的拓扑图详解

VLAN 20 网络内部的所有主机只拥有访问外部 DNS 和外部 Web 站点的权限，而其他的 VLAN 不仅拥有访问外部网络的 Web 站点和 FTP 站点的权限，而且拥有访问内部服务器的权限。

DMZ 区域内部的服务器作为只允许内部主机访问的内部服务器，任何外部网段的主机访问该区域内部的主机都将会被拒绝。

（3）第 3 部分，冗余配置，通过配置生成树协议，实现二分公司内部交换网络的链路冗余。

从图 12-1 中分解出冗余部分的拓扑图，如图 12-4 所示。

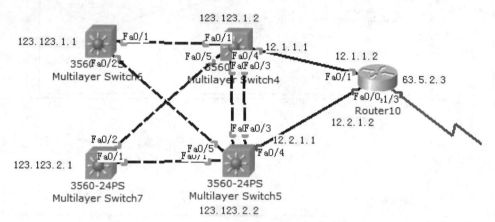

图 12-4　冗余部分的拓扑图详解

（4）第 4 部分，VoIP。在三分公司内部实现 VoIP，采用的是 Cisco 独有的 Callmanger 解决方案。用一台 Cisco 的 2811 作为 Callmanger 服务器，提供电话号注册分配，完成电话的信令控制和通话控制。并利用无线 AP 支持移动办公、支持软 IPhone 的 PDA 设备接入网络，降低三分公司内部电话费用。

从图 12-1 中分解 VOIP 的拓扑图，如图 12-5 所示。从上至下选用不同的设备：第一个是普通 PC；第二个是 Cisco 的物理 IPhone 7960 型号；第三个是普通的模拟器电话，与之相连的是类似 Modem 的设备，能让模拟电话走 IP 网络；第四个是 PDA 设备，跟手机一样；第五个是平板电脑。

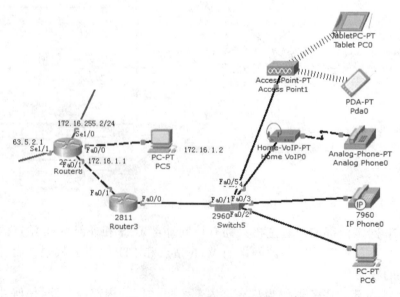

图 12-5　VOIP 拓扑图详解

12.2 各设备配置清单

12.2.1 各路由器的主要配置

1. Router3

```
router>en
router#conf t
router(config)# hos R3
R3(config)# ena pas cisco
R3(config)# line vty 0 4
R3(config-line)# pass cisco
R3(config-line)# logg sy
R3(config-line)# exec-t 0 0
R3(config-line)# login
R3(config-line)# line con 0
R3(config-line)# pass cisco
R3(config-line)# logg sy
R3(config-line)# exec-t 0 0
R3(config-line)# login
R3(config-line)# exi
!
R3(config)# user R4 pass cisco    /*定义路由器名称和密码,用于chap验证*/
R3(config)# int s1/0
R3(config-if)# cl ra 64000        /*定义时钟频率为64 000,用于串口之间的同步*/
R3(config-if)# en ppp             /*封装PPP协议*/
R3(config-if)# ppp au chap        /*进行chap封装*/
R3(config-if)# no sh
R3(config-if)# exi
!
R3(config)# int f0/0              /*定义接口状态和接口地址*/
R3(config-if)# ip add 20.1.1.1 255.255.255.0
                                  /*定义外部DNS,Web服务器的IP地址和接口*/
R3(config-if)# no sh
R3(config-if)# exi
!
R3(config)# int f0/1
R3(config-if)# ip add 20.2.2.1 255.255.255.0
                                  /*定义外部FTP服务器的IP地址和接口*/
R3(config-if)# no sh
R3(config-if)# exi
!
R3(config)# router eigrp 100      /*在路由器上启用EIGRP协议*/
R3(config-router)# net 151.151.1.0 0.0.0.255
                                  /*公告与其相邻的需要公告的直连网段*/
R3(config-router)# net 20.1.1.0 0.0.0.255
R3(config-router)# net 20.2.2.0 0.0.0.255
R3(config-router)# exi
```

2. Router4

```
R4(config)# user R3 pass cisco
```

```
R4(config)# user R5 pass cisco
R4(config)# int s1/0
R4(config-if)# ip add 151.151.1.1 255.255.255.0
R4(config-if)# no sh
R4(config-if)# en ppp
R4(config-if)# ppp au chap
!
R4(config-if)# int s1/1
R4(config-if)# cl ra 64000
R4(config-if)# ip add 131.131.255.13 255.255.255.252
R4(config-if)# en ppp
R4(config-if)# ppp au chap
R4(config-if)# no sh
R4(config-if)# exi
!
R4(config)# int f0/0
R4(config-if)# ip add 131.131.255.6 255.255.255.252
R4(config-if)# no sh
R4(config-if)# exi
!
R4(config)# router eigrp
R4(config)# router eigrp 100
R4(config-router)# net 151.151.1.0 0.0.0.255
R4(config-router)# net 131.131.255.12 0.0.0.3
R4(config-router)# net 131.131.255.4 0.0.0.3
!
R4(config-router)#redi stat metr 1000 100 255 1 1500
```
/*路由重分布,将静态路由重分布到 EIGRP 中去,其中 1000、100、255、1、1500 分别对应的是带宽、延迟、可靠性、负载及 MTU*/
```
R4(config-router)# exi
R4(config)# router eig 100
R4(config-router)# variance 2
```
/*在该路由器上启用 EIGRP 负载均衡,通过查看路由器的 EIGRP 拓扑信息*/
```
P 131.131.255.8/30, 2 successors, FD is 20514560
        via 131.131.255.5 (20514560/20512000), FastEthernet0/0
        via 131.131.255.14 (21024000/20512000), Serial1/1
```
/*可以看到通往 131.131.255.8/30 网段有两条路由,一条经过 131.131.255.5,另外一条经过 131.131.255.14,但是这两条路由的度量值不同。EIGRP 主要根据"带宽、延迟、可靠性、负载及 MTU"进行度量。而整个度量的结果就反映在"(20514560/20512000)"之上。通过查看 EIGRP 的度量值可以发现,当前主要走的是经过 131.131.255.5 路由,另外一条路由被默认作为备份路由。*/

/*为了起到双链路负载均衡的目的,启用 EIGRP 负载均衡,使得两条链路都处于启用状态*/
```
D    131.131.255.8/30 [90/20514560] via 131.131.255.5, 00:39:26, FastEthernet0/0
                     [90/21024000] via 131.131.255.14, 00:39:25, Serial1/1
R4(config-router)# exi

R4(config)# ip default-network 151.151.0.0
```
/*定义一条默认网络指向 151.151.0.0*/

```
R4(config)#ip route 151.151.0.0 255.255.0.0 151.151.1.2
/*定义一条默认路由，将 151.151.0.0 255.255.0.0 网段的路由全部指向
151.151.1.2*/
R4(config)#end
```

3. Router5

```
R5(config)# user R4 pass cisco
R5(config)# user R6 pass cisco
R5(config)# int s1/0
R5(config-if)# ip add 131.131.255.14 255.255.255.252
R5(config-if)# en ppp
R5(config-if)# ppp au chap
R5(config-if)# no sh
R5(config-if)# exi
R5(config)# int s1/1
R5(config-if)# ip add 131.131.255.10 255.255.255.252
R5(config-if)# cl ra 64000
R5(config-if)# en ppp
R5(config-if)# ppp au chap
R5(config-if)# no sh
R5(config-if)# exi
!
R5(config)# router eigrp 100
R5(config-router)# net 131.131.0.0
```

4. Router6

```
R6(config)# user R5 pass cisco
R6(config)# user R7 pass cisco
R6(config)# int f0/0
R6(config-if)# ip add 131.131.255.5 255.255.255.252
R6(config-if)# no sh
R6(config-if)# int s1/0
R6(config-if)# ip add 131.131.255.9 255.255.255.252
R6(config-if)# en ppp
R6(config-if)# ppp au chap
R6(config-if)# no sh
R6(config-if)# exi
R6(config)# int s1/1
R6(config-if)# cl ra 64000
R6(config-if)# ip add 131.131.255.2 255.255.255.252
R6(config-if)# en ppp
R6(config-if)# ppp au chap
R6(config-if)# no sh
R6(config-if)# exi
!
R6(config)# router eig 100
R6(config-router)# net 131.131.0.0
```

5. Router7

```
R7(config)# user R6 pass cisco
R7(config)# user R8 pass cisco
R7(config)# int s1/0
```

```
R7(config-if)# ip add 131.131.255.1 255.255.255.252
R7(config-if)# en ppp
R7(config-if)# ppp au chap
R7(config-if)# no sh
R7(config-if)# int s1/1
R7(config-if)# ip add 172.16.255.1 255.255.255.0
R7(config-if)# en ppp
R7(config-if)# ppp au chap
R7(config-if)# cl ra 64000
R7(config-if)# no sh
R7(config-if)# int s1/0
R7(config-if)#ip summary-address eig 100 172.16.0.0 255.255.0.0 10
/* 启用一条路由汇总，手动将 EIGRP 100 内的 172.16.0.0 网段的路由手动汇总到
172.16.0.0 上，并设置距离为 10*/
!
R7(config-if)# exi
R7(config)# router eig 100
R7(config-router)# net 131.131.255.0 0.0.0.3
R7(config-router)# net 172.16.0.0 0.0.255.255
R7(config-router)# no au
R7(config-router)# exi
!
R7(config)# ip route 172.16.0.0 255.255.0.0 172.16.255.2
R7(config)# end
```

6．Router8

```
R8(config)# user R7 pass cisco
R8(config)# int loo 0
R8(config-if)# ip add 172.16.1.1 255.255.255.0
R8(config-if)# int loo 1
R8(config-if)# ip add 172.16.2.1 255.255.255.0
R8(config-if)# int loo 2
R8(config-if)# ip add 172.16.3.1 255.255.255.0
R8(config-if)# int loo 3
R8(config-if)# ip add 172.16.4.1 255.255.255.0
R8(config-if)# int loo 4
R8(config-if)# ip add 172.16.5.1 255.255.255.0
!
R8(config-if)# int s1/0
R8(config-if)# ip add 172.16.255.2 255.255.255.0
R8(config-if)# en ppp
R8(config-if)# ppp au chap
R8(config-if)# no sh
R8(config-if)# exi
!
R8(config)# router eig 100
R8(config-router)# net 172.16.0.0 0.0.255.255
R8(config-router)# net 63.5.2.0 0.0.0.255
R8(config-router)# exi

R8(config)# int s1/1 m
```

```
R8(config-if)# ip add 63.5.2.1 255.255.255.0
R8(config-if)# no sh
R8(config-if)# exi
/*设置帧中继路由器的封装信息*/
R8(config-if)# en fra ietf
/*封装帧中继格式为ietf*/
R8(config-if)# fra lmi cisco
/*定义帧中继本地接口管理类型为Cisco*/
R8(config-if)# fra map ip 63.5.2.2 102 b
R8(config-if)# fra map ip 63.5.2.3 103 b
/*建立帧中继静态地址映射*/
R8(config-if)# no sh
R8(config-if)# exi

/*查看帧中继地址映射表*/
R8#sh fra map
Serial1/1 (up): ip 63.5.2.2 dlci 102, static, IETF, status defined, active
Serial1/1 (up): ip 63.5.2.3 dlci 103, static, IETF, status defined, active
```

7. Router9

```
R9(config)# user R10 pass cisco
R9(config)# int s1/0
R9(config-if)# ip add 63.5.1.2 255.255.255.0
/*两端之间封装pap*/
R9(config-if)# en ppp
R9(config-if)# ppp au pap
R9(config-if)# ppp pap sent R10 pass cisco
R9(config-if)# no sh
R9(config-if)# exi
R9(config)# ip route 63.5.1.0 255.255.255.0 s1/0
R9(config)# exi
R9(config)# int s1/2 m
R9(config-if)# ip add 63.5.2.2 255.255.255.0
R9(config-if)# en fra ietf
R9(config-if)# fra lmi cisco
R9(config-if)# fra map ip 63.5.2.1 201 b
R9(config-if)# fra map ip 63.5.2.3 203 b
R9(config-if)# no sh
R9(config)# ip route 0.0.0.0 0.0.0.0 s1/2
R9(config-router)# redi static
!
R9# sh fra map
Serial1/2 (up): ip 63.5.2.1 dlci 201, static, IETF, status defined, active
Serial1/2 (up): ip 63.5.2.3 dlci 203, static, IETF, status defined, active
```

8. Router10

```
R10(config)# user R10 pass cisco
```

```
R10(config)# int s1/0
R10(config-if)# ip add 63.5.1.1 255.255.255.0
R10(config-if)# no sh
R10(config-if)# cl ra 64000
R10(config-if)# en ppp
R10(config-if)# ppp au pap
R10(config-if)# ppp pap sent R9 pass cisco
R10(config-if)# exi
R10(config)# ip route 0.0.0.0 0.0.0.0 s1/0
R10(config)# int f0/0
R10(config-if)# ip add 172.16.11.1 255.255.255.0
R10(config-if)# no sh
R10(config)# int f0/1
R10(config-if)# ip add 172.16.22.1 255.255.255.0
R10(config-if)# no sh
R10(config)# router ospf 100
R10(config-router)# net 172.16.11.0 0.0.0.255 a 0
R10(config-router)# net 172.16.22.0 0.0.0.255 a 0
/*将EIGRP 100的路由信息重分布到ospf100中*/
R10(config-router)# redi eig 100 me 10 metric-t 1 sub
R10(config-router)# exi
R10(config)# ip nat ins source stat 192.168.20.1 63.5.1.20
R10(config)# ip nat ins source stat 192.168.30.1 63.5.1.30
R10(config)# ip nat ins source stat 192.168.50.1 63.5.1.50
R10(config)# ip nat ins source stat 192.168.40.1 63.5.1.40
R10(config)# ip nat ins source stat 192.168.40.2 63.5.1.40
R10(config)# exi
!
R10# sh ip nat tran
Pro    Inside global       Inside local        Outside local       Outside global
---    63.5.1.20           192.168.20.1        ---                 ---
---    63.5.1.30           192.168.30.1        ---                 ---
---    63.5.1.40           192.168.40.2        ---                 ---
---    63.5.1.50           192.168.50.1        ---                 ---
```

9. Router11

```
R11(config)# int f0/0
R11(config-if)# ip add 192.168.70.2 255.255.255.0
R11(config-if)# no sh
R11(config)# int e1/0
R11(config-if)# ip add 202.121.241.2 255.255.255.252
R11(config-if)# no sh
R11(config-if)# int e1/1
R11(config-if)# ip add 202.121.241.6 255.255.255.252
R11(config-if)# no sh
R11(config-if)# int f0/1
R11(config-if)# ip add 202.121.241.10 255.255.255.252
R11(config-if)# no sh

R11(config-if)# exi
R11(config)# router ospf 100
```

```
R11(config-router)# net 202.121.241.0 0.0.0.255 a 0
R11(config-router)# exi
R11(config)#
```

10. Router12

```
R12(config)# int s1/3 m
R12(config-if)# ip add 63.5.2.3 255.255.255.0
R12(config-if)# en fra ietf
R12(config-if)# fra lmi cisco
R12(config-if)# fra map ip 63.5.2.1 301 b
R12(config-if)# fra map ip 63.5.2.2 302 b
R12(config-if)# no sh
R12(config)# exi
!
R12#sh fra map
Serial1/3 (up): ip 63.5.2.1 dlci 301, static, IETF, status defined, active
Serial1/3 (up): ip 63.5.2.2 dlci 302, static, IETF, status defined, active
```

11. Iprouter

以下是 IProuter 的配置清单。

```
IProuter#sh run
hostname IProuter
!
ip dhcp excluded-address 1.1.1.1
!
ip dhcp pool voip              /*DHCP 动态为接入设备提供 IP*/
network 1.1.1.0 255.255.255.0
default-router 1.1.1.1
option 150 ip 1.1.1.1   /*利用 DHCP 包中 150 选项将 TFTPIP 带给 DHCP 客户端*/
!
interface FastEthernet0/0
ip address 1.1.1.1 255.255.255.0
duplex auto
speed auto
!
interface FastEthernet0/1
ip address 172.16.2.2 255.255.255.0
duplex auto
speed auto
!
interface Vlan1
no ip address
shutdown
!
ip classless
!
telephony-service              /*开启电话服务*/
max-ephones 36                 /*设置允许的最大电话数*/
max-dn 36                      /*设置允许的最大目录号*/
```

```
ip source-address 1.1.1.1 port 2000
                            /*IP电话注册到Callmanger上通信的IP和端口号*/
create cnf-files            /*创建XML文件,改文件包括了每个电话的配置信息*/
ephone-dn 1                 /*设置逻辑电话目录号*/
number 1001                 /*电话号码*/
!
ephone-dn 2
number 1002
!
ephone-dn 3
number 1003
!
ephone-dn 4
number 1004
!
ephone-dn 5
number 1005
!
ephone 1                              /*电话物理参数配置*/
device-security-mode none
mac-address 0001.6469.39C8 /*绑定IP电话的MAC地址*/
type 7960
/*IPhone电话类型,CIPC是软电话,7960是Cisco物理IP电话,ata是模拟的*/
button 1:2
/*电话按钮与电话目录号绑定*/
!
ephone 2
device-security-mode none
mac-address 0002.17D5.E701
type ata
button 1:1
!
ephone 3
device-security-mode none
mac-address 0007.ECB6.5288
type CIPC
button 1:3
!
ephone 4
device-security-mode none
mac-address 0001.6475.0B67
type CIPC
button 1:4
!
ephone 5
device-security-mode none
mac-address 00D0.5872.E55E
type CIPC
button 1:5
!
IProuter# sh ip dh bin      /*查看设备的MAC地址*/
IP address     Client-ID/       Lease expiration     Type      Hardware address
1.1.1.2        0007.ECB6.5288   --                   Automatic
```

```
1.1.1.4      0002.17D5.E701    --              Automatic
1.1.1.3      0001.6469.39C8    --              Automatic
1.1.1.5      0001.6475.0B67    --              Automatic
1.1.1.6      00D0.5872.E55E    --              Automatic
IProuter#
```

12.2.2 各交换机的主要配置

1. 第 2 部分的三层交换机 Multilay Switch 0

```
SW3-1(config)# int f0/1
SW3-1(config-if)# no swi
SW3-1(config-if)# ip add 192.168.40.1 255.255.255.0
SW3-1(config-if)# no sh
SW3-1(config-if)# int f0/2
SW3-1(config-if)# swi trunk en dot1Q
SW3-1(config-if)# swi mode trunk
/*可以发现,三层交换机上不能够配置多个Trunk,会提示一个接口被封装成auto状态的
不能够被配置成Trunk模式。因此在配置每个Trunk口的时候,先将其封装成dot1Q才行*/
SW3-1(config-if)# no sh
SW3-1(config-if)# exi
!
/*配置交换机上的聚合口*/
SW3-1(config)# int ran f0/4 - 5
SW3-1(config-if-range)# channel-g 1 m o
/*配置聚合口的时候,Cisco的命令和锐捷的命令不同,不再是以前的port-group,而
采用channel-group的方式,而且在绑定好聚合口之后,还需要将该聚合口的模式改成on*/
SW3-1(config-if-range)# exi
SW3-1(config)# int port-ch 1
SW3-1(config-if)# no swi
SW3-1(config-if)# ip add 192.168.0.1 255.255.255.0
SW3-1(config-if)# no sh
SW3-1(config-if)# int f0/3
SW3-1(config-if)# no swi
SW3-1(config-if)# ip add 172.16.11.2 255.255.255.0
SW3-1(config-if)# no sh
SW3-1(config-if)# exi
!
/*内部网络之间的路由互通是采用OSPF的方式进行互通的*/
SW3-1(config)# router ospf 100
SW3-1(config-router)# net 192.168.0.0 0.0.0.255 a 0
SW3-1(config-router)# net 192.168.40.0 0.0.0.255 a 0
SW3-1(config-router)# net 192.168.1.0 0.0.0.255 a 0
SW3-1(config-router)# net 172.16.11.0 0.0.0.255 a 0
```

2. 第 2 部分的三层交换机 Multilay Switch 1

```
SW3-2(config)# int f0/5
SW3-2(config-if)# no swi
SW3-2(config-if)# ip add 192.168.2.1 255.255.255.0
SW3-2(config-if)# no sh
SW3-2(config-if)# int f0/4
SW3-2(config-if)# no swi
SW3-2(config-if)# ip add 172.16.22.2 255.255.255.0
SW3-2(config-if)# no sh
```

```
SW3-2(config-if)# exi
SW3-2(config)# int ran f0/1 - 2
SW3-2(config-if-range)# channel-g 1 m o
SW3-2(config-if-range)# no sh
SW3-2(config-if-range)# exi
SW3-2(config)# int port-c 1
SW3-2(config-if)# no swi
SW3-2(config-if)# ip add 192.168.0.2 255.255.255.0
SW3-2(config-if)# no sh
SW3-2(config-if)# exi
SW3-2(config)# int f0/6
SW3-2(config-if)# no swi
SW3-2(config-if)# ip add 192.168.70.1 255.255.255.0
SW3-2(config-if)# no sh
SW3-2(config-if)# exi
!
SW3-2(config)# router ospf 100
SW3-2(config-router)# net 192.168.2.0 0.0.0.255 a 0
SW3-2(config-router)# net 172.16.22.0 0.0.0.255 a 0
SW3-2(config-router)# net 192.168.0.0 0.0.0.255 a 0
SW3-2(config-router)# net 192.168.70.0 0.0.0.255 a 0
SW3-2(config-router)# exi
SW3-2(config)#
```

3. 第 2 部分的三层交换机 Multilay Switch 2

```
SW3-3#vlan da
/*创建 VLAN,需要进入到 VLAN 数据库中,而且在用户输入 exit 的时候才开始创建 VLAN。
如果用户没有输入 exit,而是以非正常方式退出的话,VLAN 将不会被成功建立*/
SW3-3(vlan)# vlan 20 name vlan20
SW3-3(vlan)# vlan 30 name vlan30
SW3-3(vlan)# exi
SW3-3#conf t
SW3-3(config)# int f0/3
SW3-3(config-if)# swi t en do
SW3-3(config-if)# swi m t
SW3-3(config-if)# no sh
SW3-3(config-if)# int f0/4
SW3-3(config-if)# swi t en do
SW3-3(config-if)# swi m t
SW3-3(config-if)# no sh
SW3-3(config)# int f0/1
SW3-3(config-if)# no swi
SW3-3(config-if)# ip add 192.168.1.1 255.255.255.0
SW3-3(config-if)# no sh
SW3-3(config-if)# exi
SW3-3(config)#ip route 0.0.0.0 0.0.0.0 f0/1
SW3-3(config)# exi
SW3-3(config-if)# int f0/2
SW3-3(config-if)# swi t en do
SW3-3(config-if)# exi
SW3-3(config)# int vl 20
SW3-3(config-if)# ip add 192.168.20.254 255.255.255.0
SW3-3(config-if)# no sh
```

```
SW3-3(config-if)# exi
SW3-3(config)# int vl 30
SW3-3(config-if)# ip add 192.168.30.254 255.255.255.0
SW3-3(config-if)# no sh
SW3-3(config-if)# exi
!
SW3-3(config)# router ospf 100
SW3-3(config-router)# net 192.168.1.0 0.0.0.255 a 0
SW3-3(config-router)# net 192.168.20.0 0.0.0.255 a 0
SW3-3(config-router)# net 192.168.30.0 0.0.0.255 a 0
SW3-3(config-router)# exi
SW3-3(config)#
```

4. 第 2 部分的三层交换机 Multilay Switch 3

```
SW3-4# vlan da
SW3-4(vlan)# vlan 50 name vlan50
SW3-4(vlan)# vlan 60 name vlan60
SW3-4(vlan)# exi
SW3-4# conf t
SW3-4(config)# int f0/3
SW3-4(config-if)# swi t en do
SW3-4(config-if)# swi m t
SW3-4(config-if)# no sh
SW3-4(config-if)#
SW3-4(config-if)# int f0/4
SW3-4(config-if)# swi t en do
SW3-4(config-if)# swi m t
SW3-4(config-if)# no sh
SW3-4(config)# int f0/1
SW3-4(config-if)# no swi
SW3-4(config-if)# ip add 192.168.2.1 255.255.255.0
SW3-4(config-if)# no sh
SW3-4(config-if)# exi
!
SW3-4(config)# router ospf 100
SW3-4(config-router)# net 192.168.50.0 0.0.0.255 a 0
SW3-4(config-router)# net 192.168.60.0 0.0.0.255 a 0
SW3-4(config-router)# net 192.168.2.0 0.0.0.255 a 0
SW3-4(config-router)# exi
SW3-4(config)# int vl 50
SW3-4(config-if)# ip add 192.168.50.254 255.255.255.0
SW3-4(config-if)# no sh
SW3-4(config-if)# int vl 60
SW3-4(config-if)# ip add 192.168.60.254 255.255.255.0
SW3-4(config-if)# no sh
SW3-4(config-if)# exi
```

5. 第 2 部分的二层交换机 Switch 0 到 Switch 4（配置类似）

```
SW2-1#
SW2-1# vlan da
SW2-1(vlan)# vlan 20 name vlan20
SW2-1(vlan)# exi
SW2-1# conf t
```

```
SW2-1(config)# int f0/2
SW2-1(config-if)# swi m a
SW2-1(config-if)# swi a v 20
SW2-1(config-if)# no sh
SW2-1(config-if)# int f0/1
SW2-1(config-if)# swi m t
SW2-1(config-if)# exi
```

6. 第 3 部分的三层交换机 Multilay Switch 4

（同理可配置交换机 5、6、7）

```
SW33-1# vlan da
SW33-1(vlan)# vlan 100 name vlan100
SW33-1(vlan)# exi
SW33-1# conf t
SW33-1(config)# int f0/1
SW33-1(config-if)# swi m a
SW33-1(config-if)# swi a v 100
SW33-1(config-if)# no sh
SW33-1(config-if)# int f0/2
SW33-1(config-if)# swi m a
SW33-1(config-if)# swi a v 100
SW33-1(config-if)# no sh
SW33-1(config-if)# exi
SW33-1(config)# int vla 100
SW33-1(config-if)# ip add 123.123.1.1 255.255.255.0
SW33-1(config-if)# no sh
SW33-1(config-if)# exi
SW33-1(config)# spanning-tree m p
```

12.3 全网段连通性测试及服务验证

12.3.1 在 PC1 上测试全网段的连通性

1. PC1

IP 地址：192.168.20.1。

子网掩码：255.255.255.0。

默认网关：192.168.20.254。

DNS 服务器：20.1.1.2。

2. PC2

IP 地址：192.168.30.1。

子网掩码：255.255.255.0。

默认网关：192.168.30.254。

DNS 服务器：20.1.1.2。

3. PC3

IP 地址：192.168.50.1。

子网掩码：255.255.255.0。

默认网关：192.168.50.254。

DNS 服务器：202.121.241.9。

4．PC4

IP 地址：192.168.60.1。

子网掩码：255.255.255.0。

默认网关：192.168.60.254。

DNS 服务器：202.121.241.9。

5．PC5

IP 地址：192.168.40.1。

子网掩码：255.255.255.0。

默认网关：192.168.40.254。

DNS 服务器：202.121.241.9。

6．ping 通网段

在 PC1 ping 通所有网段，无论内网外网，内部服务器还是外部服务器：

```
PC>ping 192.168.30.254        /*内网通*/
PC>ping 192.168.1.2           /*内网通*/
PC>ping 172.17.11.1           /*内网通*/
PC>ping 63.5.1.2              /*外网通*/
PC>ping 151.151.1.2           /*外网通*/
PC>ping 20.2.2.2              /*外网通*/
PC>ping 20.1.1.2              /*外网通*/
PC>ping 123.123.1.1           /*外网通*/
PC>ping 123.123.2.1           /*外网通*/
PC>ping 202.121.241.9         /*服务器可达*/
PC>ping 202.121.241.5         /*服务器可达*/
PC>ping 202.121.241.1         /*服务器可达*/
```

12.3.2 配置内外服务器

外部 DNS 服务器配置如图 12-6 所示。

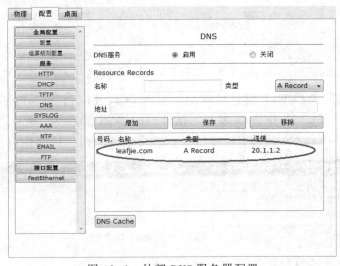

图 12-6 外部 DNS 服务器配置

在 PC1 上访问外部 Web 服务器，在地址栏输入刚才创建的域名之后，页面成功弹出，说明域名解析成功，如图 12-7 所示。

图 12-7　访问外部 Web 服务器

配置内部 DNS 服务器，如图 12-8 所示。

图 12-8　内部 DNS 服务器配置

在 PC1 上访问外部 Web 服务器成功。但在 PC1、PC2 上访问内部 Web 服务器不成功。因为 PC1、PC2 的 DNS 所指向的是外网的 DNS 服务器，所以不能够访问内部服务器，如图 12-9 所示。但 PC3、PC4、PC5 可以访问内部网络所有服务器。

图 12-9　访问内部 Web 服务器

外部 FTP 服务器的配置如图 12-10 所示。

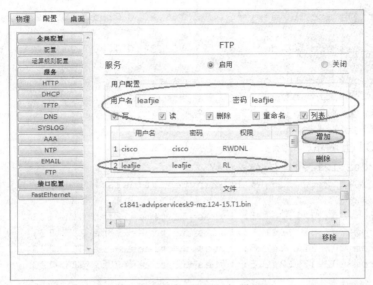

图 12-10　外部 FTP 服务器配置

配置好 FTP 服务器后，在 PC1 上对该 FTP 服务器进行访问，成功，如图 12-11 所示。

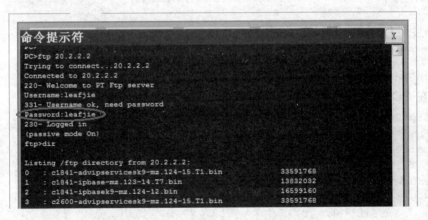

图 12-11　访问外部 FTP 服务器

同理可设置内部 FTP 服务器，在 PC2 上访问成功。

12.4　访问控制列表的设置

1. 在 Router11 上配置 ACL

```
R11(config)# acc 100 deny tcp 192.168.20.0 0.0.0.255 host 202.121.241.9 eq www
R11(config)# acc 100 deny tcp 192.168.30.0 0.0.0.255 host 202.121.241.9 eq www
R11(config)# acc 100 deny tcp 192.168.20.0 0.0.0.255 host 202.121.241.5 eq ftp
R11(config)# acc 100 deny tcp 192.168.30.0 0.0.0.255 host 202.121.241.5 eq ftp
```

```
R11(config)# acc 100 deny tcp 192.168.20.0 0.0.0.255 host 192.168.70.2 eq telnet
R11(config)# acc 100 deny tcp 192.168.30.0 0.0.0.255 host 192.168.70.2 eq telnet
R11(config)# acc 100 permit ip any any
R11(config)# int f0/0
R11(config-if)# ip acc 100 in
R11(config-if)# exi
```

2. 在 PC1 上测试

```
PC>ping 202.121.241.5  /*成功*/
Pinging 202.121.241.5 with 32 bytes of data:

Reply from 202.121.241.5: bytes=32 time=127ms TTL=123
Reply from 202.121.241.5: bytes=32 time=173ms TTL=123
Reply from 202.121.241.5: bytes=32 time=182ms TTL=123
Reply from 202.121.241.5: bytes=32 time=190ms TTL=123

Ping statistics for 202.121.241.5:
    Packets: Sent = 4, Received = 4, Lost = 0 (0% loss),
Approximate round trip times in milli-seconds:
    Minimum = 127ms, Maximum = 190ms, Average = 168ms

PC>ftp 202.121.241.5  /*失败*/
Trying to connect...202.121.241.5
Packet Tracer PC Command Line 1.0
PC>(Disconnecting from ftp server)
```

3. 在 PC3 上测试

```
PC>ftp 202.121.241.5  /*成功*/
Trying to connect...202.121.241.5
Connected to 202.121.241.5
220- Welcome to PT Ftp server
Username:leafjie
331- Username ok, need password
Password:leafjie
230- Logged in
(passive mode On)
ftp>dir
Listing /ftp directory from 202.121.241.5:
0   : c1841-advipservicesk9-mz.124-15.T1.bin         33591768
1   : c1841-ipbase-mz.123-14.T7.bin                  13832032
ftp>quit
Packet Tracer PC Command Line 1.0
PC>221- Service closing control connection.
```

12.5 NAT 地址转换

1. 在 Router10 上配置 NAT

```
R10(config)# ip nat ins source stat 192.168.20.1 63.5.1.20
```

```
R10(config)# ip nat ins source stat 192.168.30.1 63.5.1.30
R10(config)# ip nat ins source stat 192.168.40.1 63.5.1.40
R10(config)# ip nat ins source stat 192.168.50.1 63.5.1.50
R10(config)# ip nat ins source stat 192.168.40.2 63.5.1.40
R10(config)# exi
```

2. 显示 NAT 转换情况

```
R10# sh ip nat tran
Pro  Inside global      Inside local       Outside local      Outside global
---  63.5.1.20          192.168.20.1       ---                ---
---  63.5.1.30          192.168.30.1       ---                ---
---  63.5.1.40          192.168.40.2       ---                ---
---  63.5.1.50          192.168.50.1       ---                ---
```

3. 在 PC1 上 ping 20.2.2.2，成功

```
PC>ping 20.2.2.2
```

4. 在 R10 上诊断 NAT 转换

```
R10# debug ip nat
IP NAT debugging is on
R10#
NAT: s=192.168.30.1->63.5.1.30, d=20.2.2.2 [9]
NAT*: s=20.2.2.2, d=63.5.1.30->192.168.30.1 [6]
NAT: s=192.168.30.1->63.5.1.30, d=20.2.2.2 [10]
NAT*: s=20.2.2.2, d=63.5.1.30->192.168.30.1 [7]
NAT: s=192.168.30.1->63.5.1.30, d=20.2.2.2 [11]
NAT*: s=20.2.2.2, d=63.5.1.30->192.168.30.1 [8]
NAT: s=192.168.30.1->63.5.1.30, d=20.2.2.2 [12]
NAT*: s=20.2.2.2, d=63.5.1.30->192.168.30.1 [9]
R10#no deb ip nat
IP NAT debugging is off
```

5. 在 R10 上 NAT 过程追踪

```
R9# traceroute 192.168.20.1
Type escape sequence to abort.
Tracing the route to 192.168.20.1
  1  63.5.1.1         31 msec    18 msec    32 msec
  2  172.17.11.2      62 msec    63 msec    56 msec
  3  192.168.1.1      94 msec    93 msec    79 msec
  4  63.5.1.20       126 msec   140 msec   101 msec
```

从以上可以发现：当外部网络直接 Traceroute 内网地址时，路由器经过 4 跳之后就达到了 192.168.20.1 主机。

```
R9# traceroute 63.5.1.20
Type escape sequence to abort.
Tracing the route to 63.5.1.20
  1  63.5.1.20        15 msec    15 msec    32 msec
  2  63.5.1.20        48 msec    31 msec    63 msec
  3  63.5.1.20        62 msec    94 msec    78 msec
  4  63.5.1.20       103 msec   125 msec   125 msec
```

从以上可以发现：当外部网络直接 Traceroute 转换过后的主机 IP 地址时，路由的情况如图 12-12 所示。

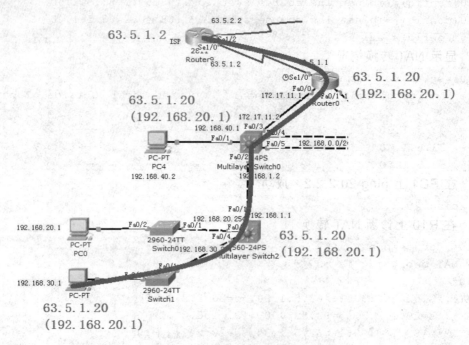

图 12-12 在 R9 上路径跟踪

因为路由器在 ping 63.5.1.20 的时候，第一步是经过 NAT 转换路由器出口网关，其地址已经被转换了，所以显示的地址是 63.5.1.20。

12.6 VoIP 测试过程

首先选择两个拨号端作为通话连接两端，然后分别在两端进行通话测试。选择采用从 PC 到 IPPhone 之间的通话。图 12-13 所示为 PC 上的拨号情况，图 12-14 所示为 IPPhone 上看到有通话来自于 1003。接电话后，画面上显示 Connected，表示两部电话之间已经建立了连接，如图 12-15 所示。

图 12-13 PC 上（号码 1003）上拨号

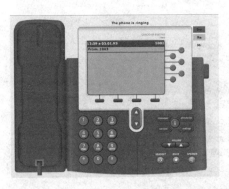

图 12-14 IPPhone 上看到通话来自于 1003

图 12-15 IPPhone 上看到电话联通

12.7 生成树测试

可通过查看生成树的具体信息和端口的具体情况，图 12-4 的生成树状态如图 12-16 所示。

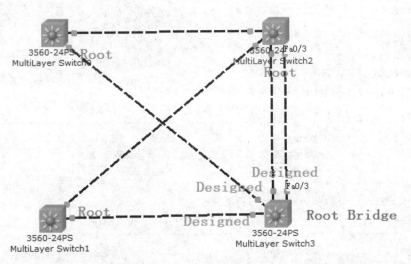

图 12-16 生成树端口状态

```
SW33-1:
SW33-1# sh spa
VLAN0100
  Spanning tree enabled protocol ieee
Interface       Role Sts Cost      Prio.Nbr Type
--------------- ---- --- --------- -------- --------------------------
Fa0/1           Altn BLK 19        128.1    P2p
Fa0/2           Root FWD 19        128.2    P2p


SW33-2:
SW33-2# sh sp
VLAN0100
  Spanning tree enabled protocol ieee
Interface       Role Sts Cost      Prio.Nbr Type
```

```
----------------    ----  ---  ---------   --------   --------------------
Fa0/1               Desg  FWD  19          128.1      P2p
Fa0/2               Root  FWD  19          128.2      P2p

VLAN0200
  Spanning tree enabled protocol ieee
Interace            Role Sts Cost          Prio.Nbr Type
----------------    ----  ---  ---------   --------   --------------------
Fa0/3               Root  FWD  19          128.3      P2p
Fa0/5               Desg  FWD  19          128.5      P2p

SW33-3:
SW33-3# sh sp
VLAN0200
  Spanning tree enabled protocol ieee
Interface           Role Sts Cost          Prio.Nbr Type
----------------    ----  ---  ---------   --------   --------------------
Fa0/1               Root  FWD  19          128.1      P2p
Fa0/2               Altn  BLK  19          128.2      P2p

SW33-4:
SW33-4#sh spa
VLAN0100
  Spanning tree enabled protocol ieee
Interface           Role Sts Cost          Prio.Nbr Type
----------------    ----  ---  ---------   --------   --------------------
Fa0/2               Desg  FWD  19          128.2      P2p
Fa0/5               Desg  FWD  19          128.5      P2p

VLAN0200
  Spanning tree enabled protocol ieee
Interface           Role Sts Cost          Prio.Nbr Type
----------------    ----  ---  ---------   --------   --------------------
Fa0/1               Desg  FWD  19          128.1      P2p
Fa0/3               Desg  FWD  19          128.3      P2p
```

根据生成树协议的选举过程和各个端口的不同状态可知，SW33-4是这个spanning-tree中的根交换机，交换机的根端口、指定端口和非指定端口的情况如图12-17所示。

在这个生成树中，可以通过人为地手动地修改链路的优先级，从而达到改变端口状态的目的。

```
SW33-3(config)#Spanning-tree v 100 pri 8192
SW33-3(config)#Spanning-tree v 200 pri 4096
```

课后练习及实验

调研实际应用，设计一个大型的拓扑结构，概括全书中主要的路由协议及交换技术，进行综合的网络配置。

参考文献

[1] 斯桃枝. 路由与交换技术[M]. 北京：北京大学出版社，2008.

[2] 锐捷网络. 网络互连与实现[M]. 4版. 北京：北京希望电子出版社，2007.

[3] 锐捷网络. 实用网络技术配置指南（进阶篇）[M]. 4版. 北京：北京希望电子出版社，2005.

[4] 锐捷网络大学产品说明资料和课件资料[EB/OL]. http://university.ruijie.com.cn/.

[5] Cisco Systems公司 Cisco Networking Academy Program. 思科网络技术学院教程（第一、二学期）[M]. 3版. 清华大学、北京大学、北京邮电大学、华南理工大学思科网络学院，译. 北京：人民邮电出版社，2006.

[6] 思科网络技术学院教程（第三、四学期）[M]. 3版. Cisco Systems公司 Cisco Networking Academy Program. 清华大学、北京大学、北京邮电大学、华南理工大学思科网络学院，译. 北京：人民邮电出版社，2006.

[7] Cisco Systems公司 Cisco Networking Academy Program. CCNP思科网络技术学院教程（第五学期）高级路由[M]. 清华大学、北京大学、北京邮电大学、华南理工大学思科网络学院译. 北京：人民邮电出版社，2001.

[8] 梁广民，王隆杰. 思科网络实验室 路由、交换实验指南[M]. 北京：电子工业出版社，2009.

[9] [美]Lewis C. Cisco TCP/IP路由技术专业参考[M]. 陈谊，翁贻方，杨怡，等，译. 北京：机械工业出版社，2001.

[10] [美]Ammann P T. Cisco TCP/IP路由器连网技术[M]. 王臻，等，译. 北京：机械工业出版社，2000.

[11] 甘刚. 网络设备配置与管理[M]. 北京：清华大学出版社，2007.

[12] 崔鑫，吕昌泰. 计算机网络实验指导[M]. 北京：清华大学出版社，2007.